应用型本科院校"十三五"规划教材/信息技术类

The Practice of Development of IT Software in Japanese Context
——From Beginners to Experts

对日IT实务
——从入门到达人

主 编　管 静　刘 畅　陈 强
副主编　韩晶子　杨净宇

U0223300

哈尔滨工业大学出版社
HITP　HARBIN INSTITUTE OF TECHNOLOGY PRESS

内容简介

随着日本社会老龄化的加剧,日本社会对海外人才的依赖也日益加剧,近年来随着 IT 产业突飞猛进的发展,中国对日 IT 服务产业也越来越受到两国重视,迅猛发展的中国作为世界 IT 大国、日语人才强国,自然是日语 IT 行业对外分包的首要选择之一。对日 IT 实务的教学与研究也自然是日语专业"产学研"协同培养、"应用型"人才培养的重要实务性工作。

本书以大学日语专业长期的对日 IT 应用型人才培养、课程建设为基础,面向日语专业本专科学生,在对日 IT 服务产业的工作架构下,通过日文语境就"对日 IT 实务基础""对日外包""项目管理""IT 框架"等几方面的内容进行系统有序的讲解,使读者在较短的时间内可以集中精力就对日 IT 实务进行学习,并掌握实务工作要领。

本书可作为面向中级以上日语水平读者的对日信息技术服务教材,适合日语专业大学三年级和四年级学生使用,也可供具有一定日语水平的 IT 从业人员使用。

图书在版编目(CIP)数据

对日 IT 实务:从入门到达人/管静,刘畅,陈强主编. —哈尔滨:哈尔滨工业大学出版社,2019.4
应用型本科院校"十三五"规划教材
ISBN 978 - 7 - 5603 - 7812 - 1

Ⅰ.① 对… Ⅱ.①管… ②刘… ③陈… Ⅲ.①电子计算机 - 高等学校 - 教材 Ⅳ.①TP3

中国版本图书馆 CIP 数据核字(2018)第 259622 号

策划编辑　杜　燕
责任编辑　苗金英
出版发行　哈尔滨工业大学出版社
社　　址　哈尔滨市南岗区复华四道街 10 号　邮编 150006
传　　真　0451 - 86414749
网　　址　http://hitpress.hit.edu.cn
印　　刷　哈尔滨市工大节能印刷厂
开　　本　787mm×1092mm　1/16　印张 17.75　字数 411 千字
版　　次　2019 年 4 月第 1 版　2019 年 4 月第 1 次印刷
书　　号　ISBN 978 - 7 - 5603 - 7812 - 1
定　　价　42.80 元

序

  哈尔滨工业大学出版社策划的《应用型本科院校"十三五"规划教材》即将付梓,诚可贺也。

  该系列教材卷帙浩繁,凡百余种,涉及众多学科门类,定位准确,内容新颖,体系完整,实用性强,突出实践能力培养。不仅便于教师教学和学生学习,而且满足就业市场对应用型人才的迫切需求。

  应用型本科院校的人才培养目标是面对现代社会生产、建设、管理、服务等一线岗位,培养能直接从事实际工作、解决具体问题、维持工作有效运行的高等应用型人才。应用型本科与研究型本科和高职高专院校在人才培养上有着明显的区别,其培养的人才特征是:①就业导向与社会需求高度吻合;②扎实的理论基础和过硬的实践能力紧密结合;③具备良好的人文素质和科学技术素质;④富于面对职业应用的创新精神。因此,应用型本科院校只有着力培养"进入角色快、业务水平高、动手能力强、综合素质好"的人才,才能在激烈的就业市场竞争中站稳脚跟。

  目前国内应用型本科院校所采用的教材往往只是对理论性较强的本科院校教材的简单删减,针对性、应用性不够突出,因材施教的目的难以达到。因此亟须既有一定的理论深度又注重实践能力培养的系列教材,以满足应用型本科院校教学目标、培养方向和办学特色的需要。

  哈尔滨工业大学出版社出版的《应用型本科院校"十三五"规划教材》,在选题设计思路上认真贯彻教育部关于培养适应地方、区域经济和社会发展需要的"本科应用型高级专门人才"精神,根据前黑龙江省委书记吉炳轩同志提出的关于加强应用型本科院校建设的意见,在应用型本科试点院校成功经验总结的基础上,特邀请10余所知名的应用型本科院校的专家、学者联合编写。

  本系列教材突出与办学定位、教学目标的一致性和适应性,既严格遵照学科体系的知识构成和教材编写的一般规律,又针对应用型本科人才培养目标及与之相适应的教学特点,精心设计写作体例,科学安排知识内容,围绕应用

讲授理论，做到"基础知识够用、实践技能实用、专业理论管用"。同时注意适当融入新理论、新技术、新工艺、新成果，并且制作了与本书配套的 PPT 多媒体教学课件，形成立体化教材，供教师参考使用。

《应用型本科院校"十三五"规划教材》的编辑出版，是适应"科教兴国"战略对复合型、应用型人才的需求，是推动相对滞后的应用型本科院校教材建设的一种有益尝试，在应用型创新人才培养方面是一件具有开创意义的工作，为应用型人才的培养提供了及时、可靠、坚实的保证。

希望本系列教材在使用过程中，通过编者、作者和读者的共同努力，厚积薄发、推陈出新、细上加细、精益求精，不断丰富、不断完善、不断创新，力争成为同类教材中的精品。

前　　言

本书以对日 IT 实务知识为要点,采用全日文编写,并采用了较为简洁的编排风格,相信通过对本书的学习,能够帮助学生梳理对日信息技术服务方面的知识内容,同时也可以巩固学习者的日语 IT 专业词汇和文法,提高解决 IT 实际问题的能力。

本书主要由对日实务基础、对日外包、项目管理、IT 框架四个部分构成,共包括 28 节,每节分为若干课。具体内容如下:

1. 对日实务基础部分主要包括日本企业文化、商务文书和邮件、报告的写作方法、电话应对、商务礼仪等方面内容,通过具体的案例分析详细讲解知识要点,旨在巩固学生的对日 IT 实务基础能力,为具体的实务操作奠定良好的基础。

2. 对日外包部分主要包括对日外包概要、外包战略、外包项目的选择以及外包项目管理等方面内容,本部分的学习可以使学生了解对日外包的发展历史和现状以及外包项目的具体实施要领等。

3. 项目管理部分主要从项目管理的定义、职能以及具体的类别管理等方面展开讲解,熟练掌握本部分知识内容是对日 IT 实务操作的必要知识储备。

4. IT 框架部分包括计算机、信息安全、系统、人机交互技术、多媒体、数据库、网络等内容,本部分包含了对日 IT 实务的核心知识内容。

本书每课内容由篇章、词汇、文型、课后练习及参考答案构成。词汇部分归纳了对日 IT 实务相关的专业词汇,同时总结了篇章中出现的重难点文型,为学生理解篇章内容消除了语言障碍。课后练习结合篇章内容设置,并配有参考答案和解释,方便学生进行自我检测,有效提高学习效率。

本书是应用型本科院校"十三五"规划教材(信息技术类),是 2017 年四川省教育厅人文社科重点项目"以产学研协同培养'外语 + 人才'的研究与实践探索"(17SA0141)的研究成果。本书由四川外国语大学成都学院日语专业副教授管静、刘畅、陈强,讲师韩晶子、杨净宇合作编写,由管静、刘畅、陈强担任主编,韩晶子、杨净宇担任副主编,具体分工如下:管静负责总体策划和第三章的编写和校稿工作;刘畅负责出版联络、全书统稿和第二章的编写和校稿工作;陈强负责第四章第一、二、三节的编写和校稿工作;韩晶子负责第一章的编写和校稿工作;杨净宇负责第四章第四、五、六、七节的编写和校稿工作。

本书在编写过程中借鉴和引用了国内外学者的研究成果和相关书籍资料,在此一并表示感谢。

由于编者水平有限,时间仓促,书中难免出现不妥和疏漏之处,敬请各位专家、学者和广大读者不吝赐教并给予批评指正。

编者

2018 年 11 月

目　　録

第一章　対日実務基礎

第一節　ビジネス文書とＥメール

第一課　ビジネス文書の基礎

　ビジネス文書はビジネスをスムーズに運ぶための文書である。今日では、企業の業務のほとんどが、電話やファクシミリ、さらにＥメールなどで行われるようになっているが、最終的には文書が総まとめを果たさなければならない。ビジネスに直結する文書なので、十分に吟味された内容と文章を、文書のルールに則った書き方で、心を込めて書かなければならない。

　ビジネス文書の目的は用件を正確・明瞭・簡潔に伝えることであるが、良い文書を作成するには下記のポイントに留意を要する。

1. 「件名」は一目でわかるように表記する

　「件名」は分かりやすくなければ意味がないから、20字以下のできるだけ短い言葉でよい。「〜の件」「〜について」「〜のこと」という程度で、その文書の目的や内容が即座に分かるようなタイトルをつける。場合によっては「〜の件（ご依頼）」「〜のご照会について（ご確認）」などと（　）内にはっきりと文書内容を示したり、下線を引いて強調することもある。ただし、単なる挨拶状の場合は。件名を全く省略してしまうこともある。以下はよくみられる「件名」の例である。

◇新規取引のお願い

◇新規取引のご承諾について

◇パソコン代金お支払いのご催促の件

◇販売提携に関すること（ご依頼）

◇支払い条件変更ご要望の件

2. 時候の挨拶は次のような定型に従って書く

1月	厳寒、酷寒、大寒、初春、新春	
2月	余寒、晩冬、残雪、春寒、立春	
3月	早春、浅春、浅暖、春暖、春分	
4月	陽春、仲春、春暖、桜花、温暖	
5月	惜春、若葉、新緑、晩春、初夏	の候、
6月	立夏、梅雨、青葉、長雨、向暑	のみぎり、
7月	大暑、盛夏、炎暑、猛暑、厳暑	の節、
8月	晩夏、残暑、暮夏、立秋	の折柄
9月	新秋、新涼、秋涼、秋気、秋色	
10月	仲秋、秋冷、秋晴、清秋、紅葉	
11月	暮秋、晩秋、霜月、落葉、向寒	
12月	寒冷、初冬、師走、歳末、初雪	

3. 「安否の挨拶」は個人か組織かで使い分ける

　先方安否の挨拶は、受信者が個人か組織かで表現が違ってくる。受信者が「個人」の場合は、次のように「ご健勝」「ご活躍」など、個人の行動や健康に関する言葉を使う。

　受信者が「組織」の場合は、次のように「ご発展」「ご隆昌」など、会社のよい状態を示す言葉を使う。

　以上、「安否の挨拶」の、いくつかの基本的組合せパターンを示しておく。自分なりに応用できるようにしておくとよい。

4. 「感謝の挨拶」の型を正しく使う

　「感謝の挨拶」にはいくつかのパターンがある。以下、代表的な例を挙げておくので、正しく使えるようにしてください。

> ○いつも格別のお引き立てを賜り、厚くお礼申し上げます。
> ○平素は格別のご高配にあずかり、厚くお礼申し上げます。
> ○日頃は何かとご支援をいただき、誠にありがとうございます。
> ○毎度一方ならぬご愛顧を賜り、誠に有り難く存じます。
> ○この度はご用命を賜り、深く感謝申し上げます。

5. 「末文」を正しく書く

　用件を述べ終わったら、末文で文書を要約して締めくくるのだが、一般には「まずは」などで始まる慣用的な言い方を使う。以下慣用的な末文の例を挙げておく。

◎まずは、取り合えず書中をもってご挨拶申し上げます。

◎まずは、略儀ながら書中にてご依頼申し上げます。

◎以上、取りあえず着荷のご通知を申し上げます。

◎以上、よろしくご了承ください。

　（二つ以上の場合は「かたがた」でつなぐ。）

◎まずは、取りあえずご報告かたがたご挨拶申し上げます。

◎まずは、略儀ながら書中にてお断りかたがたお詫び申し上げます。

　（急いで連絡する場合）

◎まずは、取り急ぎご紹介まで。

◎取り急ぎ、ご連絡かたがたお願いまで。

6. 文書を短くする

　一文書は、資料などを除き、できる限り1ページに納める。そして、内容を3段落程度にまとめる。さらに、各文をなるべく2行以下で50～60字以下、構文が単純なものになる。

7.　構成は「結起承」とする

　ビジネス文書は通常、結論を先に言う。これはつまり、「起承転結」ではなく、「結起承」の文体にしなければならない。くどくどと説明して、最後にようやく要旨が読み取れるような文書は、ビジネス文書の役目をなさない。そして、受信者への配慮に欠け、説得する気持ちがはなからないものになってしまう。例えば、手形割引の依頼に対する拒絶状だが、依頼者が第一に知りたいのは「イエス」か「ノー」かの結論である。その理由は、二の次、三の次の問題と言える。もし「ノー」という結論の前に、長々と期待を抱かせるような文言が続いているとすると、相手にとって意味がないばかりか、失礼にもなりそうだ。

8.　要点を箇条書きにする

　どんな複雑な内容であっても、一つ一つの事項がうまく整理していれば、読む相手にも分かりやすい。箇条書きの手法を効果的に用いると、見た目にも整然としており、重要な事項から順に触れることもできる。また、書き手によっても欠けている部分のチェックがしやすく、内容の抜け落ちを防ぐ効果もある。

9.　一つの解釈しかできない分にする

　ビジネス文書は誰が読んでも同じように正しく伝わることが大切である。文書を書き終えたらどんなに急いでいても、提出する前に必ずもう一度読み返して、誤解の余地がないかをチェックする。

10.　表現や内容に工夫を凝らす

　ビジネス文書は、相手に物事を要求したうえで、納得させるのが一つの目的である。それには、文書の内容をアピールするために、読み手を共感させ得るような文章の表現が重要になってくる。

　内容にある程度のふくらみを持たせて、読み手のイメージに訴えかける。例えば、「当社では新製品の○○を発売しました」とするより、「当社の新製品の○○は、研究所における○○年に及ぶ研究が実ったもので、自信を持って発売いたしました」としたほうが、印象が強くなる。

　また、具体的な固有名詞や数詞のデータを織り込むと、説得力が出る。例えば、「この菌は熱に弱いため、加熱処理すれば心配ない」とするより、「この菌は熱に弱いため、2分間煮沸すれば心配ない」としたほうが、読み手は実感として理解できる。

【語彙】

1. ビジネス【business】
実務。実業。商業上の取引。

2. 運ぶ【はこぶ】
①運送する。②移し進める。③向く。寄る。④物事がうまく進む。はかどる。

3. ファクシミリ【facsimile】
①美術品などの複製・模写。②複写電送装置。ファックス。

4. 行う【おこなう】
①物事をなす。取り扱う。②修行する。③配分する。④指図する。

5. 果たす【はたす】
①なしとげる。②殺す。しとめる。③願ほどきのお礼参りをする。

6. 直結【ちょっけつ】
あいだを隔てないで直接に結びつくこと。直接関係があること。

7. 吟味【ぎんみ】
①詩歌の趣を味わうこと。②物事を詳しく調べて選ぶこと。③監督すること。

8. 則る【のっとる】
則としてしたがう。模範としてならう。

9. 明瞭【めいりょう】
あきらかであること。はっきりしていること。

10. 即座【そくざ】
すぐその場所。その場。即席。

11. 照会【しょうかい】
問い合わせ。

12. 新規【しんき】
①新たに設けた規則。②今までとは違って、新しいこと。

13. 催促【さいそく】
早くするように促すこと。せつくこと。

14. 提携【ていけい】
①手に提げて持っていくこと。②手を取り合って互いに助けること。

15. 定型【ていけい】
①決まったかた。一艇の形・型。②定形郵便物の略。

16. 厳寒【げんかん】
冬の厳しい寒さ。

17. 梅雨【ばいう】
五月雨。つゆ。

18. 向暑【こうしょ】
暑さに向かうこと。

19. 秋色【しゅうしょく】
秋の景色。秋の気配。

20. 霜月【そうげつ】
①霜と月の光。②霜夜の月。③陰暦 11 月。しもつき。

21. 師走【しわす】
陰暦 12 月の異称。また、太陽暦の 12 月にもいう。極月。

22. 折柄【おりから】
ちょうどその時。折しも。

23. 安否【あんぴ】
無事かどうかということ。

24. 組織【そしき】
①組み立てること。②織物で緯糸と経糸を組み合わせること。

25. 健勝【けんしょう】
相手の健康がすぐれて健やかなこと。

26. 貴兄【きけい】
対等の、またはそれに近い男性の相手に対して敬意を込めて呼ぶ語。貴君。

27. 大慶【たいけい】
大いに祝い喜ぶこと。この上もなくめでたいこと。

28. 隆昌【りゅうしょう】
勢いの盛んなこと。隆盛。

29. 存ずる【ぞんずる】
①「思う」「考える」の謙譲語。②「知る」の謙譲語。

30. 高配【こうはい】
他人の配慮の尊敬語。

31. 賜る【たまわる】
①謙譲語。いただく。②尊敬語。お与えになる。

32. 用命【ようめい】
用事を言いつけること。命令すること。注文すること。

33. 締め括る【しめくくる】
①束ねて縛る。②監督する。③まとまりをつける。結末をつける。

34. 略儀【りゃくぎ】

略式に同じ。

35. 着荷【ちゃっか】

荷物が到着すること。また、その荷物。ちゃくに。

36. 了承【りょうしょう】

承知すること。諒承。

37. 取り急ぎ【とりいそぎ】

諸々の儀礼・説明を省略し用件だけを伝える意。

38. 起承転結【きしょうてんけつ】

①漢詩で、絶句の構成の名称。②転じて、物事や文章の順序・組立。

39. 箇条書【かじょうがき】

箇条に分けて書き並べること。

40. チェック【check】

①小切手。②照合すること。確認すること。また、それが済んだしるし。

41. 抜け落ちる【ぬけおちる】

①脱落する。②そろっているものの一部が欠ける。

42. 防ぐ【ふせぐ】

①相手の攻撃を食い止める。②遮る。害を受けないようにする。

43. 伝わる【つたわる】

①ものに沿って移動する。②次から次へと受け継がれる。③渡来する。

44. 凝らす【こらす】

①凝り固まるようにする。②一つの所に集中させる。

45. アピール【appeal】

①主張を世論などに呼び掛けること。②心に訴える力。魅力。

46. 膨らみ【ふくらみ】

膨れた様。膨れたところ。膨れた程度。

47. 実る【みのる】

①草木が実を結ぶ。②成果が上がる。

48. 織り込む【おりこむ】

①金銀糸や模様などを織りいれる。②一つの物事の中に他の物事を組み入れる。

49. 説得【せっとく】

よく話して納得させること。

50. 煮沸【しゃふつ】

煮え立たせること。よく沸かすこと。

【表現】

一、～ようになる／～ようになっている

「～ようになる」は動詞（多くは可能形）または否定形（「ない」形）と結びつい

6

て、「～ような状態に変わる」という状態変化を表します。そして「～ようになっている」と「ている形」が使われると、事物の状態や制度、構造を表します。

§　例文　§

1. 骨折も治って、松葉杖なしでも歩けるようになった。
2. 腹一杯食べられるようになっただけでも幸せだと思う。
3. 当店はお買い物の際、カードも御利用いただけるようになっております。＜制度＞
4. このパソコンは、音声を自動的に文字に変換したり、またその逆もできるようになっている。＜構造＞

二、～なければならない／～なくてはならない

　「～なければならない／～なくてはならない」は周囲の事情や、法律・規則などの外在条件から下す判断です。名詞や形容詞または状態性の動詞と結びつくときは当然・必要・必然を表し、動作性の動詞と結びつく場合は義務や責任を表します。

　一方、「～なければいけない／～なくてはいけない」は、自分の責任で判断し、相手に要求する表現で、意味上は命令の「～しなさい」に近い表現になります。

§　例文　§

1. 男は男らしくなければならず、女は女らしくなければならぬと言われてきた。
2. 裁判所は国家権力から独立し、政治に対しては中立でなければならない。
3. 政府は国民の福祉に貢献しなければならぬ存在だ。

【問題】

1. 次の言葉を正しく読みなさい。

　　残雪　　春暖　　惜春　　新緑　　猛暑　　秋気　　紅葉
　　向寒　　初雪　　清祥　　貴殿　　格別　　愛顧　　繁栄

2. 複数の人宛てに送付する場合、受信者名の後ろにつける敬称は次のどれが適切か。

　　A．各位　　　　B．ご一同様　　　　C．様　　　　D．皆様

第二課　Eメールの基礎

　Eメールとはインターネットで利用した文書やファイルのやり取りを指し、手軽に情報が送れ、返信も簡単にできることから、ビジネスでは不可欠の通信手段になった。

1. Eメールの書き方とマナー

　Eメールの定着とともに、その書き方も定着しつつある。簡単な挨拶文の後は直ちに用件に入り、文書量は極力短いものにする。普通の手紙の文書のように、一行の文字数を統一せず、字切れのいいところでどんどん改行したり、小さなブロック単位で空白スペースを入れることで読みやすいものにしていく。

①件名だけでも内容が分かるように

　　件名だけでもその内容がつかめるよう、付け方には配慮をする。

☆固有名詞やキーワードを入れる

☆日付や回数など特定できる数字を入れる

☆重要性や緊急度が分かるようにする

　　「重要」「至急」「緊急」などを付記して目立たせる

☆用件を明示する

　　「ご報告」「ご提案」「お願い」など、主旨や目的をはっきりさせる

☆件名の最後に名前を入れて目立たせる

②ビジネスメールに長文は不適

　　開いた画面で文面の全体がパッと目に入るくらいの分量がベストである。段落の初めを1字下げにする必要はない。字切れで、改行を入れる。パソコン上の文字は紙と違って読みづらいもの。少しでも読みやすくなるよう、字切れのいいところで改行を入れた方がいい。

③空白スペースを頻繁に入れる

　　段落ごとに空白スペースを入れると読みづらい。記号やローマ数字、半角カタカナ、文字装飾は文字化けすることがあるので、使わない方がいい。

④最後に「署名」をつける

　　末尾欄に送信者の名前、連絡先を入れる。

2. 結びの書き方

　　ビジネスメールの場合、結びの言葉も通常のビジネス文章よりややシンプルにまとめる。

①一般的な締めの挨拶

・以上、よろしくお願い致します

・ご協力のほど、よろしくお願い致します

・よろしくご検討くださいませ

・では、失礼致します

・では、またご連絡いたします

・では、またメールします

②内容をまとめる

まずは・以上・取り急ぎメールにて　　＋

・ご案内まで　　　　　　　　　　・お知らせまで

・ご通知申し上げます　　　　　　・お祝い申し上げます

・お礼かたがたご報告まで　　　　・ご挨拶とお知らせまで

③返事を依頼する

お手数ですが・恐れ入りますが　　　　＋

メールにて・電話にて・文章にて　　　＋

・お返事をお願いします

・ご回答をお願いします

・ご返信お願い致します

・ご連絡くださいますようお願いします

3. Eメール利用時の諸注意

①緊急の用件は避ける

　Eメールの特徴は相手がすぐ見てくれるかどうかわからないところにある。緊急を要する場合は、やはり電話で相手を直接つかまえよう。

②受け取ったら返信を

　相手の用件に対する返答に時間がかかる場合には、取りあえずメールを受け取った旨の返信だけでもすぐに出しておく必要がある。より親切なのは、いつごろまでに回答できるか、今後の目途を書き添えておくことである。

③他の人のメールアドレスを不用意に教えない

4. 添付ファイルをつける時

　メールの本文には必要事項だけ記し、本題の詳細情報を別ファイルの状態で送信したい場合は、添付ファイル機能がとても便利である。その際、添付ファイルはメールと違うソフトで作成されているから、受け取った相手が開けるかどうか、事前に確認する必要がある。また、大容量ファイルは受信まで時間がかかり迷惑になる。保存形式を軽くしたり、圧縮するのがマナーである。

【語彙】

1. メール【mail】

①郵便。郵便物。②電子メールの略。

2. ファイル【file】

①書類・資料などを整理し、綴じて保存すること。②コンピューターで、意味的なまとまりをもったデータの集まり。

3. 手軽【てがる】

①手数がかからないこと。簡易。②動作の機敏なこと。すばやいこと。

4. 通信【つうしん】

①音信を通ずること。たより。②意思や情報を通ずること。

5. マナー【manner】

行儀。作法。

6. 定着【ていちゃく】

①しっかりとつくこと。②一定の場所に落ち着くこと。

7. 統一【とういつ】

多くのものを一つにまとめ上げること。

8. 改行【かいぎょう】

文章の書き方や印刷物の組み方などで、行を変えること。

9. ブロック【block】

①かたまり。②おもちゃの積木。③市街などの区画。一郭。

10. スペース【space】

①空間。場所。余地。余白。②宇宙空間。③文字と文字の間の空白。

11. 固有【こゆう】
①天然に有すること。②そのものだけにあること。特有。
12. 日付【ひづけ】
文書などにその作成または提出した年月日を記載すること。
13. 明示【めいじ】
明らかに示すこと。
14. 主旨【しゅし】
主な意味。中心となる意味。
15. 不適【ふてき】
適さないこと。適当でないこと。
16. ベスト【best】
①最良。最優秀。②できる限り。最善。全力。
17. 頻繁【ひんぱん】
しきりであること。ひっきりなしに行われること。
18. 文字化け【もじばけ】
コンピューターなどでデータを送受信する際に、文字コードが雑音その他の影響で別
のコードに変わってしまうこと。
19. シンプル【simple】
単純なさま。簡単。簡潔。
20. 纏める【まとめる】
①ばらばらだったものを一つ整った状態にする。②決着をつける。完成させる。
21. 避ける【さける】
①遠ざける。②物事から身を離す。③時間などをずらす。④忌む。憚る。
22. つかまえる
手でとらえる。取り押さえる。また、その場にとどめる。
23. 不用意【ふようい】
ことさら用意のしてないさま。用心や心遣いが足りないこと。
24. 添付【てんぷ】
書類などに、他の者を添えつけること。
25. ソフト【soft】
①柔らかなさま。②ソフトウェアの略。
26. 圧縮【あっしゅく】
①圧搾。②押し縮めること。

【表現】

一、〜つつある

　「〜つつある」は動詞の［ます］形と結びついて、眼前で正に進行中の動作を表し
ます。「刻一刻と／日々／ますます」など状況変化を伝える語と結びつくことが多い
でしょう。多くは「年々増えつつある・増えている」「回復に向かいつつある・回復
に向かっている」のように「〜ている」に置き換えられます。しかし、この表現の特
徴は、「消える／死ぬ／崩れる…」のような瞬間動詞について、スローモーションの

映像のように、その進行を表せることです。これは他の表現に代えることができない「～つつある」の独自の世界です。

§ 例文 §

1. 地球人口は、年々増えつつある。
2. 病状は回復に向かいつつあるので、ご安心ください。
3. 元気そうに見えた彼ではあったが、彼の体は癌にむしばまれつつあった。
4. まさに風前の灯火、さしもの帝国にも終わりの日が刻一刻と迫りつつあった。

二、～よう（に）／～ようにと

　様態の「～ようだ」の連用形が「～ように」で、願望や要請を表す場合に使われます。「神様、どうぞ合格しますように」のように自分の願望を表すときにも使われますし、例文１のように手紙の文末でもよく使われる表現です。この「～ように」が相手に対して使われたときは、「～ようにしてください」の省略形と考えていいでしょう。

§ 例文 §

1. 先生にはいつまでも御健勝であられますように。敬具
2. 神様、どうか息子にいい花嫁が見つかりますように。
3. 部長、ただ今社長から、至急来るようにとのお電話がございました。

【問題】

　以下の表はメールにおける称呼です。空いているところにふさわしい言葉を入れなさい。

	自称	他称
個人	私	
複数人		各位　ご一同様
会社	弊社　私ども	
学校		貴校　貴大学
上司	(部長の)山本	
社員		貴社　御社社員
意見	私見　愚見	
考え		ご高見　御意向　貴案
受け取り	拝受　受領	
配慮		ご高配　お引き立て
手紙	書面　書中	
メール		貴メール

第三課　Eメール実例

1. 委託・請求

件名：新製品「FT-12」資料送付のお願い

本文：近藤様
　　　いつも大変お世話になっております。

　　　貴社の新製品「FT-12」の詳細資料のデータをお手数ですが、
　　　添付ファイルでお送りいただけませんでしょうか。
　　　お忙しいところ恐縮ですが、どうぞよろしくお願いいたします。

　　　富士コンピューター　山本

---

2. 問い合わせ

件名：「CR-01」納期の問い合わせ

本文：山本様
　　　いつも大変お世話になっております。

　　　さて、早速ですがパソコン「CR-01」の納期についてご照会いたします。
　　　300台追加注文させていただきたいのですが、納期はいつごろになるでしょうか。
　　　できれば、3月10日までに頂きたいのですが、それは可能でしょうか。
　　　急なお願いで大変恐縮ですが、折り返しご回答よろしくお願いいたします。

　　　木下

---

3. 確認

件名：カタログ内容についての確認

本文：○○コンピューター　村上様
　　　いつも大変お世話になっております。

　　　本日、製品カタログを頂きました。ありがとうございます。
　　　そこで、内容についてひとつ確認させて頂きたい点がございます。
　　　品番「EG－02」の価格ですが、以前電話でお聞きしていた価格と若干違うように思われるのですが…
　　　カタログでは1台8万7,000円となっていますが、お聞きしていたのは確か8万3,000円だったように思います。
　　　こちらの認識違いかもしれませんが、念のためお伺いいたします。
　　　お忙しいところ申し訳ございませんが、どうぞよろしくお願いいたします。

　　　○○商事　安川

---

4. 回答

件名：「AQ－20」30台の在庫状況の回答

本文：○○電機　早瀬様
　　　いつもお世話になっております。
　　　お問い合わせのパソコン「AQ－20」30台の在庫状況についてご回答申し上げます。
　　　本日、工場から連絡があったのですが、20台でしたら今週末には納品させていただけます。
　　　ただ、残りの10台につきましては、最短でも1か月後になるとのことです。
　　　申し訳ございませんが、その旨ご了承いただけますでしょうか。
　　　それでは、ご検討よろしくお願いいたします。

　　　○○部品　松本

---

5. 通知

件名：カタログ送付のお知らせ

本文：○○産業　林様

いつも大変お世話になっております。

7月3日にご依頼いただきました来年度の商品カタログですが、本日、発送させていただきました。

よろしくご査収ください。

3日ほどでそちらに到着するかと思います。よろしくお願いいたします。

何かご不明な点などございましたら、いつでもお問い合わせください。

今後ともどうぞよろしくお願いいたします。

伊藤コンピューター　武本

6. 案内

件名：新商品説明会のご案内

本文：株式会社○○　中村様

○○株式会社　営業部　福田と申します。

いつもお世話になり、ありがとうございます。

さて、今年も新商品説明会を下記のとおり行います。

お忙しいところは思いますが、ぜひご参加いただけますようお願い致します。

なお、準備などの都合もございますので、4月25日までに出欠のお返事を頂けますよう、よろしくお願いいたします。

それでは、ご参加をお待ちしております。

記

日時：5月10日午後2時～4時

場所：○○センター2階A会議室

以上

7. 受け取り

件名：「YT-5X」の納品について

本文：○○コンピューター　大野様

　　　いつもお世話になり、ありがとうございます。

　　　1月20日付で注文させていただいた「YT-5X」10台ですが、本日確かに受け取りました。
　　　突然の注文だったにもかかわらず、迅速なご対応ありがとうございました。
　　　今後ともどうぞよろしくお願い申し上げます。

　　　○○工業株式会社　前田

8. 了承

件名：「EV6XX」の納品延期について

本文：○○コンピューター　三井様

　　　いつもお世話になっております。

　　　先日お申し出のあった「EV6XX」1台の納期延期の件ですが、
　　　社内で検討いたしましたところ、貴社にもやむを得ない事情がおありとのことですし、ほかならぬ貴社のお申し出ですので、今回については10日間の納期延期を了承いたしました。

　　　ただ、次回からはこのようなことがないように、よろしくお願いいたします。

　　　○○物産　小泉

9. 感謝

件名：見積書について

本文：○○印刷　古谷様

　　いつもお世話になっております。
　　お願いしていた見積書ですが、先ほど確かに受け取りました。
　　急なお願いだったにもかかわらず、早速お送り頂きありがとうございました。
　　おかげさまで、なんとか明日中には注文を出すことが出来そうです。
　　お忙しいところお心遣いを頂き、心より感謝申し上げます。

　　今後ともどうぞよろしくお願い申し上げます。

　　伊藤コンピューター　岡野

10. お詫び

件名：1 月 20 日付請求書金額の訂正

本文：AB システム株式会社　犬塚様

　　いつも大変お世話になっております。
　　先日お送りいたしました 1 月 20 日付の請求書についてですが、
　　金額が間違っていたことが分かりました。
　　合計請求金額は 10 万 3,000 円ではなく、正しくは 12 万 5,000 円でした。
　　こちらの不注意で、ご迷惑をお掛けいたしまして申し訳ございません。
　　本日、改めて正しい内容の請求書をお送りいたしますので、お手数ですが、
　　今お手元にあるものは破棄していただけますでしょうか。

　　今後はこのようなことがないよう十分注意いたします。
　　これからもどうぞよろしくお願い申し上げます。

　　XY コンピュータ　中田

11. 拒絶

件名：追加注文の件

本文：○○商会　田中様

　　　ご注文いただいた商品につきましては、あいにく在庫がない状態となっております。工場もフル稼働で生産しておりますが、残念ながら追加注文はお受けできない状況です。

　　　弊社の事情によりご迷惑をお掛けし誠に申し訳ございません。
　　　今後とも何とぞよろしくお願い申し上げます。

　　　○○株式会社　横田

12. 転送

件名：リーダー研修の担当者について

本文：山本様
　　　お疲れ様です。
　　　頂いたメールの「リーダー研修」についてですが、
　　　担当者が田中さんなので、そちらに転送しておきました。
　　　追って田中さんからご連絡があるかと思います。

　　　以上、よろしくお願いします。

　　　松山

【語彙】

1. 委託【いたく】
人に頼んで代わりにしてもらうこと。委ねまかすこと。

2. 手数【てすう】
骨折り。めんどう。

3. 恐縮【きょうしゅく】
見も縮まるほどに恐れ入ること。感謝や謝罪や依頼の言葉としても用いる。

4. 問い合わせ【といあわせ】
問い合わせること。照会。

5. 納期【のうき】
金や品物を納入する時期、または期限。

6. 追加【ついか】
後から増し加えること。また、その加えられたもの。

7. 若干【じゃっかん】
①それほど多くはない。不定の数量。②多少。いささか。

8. 伺う【うかがう】
①「聞く」「尋ねる」「問う」の謙譲語。②訪問する。参上する。

9. 在庫【ざいこ】
倉庫にあること。

10. 検討【けんとう】
調べたずねること。詳しく調べ当否を考えること。

11. カタログ【catalog】
目録。商品目録。営業案内。

12. 査収【さしゅう】
よく調べたうえで受け取ること。

13. 出欠【しゅっけつ】
出席と欠席。

14. ケース【case】
①箱。入れ物。②場合。事例。事件。

15. 迅速【じんそく】
速やかなこと。きわめて速いこと。

16. 心遣い【こころづかい】
①警戒。用心。②人のためを思っていろいろ気を使うこと。配慮。

17. 破棄【はき】
①破り捨てること。②取決めなどを一方的に取り消すこと。

18. 生憎【あいにく】
期待や目的にはずれて、都合の悪いさま。折悪しく。

19. フル【full】
いっぱいであるさま。全部。十分。
20. リーダー【leader】
①指導者。先駆者。首領。②点線。破線。
21. 転送【てんそう】
他から送ってきたものを、さらに他へ送ること。

【表現】
一、～かたがた
　「～かたがた」は「AかたがたB」の形をとり、同一主語文で使われ、同一時間帯のなかで「Aをする機会を使って、Bをする」並行動作を表します。丁寧な語感なので、手紙や公式の会話で多く使われます。同義表現に「～がてら」があり、こちらは日常会話で多く使われます。どちらも動作Aが主で動作Bが従の関係にあります。
§ 例文 §
1. 夕涼みかたがた、図書館に寄ってみた。
2. 墓参りかたがた、幼友だちに会って来ようと思う。
3. お願いかたがた、近況御報告まで。　敬具

二、～にもかかわらず
　「～にもかかわらず」は逆説の「～のに」と意味上の違いはありませんが、「そうしないのが普通なのに～／本来～すべきなのに～」という意味で使われる客観的な評価です。なお、「～のにもかかわらず」の形も使われますが、これは「特に～にもかかわらず」と強調した表現になります。
§ 例文 §
1. 雨天にもかかわらずお運びいただき、誠に恐縮です。
2. Aさんは仕事中だったにもかかわらず、突然訪れた私を快く出迎えてくれた。
3. 御多忙中にもかかわらず、私どものために御奔走くださり、どうお礼を申し上げてよいのかわかりません。

三、やむを得えず／～（の）もやむを得ぬ
　この文型は元々「不得已」と言う漢語から生まれており、「（何か自分自身では変えられない理由・事情があって）不本意だが～するしかない」という意味を表します。改まった場での会話で使われるほか、書面語としてもよく使われる表現です。なお、単独で副詞として使われる「やむを得ず～する」や、「やむを得ぬ＋名詞」の形も覚えましょう。日常口語では「しかたがない」を使えばいいでしょう。
§ 例文 §
1. 万策尽き果て、やむを得ず倒産するに至った。
2. 借金で首が回らなくなり、やむを得ずサラ金から金を借りた。

3. 退っ引きならぬ事情で、やむを得ず本日の会議を欠席させていただきます。

【問題】

　文中の（　　）内に入る語句として適当なものを一つ選んでください。

1. 社員研修で貴社の工場を見学させていただきたく（　　）。

　A. よろしいでしょうか

　B. お願い申し上げます

　C. お世話になっております

2. 注文数量などの詳細は（　　）のとおりです。

　A. 下に書いた　　　B. 後から書く　　　　C. 下記

3. つきましては、ご注文の納品を一週間ほど（　　）。

　A. お待ちいただけませんでしょうか

　B. 待ってくれますか

　C. お待ちいただきたく

4. 誠に（　　）お願いですが、納期を８月１日まで延期願えますでしょうか。

　A. どうしようもない　　　B. 心苦しい　　　C. 息苦しい

5. さて（　　）ですが、商品の在庫状況について照会させていただきます。

　A. 早速　　　　　　B. 急速　　　　　　　C. 急ぎ

6. 商品価格について（　　）いたします。

　A. 設問　　　　　　B. 尋問　　　　　　　C. お尋ね

7. 本日商品を発送いたしましたので、（　　）のほどよろしくお願い申し上げます。

　A. ご査収　　　　　B. お調べ　　　　　　C. お受領

8. ご依頼のあった請求書ですが、（　　）発送させていただきました。

　A. 明日　　　　　　B. 今日　　　　　　　C. 本日

9. 材料の値段が上がったので、弊社も値上げに踏み切った（　　）です。

　A. ところ　　　　　B. 次第　　　　　　　C. 経緯

10. 材料が値上げになった（　　）、弊社も値上げに踏み切ることになりました。

　A. ことにより　　　B. 原因で　　　　　　C. うえに

【解答】

1. B　2. C　3. A　4. B　5. A　6. C　7. A　8. C　9. B　10. A

第二節　レポートの書き方

第一課　概説

　レポートは、上司から命令されたデータに沿って研究・調査した事項と、小論文的にまとめた社内文書である。一定の情報・知識を提供するという面では報告書と同じだが、報告書が客観的に事実を述べることを主にしているのに対し、レポートは書き手の見方・意見が要求される。したがって、より深い問題意識に基づいた観察・分析の姿勢が必要である。もちろん、結論の出し方には客観性の問われることは言うまでもないが、書き手の「個性」「独創性」の反映された文面が望ましい。

　原則として、レポートは報告書と違い、定型的な書式はない。フリースタイルである。便箋、レポート用紙にビジネス文書の基本項目を踏まえたうえで、フリーに記述するもの。レポートは基本的に特命文書であり、したがって不定期的文書である。種類は、総務、営業、調査、経理、企画、工場、情報などあらゆるジャンルに及び、ビジネスマンとしての「力量」を発揮し、認められる「登竜門」と言える。

★書き方のポイント

　見聞したことにとどまらず、できるだけデータを集め、活用する。事実、状況の報告に加え、分析・評価により多くのスペースを割く。簡潔な書き方を心がけることはもちろんだが、箇条書きで終わらせず、できるだけ「論文」のにおいを残す。

【語彙】

1. レポート【report】
①報告。報道。②報告書。学術研究報告書。
2. 提供【ていきょう】
差し出して相手の用に供すること。
3. 客観的【きゃっかんてき】
特定の個人的主観の考えや評価から独立して、普遍性をもっていること。
4. 述べる【のべる】
①言葉を連ねて言い表す。説く。②文章に記す。③言い訳を言う。
5. 見方【みかた】
①見る方法。②見て考える方法。見解。
6. 分析【ぶんせき】
①ある物事を分解して、それを成立させている成分・要素・側面を明らかにすること。

②物質の鑑識・検出。

7. フリースタイル【free-style】

①自由形に同じ。②レスリング種目の一。

8. 便箋【びんせん】

手紙を書くための用紙。書簡箋。

9. 踏まえる【ふまえる】

①踏みつけて押える。②おさえる。③考慮する。④よりどころとする。

10. フリー【free】

①自由なさま。②どこにも専属しない状態。無所属。③無料。

11. 調査【ちょうさ】

ある事項を明確にするために調べること。

12. ジャンル【genre】

部門。種類。種別。

13. 登竜門【とうりゅうもん】

困難ではあるが、そこを突破すれば立身出世が出来る関門。

14. データ【data】

①認容された事実・数値。資料。②コンピューターで処理する情報。

15. 簡潔【かんけつ】

表現が簡単で要領を得ていること。

【表現】

一、～に対して(は／も)／～に対する

　「～に対して」は動作の向かう相手や対象を表します。中国語や韓国語では「～について」も「～にとって」も漢字「対」を使って表すので、辞書で引いてもよくわからないという話を多く聞きます。

§　例文　§

1. 政府は記者団に対し、組閣の概要について説明した。

2. ASEAN 諸国は第三世界に対して、影響力を拡大しつつある。

3. え～、今までの経過報告に対しまして（⇔につきまして）、御質問があれば何でもどうぞ。

二、～に基づいて／～に即して／～に照らして

　これらは何かを根拠にする点では同じです。以下のような同義文型がありますが、それぞれ少しずつ異なった語感を持っています。

　教科書に …

即して　＜そのまま＞

よって　＜依拠して、手段として＞

基づいて　＜基礎や土台にして＞

照らして　＜参照し、応用して＞

沿って　＜流れに合わせて＞

応じて　＜臨機応変に＞

　　　… 日本語を教える。

§　例文　§

1. 憲法は国の基本法で、法律は憲法に基づいて作られる。
2. 空理空論はやめ、実状に即して話し合おうじゃないか。
3. この種の通販は法律に照らして見れば、詐欺罪になる。

【問題】

レポートの書き方のポイントをまとめなさい。

第二課　総合レポート

　総合レポートは種類が各部門にまたがり多岐にわたるので、現在の自分の職種にとらわれない、全社的な視点が大切である。

　総合レポートは企画、参加、起案、診断、配属、会議、検討結果など、あらゆる部門で必要に応じて書かれる。したがって、自分の職種に関係する専門的知識だけでなく、経営全般の知識・理解力が要求される。現在までの実績、キャリアといった手元の素材が基本であることは当然だが、ジャーナリズムや外国文献など、より幅広い関連資料の活用がどうしても必要になる。また、同じ会社内の他部門の動向・実績にも目を向け、具体的にしろ潜在的にしろ、比較検討する手法を取り入れる。

　レポートを作成するうえでの「目的」「問題点」は、上司から命令された時点ではっきりしているから、まず冒頭に示す。「標題」だけでなく、前文にふれておくと分かりやすい。問題のどの部分に重点を置いているか明示しておく。

　断定的な言い回しは避けるべきだが、もちろん、どうにでも取れるあいまいな表現はタブー。十分なデータを用意することで、自信ある表現を使う方が妥当である。

1. 起案レポート

平成○○年○○月○○日

自動車パソコンオフィスの導入について

営業部　大田　太郎

　経営企画室より諮問のありました営業体制の合理化について、下記のとおり報告します。

記

1. 決裁事項　営業部保有の営業車7台に自動車パソコンオフィスを設置して移動サテライトオフィスとしたい。

2. 目　　的　役員会の決定による、支店2割、営業所3割削減を目標とした効率経営を遵守するには、何よりも機動力の充実が要求される。自動車パソコンオフィスの設置するに等しく、支店、営業所削減に伴うセールス力の減退を防止し、消費者へのサービス向上に役立つものと考える。

3. 連　　用　①営業一・二課を"機動セールス隊"チーム編成し、1台4人1組として自動車パソコンオフィスを中心に担当エリアのセールス活動あたる。
②支店・営業所廃止地域に重点的に投入し、キメ細かいセールスを行う。
③運転手兼本部連絡係は、交替制とする。

4. 効　　果　①チーム制により、チーム員同士はもとより、チームは相互の競争心が高まり、営業成績にストレートに反映する。
②移動中、車の中から顧客にインターネットでも連絡が取れ、能率的である。
③女性セールスでも、夜間、安心して活動できる。
④遅くなってもわざわざ帰社する必要はなく、車内から本部と連絡を取りながら、車内で打ち合わせを終了することも可能である。
⑤書類やカタログは最少限度持てばよく、必要に応じてモバイルから自動車パソコンオフィスを呼び出せるので、重いカバンをさげて歩く必要もなくなる。

5. 添付資料　①自動車パソコンオフィス設置によって期待できる売り上げ増の推計。
②自動車オフィス設置により発生する経費と、対売上額の比較。
③現在の売上額と自動車パソコンオフィス設置により売り上げ目標を達成するのに必要なセールス時間の比率。
④自動車パソコンオフィス設置に伴う残業時間の推移。

以　上

2.検討結果レポート

平成〇〇年〇〇月〇〇日

外注生産体制の見直しについて

工程管理委員会　委員長　木村　武

　役員室よりご指示のありました標記の件につき、当委員会としての検討結果が出ましたのでご報告いたします。

記

1.経　　過　　自社生産、外注生産の比率が3対7の現状は、現在の業界の働き、当社の設備面・人材面からどうとらえるか、役員室の諮問を受け、検討に入る。当該課題のため、検討会議を3回開き、他者工場視察を延べ20回行った。

2.視察成果　　同業、異業種各7社について行ったが、業種を問わず各社ともオートメ化の推進、外注、人員削減に努力していることが窺われた。設備投資への意欲は盛んで、余剰人員のセールス部門への投入など、生産現場の合理化、販売力の強化を推し進めているようだ。

3.討議と意見　委員からは、当社と他社の子会社・関連会社対策の決定的な違いを指摘する意見が多く出された。他者が子会社・関連会社を自社能力を補い、低コストで使える便利な存在と位置づけているのに対し、当社の場合は子会社の100%がオーナーの一族の所有であり、また関連会社のほとんどが、昭和〇年〇月の組合ストライキに対して生産を肩替わりしてくれた恩義があり、一方的な都合で発注を削減するわけにはいかない、という意見はもっともと思われる。

4.結　　論　　当委員会としての結論には、以下のとおりである。
　　　　　　　①子会社への発注は従来どおりとする。
　　　　　　　②関連会社への発注は50%削減とし、自社・外注比率を6対4にする。
　　　　　　　③前項につき、関連会社の営業に本社営業部から協力チームを提供し、削減分に相当する受注を獲得する。

5.所　　感　　外注問題に関しては、単に生産現場の近代化・オードメ化のみでなく、子会社・関連会社の育成面からもとらえなければならず、経営ポリシーの全力投球が望まれる。

以　上

3. 採用計画レポート

平成〇〇年〇〇月〇〇日

事業部　坂口　正仁

平成博覧会出店に関するコンパニオン募集の件

1. 募集の趣旨

　　平成博覧会に当社の「目立館」を出展することが決定され、同館のコンパニオンを募集しなければなりません。期間は半年間ですが、博覧会協会の概算では海外、国内合わせて 700 万人の来場が見込まれており、当社の PR、イメージアップにはまたとないチャンスです。したがって、「目立館」の案内業務を通して当社の顔となるコンパニオンには、学識、語学力などを兼ね備えた優秀な女性を採用することが最大課題となります。

2. 採用の概要

　　①採用期間　平成〇〇年〇〇月〇〇日〜〇〇月〇〇日
　　②採用人員　30 名
　　③資　　格　短大卒以上の 25 歳までの独身女性
　　④選考方法　書類審査、語学試験、面接
　　⑤待　　遇　当社新入社員に準じ、他に契約金と特別ボーナス

3. 見通し

　　30 名を 2 交替勤務とし、週一回の休日はそれぞれ都合を調節してとるようにすれば、期間中、十分に運営できるものと思われる。期間中の勤務評定を厳格に行い、博覧会終了後、希望者の中から正社員として採用したい。

【語彙】
1. 多岐【たき】
道が幾筋にも分かれていること。また、物事が多方面に分かれていること。
2. 全般【ぜんぱん】
ある物事の全体。総体。
3. キャリア【career】
①職業・生涯の経歴。②専門的技能を要する職業についていること。

4. ジャーナリズム【journalism】
新聞・雑誌・ラジオ・テレビなどで時事的な問題の報道・解説・批評など。
5. 潜在【せんざい】
表面に現れず、ひそみ隠れていること。
6. 冒頭【ぼうとう】
①文章・談話のはじめ。②広く一般に、物事の初め。
7. 示す【しめす】
①他の者にそれと分かるように指さし。②物事を表して知らせる。
8. 断定【だんてい】
はっきり判断を下すこと。また、その判断。
9. 言い回し【いいまわし】
言い表し方。言いよう。言葉の使い方。
10. タブー【taboo】
触れたり口に出したりしてはならないとされる物・事柄。禁忌。
11. 諮問【しもん】
意見を尋ね求めること。下の者や識者の意見を求めること。
12. 決裁【けっさい】
責任者が部下の提出した案の採否を決めること。
13. サテライト【satellite】
①衛星。人工衛星。②空港の補助ターミナル。
14. 削減【さくげん】
量・金額を削り減らすこと。
15. 遵守【じゅんしゅ】
きまり・法律・道理などに従い、よく守ること。
16. サービス【service】
①奉仕。②給仕。接待。③商店で値引きしたり、客の便宜を図ったりすること。
17. セールス【sales】
①販売すること。②売り上げ。売れ行き。
18. エリア【area】
地域。区域。
19. 廃止【はいし】
やめて行わなくすること。
20. ストレート【straight】
①まっすぐなこと。②続けざま。③表現が遠まわしでなく、率直なこと。
21. 打ち合わせ【うちあわせ】
①ぴったり合わせること。②前もって相談すること。下相談。協議。談合。
22. モバイル・コンピューター【mobile computer】
携帯用小型コンピューター。

23. 推計【すいけい】

計算によって推定すること。

24. 窺う【うかがう】

①覗いて様子を見る。②時期の到来を待ち受ける。③見て察知する。

25. 余剰【よじょう】

あまり。のこり。剰余。

26. 指摘【してき】

問題となる事柄を取り出して示すこと。

27. 補う【おぎなう】

不足を満たす。埋め合わせる。欠けた部分をつくろう。

28. コスト【cost】

①値段。費用。②原価。生産費。

29. オーナー【owner】

①会社などの所有者。②持船を自分で運航しない船主。

30. 外注【がいちゅう】

外部へ注文を発すること。

31. ポリシー【policy】

政策。政略。方針。

32. コンパニオン【companion】

①仲間。つれ。②催物などで、女性の案内・接待係。

33. 見込む【みこむ】

①中を見る。②じっと見る。③あらかじめ考慮に入れる。予想する。

34. ボーナス【bonus】

①割増金。②賞与。特別手当。期末手当。

35. 厳格【げんかく】

厳しくただしいこと。ある規則を厳しく守り、いい加減にしないこと。

【表現】

一、〜に応じて／〜に応えて

　動詞「応じる」は「回答する・呼応する・対応する・適応する」などの意味を持った語で、「力には力で応じる／募集に応じる／招きに応じる…」のように使われます。一方、「応〔答〕える」は「回答・呼応・報いる」などの意味を表します。

　例えば、例文1〜3の「〜に応じて」は対応・適応を表していますが、この場合、「〜に応えて」が使えません。「〜に応えて」の用例の多くは例文4、5のように「期待・声援・恩義に報いる」の意味で使われていて、この場合は「〜に応じて」が使えません。

§　例文　§

1. 気候や風土に応じた（×に応えた）食文化が育つ。

2. 健康のためには、体力に応じて（×に応えた）運動することが大切で、無理をすると逆効果です。

3. 社員の能力や業績に応じた（×に応えた）給料を支払う。

4. このような時こそ、先生のご恩に応え（×に応じ）、私たち教え子が協力すべきではなかろうか。

5. 地元の声援に応えて（×に応じて）、そのA高野球チームは、ついに念願の甲子園出場を果たした。

二、〜べきだ／〜べき／〜べし

「〜べきだ」（「〜べし」は文語）は、社会通念上「〜するのが当然だ／適切だ」という判断を表す文型で、当然から義務へ、更に「帰るべき家もない」のように唯一可能な選択へと意味は広がります。当然・義務の用例は「〜なければならない」と用法が重なりますが、「〜べきだ」は話者の意志に無関係な一般論ですから、自分自身がそうしなければならない行為には使えません。

§ 例文 §

1. 君が悪いんだから、四の五の言わず、謝るべきだ。

2. リーダーぶるのはいい加減にしな。人にあれこれ指図する前に、まず、自らやってみせるべきだ。

3. すべからく、上官の命令には従うべし。

三、〜を問わず／〜を問わない

「〜を問わず／〜を問わない」は「年齢・職歴・性別・曜日・世代・経験・身分・季節・相違…」や、対の語「有無・男女・公私・昼夜・老若・大小・内外・正否・成否…」などについて、「〜を問題にしないで／〜を区別しないで」と言う意味を表します。また「〜すると〜しない（と）を問わず／〜する〜しないを問わず」のように肯定と否定を重ねる使い方もあります。

§ 例文 §

1. 社員募集。年齢・経験を問わず（＝年齢・経験不問）。

2. 古今東西を問わず、親が子を思う情に変わりはない。

3. 国の内外を問わず、環境問題は避けて通れない政策課題となっている。

4. 君が望むと望まないとを問わず、事態は私の予想した通りに動いている。

【問題】

次の中国語の内容を参考して、日本語のレポートを書きなさい。

平成〇年〇月〇日

关于招聘新人一事

第 2 营业课长　田森　正义

1. 现状	现在我们课有 12 名课员，包括 2 名内勤、10 名外勤。担任东京都 5 个区域的传真 A1 销售。马上又要担任新产品"梦想一号"的销售工作，为此希望增加新人。
2. 目前问题	即使只是销售传真 A1，现在平均每人每周加班 30 小时，带薪休假的使用率低于 20%。
3. 执行计划	"梦想一号"的销售额定在每月 500 万日元，为此需要安排 5 名人员。加之，传真 A2 不久也将上市，增加 2 人，预计每月可以提高 300 万日元的销售额。
4. 要求	今年增加 7 至 8 名新人才可以维持现状，考虑劳务改善方面的需要，希望下一年度再增加新人。

（ヒント：新規採用　　有給休暇　　現状維持　　労務改善面　　人員増）

第三課　部門別専門レポート

　専門レポートは、当該職種のエキスパートとしての自身と知識と権威をベースに、具体的にわかりやすく作成する。

　専門レポートは販売、工場、総務など特定部門が作成・提出する社内文書である。いわゆる「現場」サイドの実状、考え方を周知させる機会でもあるので、事実関係の正確な提示の必要性は言うまでもない。ただ、どうしても独断・偏見の入り込む余地の多いタイプの文書だけに、具体的・客観的な資料の提示と冷静に抑え込んだ記述が要求される。作為的ととられがちな数値や現象面の選び方はやめる。初めに設定した結論へと導くためのゴリ押し的な論旨の進め方を思わせるような態度は慎む。

　現況、推移、問題点、まとめ、所感などを、レポートの目的・種類によって使い分ける。販売レポートのような営業関係は現況・推移に重点を置く。工場レポート、総務レポートは問題点にポイントを据える。

　一方的に立場を主張したり、責任回避につながるような表現は避ける。データ至上主義を念頭に。

1. 総務レポート

平成○○年○○月○○日

オフィスレイアウトについて

総務部　姫野　陽一

　ＣＩ委員会より要請のあったオフィスレイアウトの改善について検討いたしました。下記に取りまとめます。

記

1. 現　状　ＯＡ化が急速に進んでいるにもかかわらず、各職場とも灰色のスチール机をブロックごとに配置する従来どおりのレイアウトである。ＯＡの効率化が進まないだけでなく、職場環境としても暗く前時代的で、ＯＡ時代にふさわしくないものになっている。

2. 改善案　①当面は、営業、企画部門など、外回りの多い職場を対象にレイアウトを変える。
　　　　　②課長、事務職以外のデスクは徹廃し、部屋を三分割し、一つに会議用長テーブルを設置し、自由に好きな場所に座れるようにする。あとの二つはＯＡ室と思索室にあてる。
　　　　　③思索室には応接セットを複数設置し、書類作成の必要のない社員はここで企画を練り、意見を交換し、外部への電話をかける。
　　　　　④課員一人一人に簡易持ち運びロッカーを支給し、必要書類・資料・備品を入れさせ、必要に応じて長テーブルへ移動させる。

3. ねらい　①デスクを徹廃することで、空間を生かせる。
　　　　　②会議用長テーブルのどこに座ってもいいことで、気分転換とコミュニケーションの役に立つ。
　　　　　③ＯＡ室を別にすることで、機械音を気にせずに勤務できる。
　　　　　④思索室は、外回りから帰ってきて長テーブルに席のない課員の場所として提供できる。また、疲れを休め、企画を邪魔されずゆっくり練るスペースとして役に立つ。

4. 所　感　思索室は、原則として上司の目が届かないため、サボる者も出る心配もあるが、やはり大人としての、プロとしての自覚に待つべきではないだろうか。

5. 経　費　オフィスレイアウトに要する経費は別紙の通り。
　　　　　①見積書
　　　　　②完成予想図

以　上

2. 工場レポート

平成○○年○○月○○日

平成○○年度生産計画

工場長　坂口　建造

1. 生産計画　　年間スケジュール・生産表は別紙のとおり。

2. 内　　容　　①品　　目　営業部門からの受注計画書に基づく。今年度は 10

品目が増加、新規生産する。

②価　　格　前年度実績と他社類似品目を参考に、各品目とも適

正価格を設定し、営業部門と検討する。工場として

は原価低減につとめ、量産効果により利益を上げる。

円高効果を資材に生かしたい。

③労務対策　欠勤率を５％と見込む。賃金上昇率は鉄鋼ベアに準

ずる。

④設　　備　次年度以降の大幅な設備投資を踏まえて現状を保

守。

⑤配　　転　別表の人事異動を行う。

3. 人事レポート

平成○○年○○月○○日

平成○○年度大学卒新採用の件

人事課　高橋　哲郎

標記につき、下記のとおり計画立案いたしましたので提出いたしました。

記

1. 現　状　管理、営業、製造各部門とも、昭和の○○年～○○年の間の大量採用者が、今年度から○○年度にかけて定年を迎えることになり、人員の急激な減を控えている。3部門とも○○年度までの大量採用を希望している。

2. 問題点　今年度から○○年度までに限定した大量採用は、年度ごとの人員の格差を助長するだけでなく、人件費の面で持ちこたえられない。また、将来的に、今回のようないびつな人員計画を強いられる種をまくことになってしまう。

3. 結　論　今年度から○○年度にかけての人員不足はアルバイト、パートなどである程度しのぎながら、○○年度までの長期にわたり、緩やかに段階的な人員増を目指すべきである。

4. 必要人員　①管理部門　総務関係　○○人
　　　　　　　　　　　　財務関係　○○人
　　　　　　　　　　　　人事関係　○○人
　　　　　　　②営業部門　販売関係　○○人
　　　　　　　　　　　　事業関係　○○人

5. 見通し　①管理部門中途退職者はほとんど例がなく、今年度からこの人員増のスペースでいけば、○○年度までには適正人員になると思われる。②営業部門引き抜きなどの多い部門なので、目標の○○年度までに適正人員規模を確保するのは難しく、今年度の推移を見ながら年度ごとに検討が必要。

6. 要　望　女子の採用に当たっては、結婚後も退職しないことを労働協約に明記させるのはもちろん、組合にも図り、男女雇用機会均等法の精神にのっとり、育児期間の一時○○制度について検討されるよう要望いたします。

【語彙】

1. エキスパート【expert】
熟練者。専門家。
2. ベース【base】
①土台。基礎。基本。②基地。根拠地。
3. サイド【side】
①横。側。脇。②相対するものの一方。
4. 抑え込む【おさえこむ】
①押えて動けないようにする。②意見の発表が自由にできないようにする。
5. 導く【みちびく】
①未知の行く手を教える。②手引きをする。③教え示す。
6. ゴリ押し【ごりおし】
理に合わないことを承知でその考えを押し通すこと。無理押し。強引。
7. 慎む【つつしむ】
①用心する。②恭しくかしこまる。③物忌みする。謹慎する。
8. ポイント【point】
①点。地点。②要点。③得点。点数。
9. 据える【すえる】
そこに根を下ろすようにしっかりと定着させる意。
10. 念頭【ねんとう】
こころ。胸のうち。心頭。
11. レイアウト【lay-out】
配列。配置。
12. スチール【steel】
はがね。鋼鉄。
13. OA【office automation】
オフィス・オートメーションの略。
14. 相応しい【ふさわしい】
相応している。釣り合っている。よく似合っている。
15. 外回り【そとまわり】
①外側を回ること。②外の巡り。③社外に出て取引先などを回ること。
16. 撤廃【てっぱい】
撤去して廃止すること。取り除きやめること。
17. 思索【しさく】
物事の筋道を立てて深く考え進むこと。
18. 練る【ねる】
①精製する。②精錬する。③学問・技芸を磨く。心身を鍛える。

19. ロッカー【locker】
鍵のかかる戸棚。衣服・携帯品などを入れるのに使う。

20. コミュニケーション【communication】
社会生活を営む人間の間に行われる知覚・感情・思考の伝達。

21. さぼる
なまける。なまけて仕事を休む。ずるやすみをする。

22. スケジュール【schedule】
①時間割。日程表。予定表。②財務諸表付属明細表。

23. 円高【えんだか】
為替相場で、相手の外貨に対する日本の円の価値の高い場合を言う。

24. 賃金【ちんぎん】
労働者が労働を提供することによって受け取る報酬。

25. 大幅【おおはば】
①普通より幅の広いもの。②数量・規模などの変動・開きが大きいこと。

26. 人事異動【じんじいどう】
地位・職務・勤務地などが変わること。

27. 控える
①待機する。②そばでじっとしている。③空間的・時間的に近いところにある。

28. 助長【じょちょう】
物事の成長・発展のために外から力を添えること。

29. 強いる【しいる】
相手の意思を無視して、自分の意のままに物事を押し付ける。強制する。

30. パート【part】
①部。部分。区分。②受持ち。職分。役割。③パート・タイムの略。

31. 穏やか【おだやか】
①静かなさま。安らか。②心が落ち着いて安らかなさま。③穏当であるさま。

32. 引抜き【ひきぬき】
①引き抜くこと。②歌舞伎演出法の一。

33. 見通し【みとおし】
①見通すこと。②将来や他人の心中などを見抜き察知すること。予測。洞察。

34. 男女雇用機会均等法【たんじょこようきかいきんとうほう】
雇用の分野において男女の均等な機会及び待遇の確保を目的として制定された法律。
1986 年から施行。

【表現】

一、〜だけでなく〜も／〜のみならず〜も
　「〜だけでなく〜も〜」は「〜に限定できない。それ以外にも〜」という意味を表しますが、その改まった言い方として「〜のみならず〜も〜／〜のみか〜も〜」文型

があります。しかし、「～のみならず～も～」は文語なので、会話で使うと硬い印象になります。

§ 例文 §

1. 彼は優しいだけでなく、勇気もある好青年です。

2. その方法は効率的なだけでなく、経済的でもある。

3. 彼女は英語のみか、フランス語・ロシア語もぺらぺらです。

【問題】

次の言葉を日本語で説明しなさい。

1.ＯＡ化　　2.オフィスレイアウト　　3.人事異動　　4.男女雇用機会均等法

第三節　電話応対

第一課　電話の使い方と受け方

1. 電話の使い方

　新しい職場に配属された初日、職場にはたくさん電話がかかってきます。その時の気持ちが分かりますか。「電話だ。出なければいけないけれど、出たくない」が本当の気持ちでしょう。

　理由は①電話の使い方が分からない。②仕事の内容が全く分からない。③職場の人の名前を覚えていない。こんな経験は誰にでもあるものです。仕事が分からないことは仕方がありませんが、①と③はすぐに覚えられるはずです。職場の職員や電話の数はかなり多く、どれだけ早く顔や名前を覚えられるが鍵となります。

　最初のうちは、配席表を見ながら積極的に電話に出るようにするべきです。また、そうすることで、自分の課はどのような仕事をしているか、誰がどのような仕事を担当しているか早くわかることにもなります。積極的に電話に出ましょう。

2. 電話の受け方

　電話の受け方の基本にはタイミングが重要なのです。呼び出し音が３回鳴るまでに電話に出ましょう。それ以上待つと、とても長く待つように感じます。もし、４回以上呼び鈴が鳴って電話に出れば、必ず「お待たせいたしました」と付け加えてください。もう一つ注意するべきことは、メモは必ず用意しましょう。「声」は消えていくものですから、いくら記憶力がよくても間違うこと、忘れることがあります。メモを取ることが必要です。

（1）使う言葉

　電話は顔や表情が見えません。そのため、言葉遣いが大切になります。丁寧な言葉で電話を受けましょう。

（2）会社名、部名、課名

　電話を受け時は、「○○会社、△課でございます」とはっきり相手に告げます。

（3）お世話になっております

　電話で相手が名乗ったとき、「いつもお世話になっております」と付け加えます。たとえ知らない人でも、電話の相手はお客さんであることと思い、挨拶を必ず付け加えましょう。

（4）相手が誰かを名指したとき

　●席にいる時

　「はい、○○でございますね。少々お待ちください」と言って電話を保留にして、「○○さん、△△様からお電話です」と取り次ぎます。

●席にいないとき

A 社内にいる場合

「申し訳ございません。○○はただ今席を外しております」と言って、相手がどうするか返事を待ちます。

B 社内にいるが、会議中で長く離席している時など

「申し訳ございません。○○はただ今会議中で、席を外しております」と答えます。

C 社内にいない時

「申し訳ございません。○○は外出しております。△時には戻る予定でございます」と答えます。

今までの流れを図で解説します。

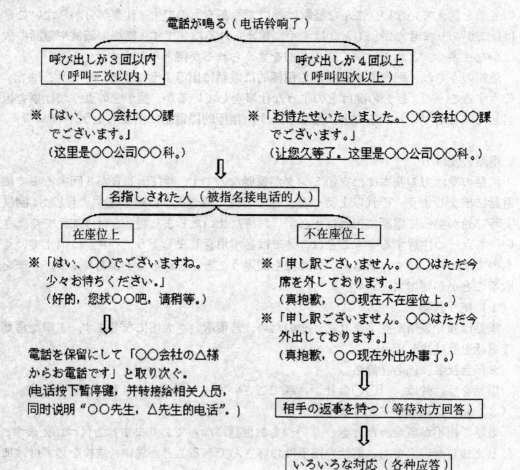

3. 実例参考

【例1】簡単な電話の受け方

李　　「はい、ＡＢシステム株式会社でございます。」

加藤　「お世話になっております。私、伊藤コンピューターの加藤と申します。課長さんいらっしゃいますでしょうか。」

李　　「こちらこそお世話になっております。申し訳ありませんが、課長は会議で席を外しておりますが…」

加藤　「そうですか。何時頃お帰りになりますか。」

李　　「はい、4時には戻ってまいります。」

加藤　「それでは、4時頃、またお電話します。」

【例2】お客様が至急に連絡をしたい場合

李　　「はい、ＡＢシステム株式会社でございます。」

加藤　「お世話になっております。私、伊藤コンピューターの加藤と申します。課長さんいらっしゃいますでしょうか。」

李　　「こちらこそお世話になっております。申し訳ありませんが、鈴木は会議で席を外しておりますが…」

加藤　「そうですか。何時頃お帰りになりますか。」

李　　「はい、4時には戻ってまいります。」

加藤　「そうですか。…」

（困った雰囲気）

李　　「失礼ですが、お急ぎでしょうか。」

加藤　「ええ、原材料の納期が遅れそうなんでお電話したんです。」

李　　「それでは、鈴木に至急連絡しまして、こちらから折り返しお電話さしあげましょうか。」

加藤　「すみません。よろしくお願いします。」

【例3】お客様が伝言を頼んだ時

李　　「はい、ＡＢシステム株式会社でございます。」

加藤　「お世話になっております。私、伊藤コンピューターの加藤と申します。課長さんいらっしゃいますでしょうか。」

李　　「こちらこそお世話になっております。申し訳ありませんが、鈴木は会議で席を外しておりますが…」

加藤　「そうですか。何時頃お帰りになりますか。」

李　　「はい、4時には戻ってまいります。」

加藤　「じゃあ、伝言をお願いできますか。」

李　　「はい。承知いたしました。」

加藤　「原材料の納期の件で、明日お電話しますとお伝えください。」

李　　　「はい。原材料の納期の件で、明日加藤様からお電話を頂くこと、確かにお伝えします。」

加藤　　「よろしくお願いします。それでは失礼します。」

李　　　「失礼いたします。」

※李さんは、課長を呼び捨てにしています。これについては、後から説明します。ここでは、このようなやり方を覚えておいてください。

　このように、相手の返事如何で、それぞれ対応が異なります。正しい電話応対のためには、経験を積むことが大切ですが、まず、先輩たちの電話の応対をよく見て、必要があればメモをしておきましょう。

【語彙】

1. 配属【はいぞく】
分配して付属させること。人を分けて各方面に振り当てること。

2. 積極【せっきょく】
対象に対して進んで働きかけること。

3. タイミング【timing】
適当な時を見計らうこと。時宜を得ること。

4. 鳴る【なる】
①音がする。②響き渡る。

5. メモ【memo】
メモランダムの略。忘れないように簡単にかきとめること。記録。

6. 告げる【つげる】
①伝え知らせる。②教える。③触れ示す。多くの人々に伝達する。

7. 名乗る【なのる】
自分の名・素性などを相手に告げる。

8. 取り次ぐ【とりつぐ】
①上位の者に用件を伝える。②一方から受けたものを他方に送る。

9. 外す【はずす】
①はまっているものを外へ抜き出す。②機会を逸する。③避ける。離れる。

10. 至急【しきゅう】
きわめて急ぐこと。大急ぎ。

11. 伝言【でんごん】
ことづけ。ことづて。伝語。

12. 呼び捨て【よびすて】
人の名を呼ぶ時殿・様・君などの敬称を添えないこと。

13. 異なる【ことなる】
あるものが他のものと同じでない。ちがう。

14. 積む【つむ】

①たまる。つもる。②集めた加える。ためる。③物事をたび重ねる。

15. 応対【おうたい】

相手になって受け答えすること。

【表現】

一、～ことがある／～こともある

　「～ことがある」「～こともある」は前に来る動詞が原形か過去・完了形かで意味が変わってくるので、注意する必要があります。

　動詞の過去・完了形（た形／なかった形）と結びついたときは過去の経験を表します。しかし、動詞の原形・ない形と結びつくときは「現在もときどき～している」経験や事実を表します。

§ 例文 §

1. どこかで見たことがある顔だなあ、えっと、誰だったっけ？
2. ○○って何？見たことも聞いたこともないなあ。
3. 「猿も木から落ちる」とでも言いましょうか、彼ほどのベテランでも失敗することはあります。

【問題】

1. 担当者が不在で取り次ぎことが出来ない場合は、基本的にこちら側から対案を提案します。次の対応で適切でないのはどれですか。

　A. すぐに戻ると思いますので、このままお待ちいただけますでしょうか。

　B. こちらには○時ごろに帰社する予定となっておりますので、その頃再度お電話いただけますか。

　C. よろしければ伝言を承りますが。

2. 電話に出たところ、お得意様から山田部長宛の電話でした。ところが山田部長は外出中です。このような場合、相手にどのように伝えるのが一番良いでしょうか。

　A. ただ今山田は外出しております。こちらから電話をするよう伝えます。

　B. ただ今山田は外出しております。いかがいたしましょうか。

　C. ただ今山田は外出しております。電話があったことを伝えておきます。

【解答】

1. B　2. B

第二課　電話の掛け方

1. 電話をかける前の準備

（1）メモ

　電話をかける時、メモは必ず準備しましょう。電話で話をしていると、往々にして内容を忘れがちです。大事な内容を忘れないため、必ずメモを手元に置いておくことが必要です。

　また、相手の電話番号が確認できるものも手元に置いておきます。

（2）資料

　電話で仕事の話をするとき、例えば自社の商品の説明、今までの交渉の経緯など必要になることがあります。その時、自分の記憶だけで話をすると、間違いや思わぬ誤解を生じることもあります。このようなことがないよう、資料を準備することも大切です。

　簡単な電話の時は必要ありませんが、資料の準備も必要であることを覚えておいてください。

（3）話す内容の整理

　メモも資料も揃えました。しかし、思いついたまま話すと、相手は困惑するでしょう。あなたの話したいことが理解できないことも起こるでしょう。このようなことが起きないよう、何をどう話すか、事前に考えておきましょう。

（4）電話をする時間

　通常、日本の企業においては、昼休みは概ね 12 時から 1 時までです。昼食時は、社内食堂で食事をして、事務室に帰ることもありますが、外食をすることもあります。ですから、昼食時は、緊急のことがなければ避けることが適当です。

2.　電話の掛け方

　以下二つの例を見てみましょう。

【例1】

李　　　「もしもし、ＡＢシステム株式会社の李と申します。いつもお世話になっております。丸山さんいらっしゃいますでしょうか。」

丸山　　「もしもし、丸山です。いつもお世話になっております。」

李　　　「あ、どうも、今、よろしいでしょうか。」

丸山　　「はい。どういうご用件でしょうか。」

李　　　「実は、課長の鈴木が山本課長様にお会いしたいとのことなので、それで、山本課長様の来週のご予定をお聞きしたいと思いまして、電話を差し上げました。」

丸山　　「鈴木課長さんのご予定はどうですか。」

李　　　「はい、鈴木は山本課長様のご予定に合わせると申しております。取りあえず、来週空いている時間を教えて頂ないでしょうか。」

丸山　　「分かりました。それでは、またこちらから電話いたしましょう。」

李　　　「お忙しいところ申し訳ありませんが、よろしくお願いいたします。」

丸山　　「はい、わかりました。」

李　　　「それでは、これで失礼いたします。」

　　非常に丁寧な言葉遣いをしています。あまり親しくなっていない段階の電話です。これがもっと親しくなると、電話での話し方も変わってきます。

【例2】

李　　「もしもし、ＡＢシステム株式会社の李と申します。いつもお世話になっております。丸山さんいらっしゃいますでしょうか。」

丸山　「もしもし、丸山です。いつもお世話になっております。」

李　　「あ、どうも。こちらこそ…今、よろしいですか。」

丸山　「はい、どうぞ。どうしました。」

李　　「実は、課長の鈴木が山本課長様にお会いしたいとのことなんです。山本課長様の来週のご予定どうでしょうか。」

李　　「はい、鈴木は山本課長様のご予定に合わせると言ってます。取りあえず、来週課長様の予定を教えていただけませんか。」

丸山　「分かりました。じゃあ、またこちらから電話します。」

李　　「申し訳ありませんが、よろしくお願いいたします。」

丸山　「はい、わかりました。」

李　　「それでは、これで失礼します。」

　　例1と例2では、言葉遣いが違います。しかし、親しくなっても礼儀があります。丁寧な言葉遣いをして、相手に失礼がないようにします。また、敬語を使えればいいのですが、とても難しいと思います。この時は丁寧な言葉遣いをして、失礼がないようにします。

3.　電話掛け方のまとめ
（1）準備
※メモ、資料を用意する。
※話す内容を整理する。
※電話番号を確認する。
※昼休みの時間はなるべく避ける。
（2）電話をかける
※「お世話になっております」の一言は必ず付け加えます。
※相手の都合を聞く。→今、よろしいでしょうか。
※丁寧な言葉遣いをする。
※話す内容は簡潔に。
※大事なことは必ずメモを取る。
※終わりの挨拶をする。→よろしくお願いいたします、ありがとうございました、等。
（3）電話を切る
※お客様(相手)が電話を切ってから受話器を置く。

4. 伝言について

　電話をかける時、必ず相手がいるとは限りません。不在の時、伝言を頼むことがあります。この時は次のことに注意してください。

（1）重要な件は伝言しない。

（2）伝言は簡潔にわかりやすく。

（3）相手が伝言の内容を理解しているか気を付ける。

（4）相手の名前は必ず確認する。→失礼ですが、お名前を頂けますでしょうか。

【語彙】

1. 交渉【こうしょう】

①相手と取り決めるために話し合うこと。②かかり合い。関係。

2. 経緯【けいい】

①縦糸と横糸。②南北と東西。経度と緯度。③いきさつ。

3. 揃える【そろえる】

①物事の形状・程度などを等しくする。②集める。③整合わせ。

4. 困惑【こんわく】

困って、どうしてよいか分からないこと。

5. 概ね【おおむね】

大体の趣意。大意。あらまし。おおよそ。

6. 段階【だんかい】

①物事の進展過程の区切り。局面。②順序。等級。

7. 礼儀【れいぎ】

①敬意を表す作法。②謝礼。報酬。

8. 切る【きる】

①刃物などで断つ。②閉じていたものを開く。③やめる。うち切る。

9. 受話器【じゅわき】

振動電流を音声に変化する装置で、直接耳に当てて聞く型のもの。

【表現】

一、〜がちだ

　「〜がちだ」は「〜する傾向がある」「よく＜回数＞〜する」という意味を表す表現で、述べられることは良くない傾向です。例えば、下の例のように良い傾向には「よく〜する」を使ってください。

　○　あの人は、よく公園をジョギングしている。

　×　あの人は、公園をジョギングしがちだ。

§ 例文 §

1. この種の間違いは、初心者にありがちなことだ。

2. この子は小さい頃から病気がちで、しょっちゅう医者通いをしていました。

3. 明日は午後から、曇りがちの天気になるでしょう。

二、〜とは限らない／〜とは言えない

　「〜とは限らない」は「ほとんど〜と言えるが、しかし、そうでない例外もある」、「〜とは言えない」は「〜と言うことはできない」という意味を表します。多くは「必ずしも／いつも／常に／誰でも／どこでも／何でも」などの副詞と一緒に使われます。　その違いがはっきりするのは、「決して／絶対」などの副詞と一緒に使う時で、下の例では「〜とは限らない」が使えません。しかし、「〜とは言えない」は、はっきりした断言にも使えます。

　　金持ちが必ずしも幸せとは限らない（〇とは言えない）。

　　金持ちが決して幸せとは言えない（×とは限らない）。

§　例文　§

1. この世の中、何でも理屈で割り切れるとは限らない。
2. 何でもお金で解決できるとは限らないんですよ。
3. 事業というものは、いつも順調にいくとばかりは限らない。

【問題】

　自分がかけた電話が途中で切れてしまった場合、原則的にはどちらからかけ直すべきでしょうか。

　A. 受けた方がかけ直す

　B. かけた方がかけ直す

　C. どちらからでもよい

【解答】

　Bは正解である。

第三課　ファックス

　ファックスには、送る原稿用紙を表向きにセットする方式と裏向きにセットする二つの方式があります。機器によって異なりますので、注意してください。

1. ファックス送信表

　ファックスの原稿に必要事項を手書きで書きこむのは感心しません。ファックスを送るときは、必ずファックス送信表を使いましょう。本節の終わりの送信表の例をご参考ください。

2. ファックスの送り方

　ファックスを送る場合、次のことに気をつけてください。

（1）重要な書類であれば、必ず相手に今からファックスを送ることを連絡します。

→今からファックスをお送りします。

（2）ファックス番号を確認しながらダイヤルする

※ファックスは書類そのものが送られると考えてください。もし、違う相手に送られたら、取り返しのつかない事にもなりかねません。充分注意してください。

（3）ファックスを受領したかどうか、確認します。

　→ファックス、お手元に届きましたでしょうか。

3.ファックスの受け方

（1）相手への連絡

　ファックスが届いた場合、相手からファックスを送る旨の電話がなくても「ただ今、ファックスを受け取りました」と電話してください。それが礼儀ですし、相手も安心します。

（2）ファックスの処理

　ファックスは書類と同じです。きちんとファイリングするなど、取扱いに気を付けてください。

例：

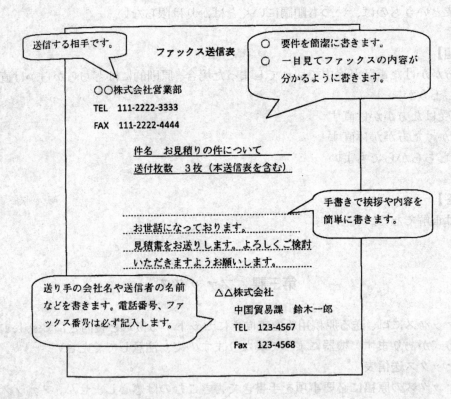

【語彙】

1.原稿用紙【げんこうようし】

原稿を記すための紙。普通縦横の罫を引き、基盤目にしたもの。

2.表向き【おもてむき】

①公然たること。②うわべのこと。表面。

3. セット【set】
①一揃い。一組。一式。②演劇の舞台装置。③組み立てること。
4. 書き込む【かきこむ】
①書き入れる。記入する。②コンピューターで、情報を記憶装置に蓄える。
5. 感心【かんしん】
①深く心に感じること。②ほめるべきであるさま。
6. 届く【とどく】
①いたりつく。②及ぶ。達する。③心が先方に達する。④徹底する。

【表現】
一、～兼ねる
　「～兼ねる」は「心理的・感情的理由で～できない」を意味する表現です。「～できない」を意味する可能表現は下例のように色々ありますが、各項を参照してください。下例の中で「～得ない」は「～する可能性がない」を表すので、第三者のことでないと少し不自然ですが、意味の差は別にすれば、どれも使えます。
§　例文　§
1. あなたの意見には、どうしても賛成し兼ねます。
2. その種のことは、同僚の僕の口からは言い兼ねるね。
3. 今か今かと子どもの帰りを待ち兼ねて、何度も玄関口まで見に行った。

二、～兼ねない
　「～兼ねない」は不確実な推量を表す「～かもしれない」系の表現で、「（良くない事態が発生する）可能性がある」という意味を表します。「～する恐れがある」とほぼ同義の推量表現です。この二つは常に悪い事態にしか使えませんが、「～かもしれない」と同じく、事態の良し悪しに関係なく使える表現に「～ないとも限らない」があります。
§　例文　§
1. 会社命令に背こうものなら、首にされ兼ねない。
2. あいつは金のためには人殺しだってやり兼ねない男だ。
3. そんなにスピードを出したら、交通事故を起こし兼ねない。

【問題】
ファックスの送り方と受け方の要点をまとめなさい。

第四節　ビジネスマナー

第一課　お辞儀の仕方

　会社の中で日本人はどのようなマナーがあるのか。最初に覚えなければならないものは、お辞儀の仕方です。

　お辞儀には 3 種類あります。会釈、敬礼、最敬礼です。

　会釈は、朝会社に出勤して同僚に「おはようございます」と挨拶する時、近所の人とあったと時に、主に使います。

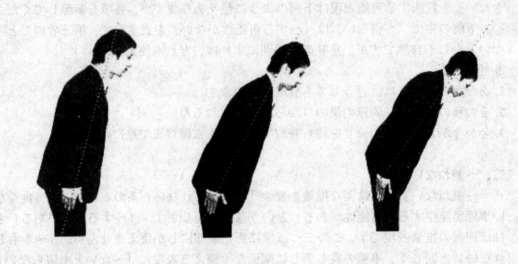

　左の写真を見てください。この会釈は大体 10 度から 15 度くらい、上半身を前に倒します。敬礼や、最敬礼の時もそうですが、腰と背中が曲がらないことが重要です。背筋を伸ばしてください。

　真ん中の写真は敬礼です。これは会社でお客様をお迎えする時によく使います。大体 30 度くらい、上半身を倒します。

　右の写真は最敬礼です。大体約 45 度上半身を倒しています。これはお客様にお詫びをするとき、改まった席で、目上の人にお辞儀をする時に使います。

　お辞儀をする時には、次の点に注意することが必要です。

　まず、あなたの気持ちを込めることです。お辞儀は「形式」ですが、あなたの気持ちが入っていないと、相手に不愉快な感じを抱いてしまいます。

　次に、先ほど述べたように、背筋を伸ばしてお辞儀することです。背筋が伸びていないと、とても可笑しなお辞儀になります。

　それからもう一つ。お辞儀の最初と最後には、必ず相手の目を見ることが重要です。相手の目を見ないでお辞儀をしても、あなたの気持ちを日本人は理解することが出来ません。

【語彙】

1. 御辞儀【おじぎ】
①頭を下げて礼をすること。挨拶。②辞退。遠慮。

2. 会釈【えしゃく】
①にこやかにうなずくこと。②おもいやり。③応接のもてなし。

3. 倒す【たおす】
①転ばす。②くつがえす。滅ぼす。③負かす。

4. 曲がる【まがる】
①まっすぐでなくなる。②傾く。③道理に外れる。

5. 背筋【せすじ】
背骨の外側の長く縦に凹んだ部分。

6. 伸ばす【のばす】
①広げて面積を大きくする。②時間を長びかせる。

7. 改まる【あらたまる】
①新しくなる。②改善される。③ことさらに容儀を正す。

8. 込める【こめる】
①こもらせる。②包み隠す。③一つ所に集める。④気体が満ちる。

9. 不愉快【ふゆかい】
愉快でないこと。おもしろくない。

10. 抱く【だく】
①腕の中に抱え込む。②考えとして持つ。

11. 伸びる【のびる】
①長くなる。②とどく。③ゆるむ。④日時が遅れる。

12. 可笑しな【おかしな】
①笑い出したくなるような。滑稽な。②常識で信じられないような。妙な。

【表現】

一、たとえ～ても

　「たとえ～ても」は仮定条件の逆説で、まだ起こっていないことを条件にしています。「たとえ～ても」と「たとい～ても」は意味も用法も同じですが、話し言葉では「たとえ～ても」がほとんどです。

§　例文　§

1. たとえ何億の金があっても、死に直面したきには、何の意味もない。
2. たとえ冗談でも、言っていいことと悪いことがある。

3. 愛しているよ。たとえ死んでも、君を離さない。

【問題】
会釈、敬礼、最敬礼のやり方を練習してみなさい。

第二課　身嗜み

　新入社員として初めて出社する時、身嗜みが個人の印象を決めてしまうことがよくあります。だらしない身嗜みをすると、たとえあなたがそうでなくても、周りの人は、あなたは「だらしない人だ」と決めつけてしまうかもしれません。

　言い換えれば、だらしない人は、やはり身嗜みも「だらしない」ということなのです。たとえ、あなたがとても真面目で優秀な人でも、身嗜み次第で評価されることが往々にしてあるのです。

　ここでは、日本の新入社員が出社の時に着ていく最も普通の服装を紹介します。

男性

ネクタイ
スーツに合うシンプルなものを選び、曲がっていないか確認する。

ヘアスタイル
髪型は清潔感があることが大切。きちんと整える。

女性

アクセサリー
アクセサリーはシックなものを選び、イヤリングやピアスは揺れないものにする。

スーツ
スカートでもパンツでもOK。スカートの場合、座った時に膝が少し出るくらいの丈が良い。落ち着いた色を選ぶ。

鞄
バッグは履歴書や職務経歴書などが折らずに入る大きめのものを用意する。

ヘアスタイル
派手なヘアスタイルは避ける。

メイク
派手過ぎず清潔感のあるナチュラルメイクを心がける。

手
派手な色のマニキュアは避け、ベージュや淡いピンクなど落ち着いた色を選ぶ。

足元
靴はヒールが高すぎない黒か茶系のパンプスを選ぶ。ミュールやサンダルはNG。ストッキングは、ナチュナルな肌に近いものを選ぶ。伝線していないか事前に確認する。

　まず、男性の場合です。普通はスーツ、白いワイシャツ、地味なネクタイ、清潔な靴下、スーツに合った革鞄が基本です。このほか、もちろん髪型も大切です。最近、髪を染める若い人が増えてきています。酷い時には「金髪」に染めています。お客さんは日本人の普通のサラリーマンがほとんどです。髪を染めるのは個人の自由ですが、周りの日本人は奇異に感じ、会社の印象も悪くなるでしょう。金髪にして個性を表現したければ、会社を辞めて自由の身になってから表現するべきだと思います。

　女性の場合ですが、やはりスーツが基本となります。女性の場合、気を付けなる点が二つあります。スーツが派手になり過ぎないこと、靴についてはハイヒールは好ましくないというこ

とです。スカートは膝上のミニスカートは今では誰もが穿いていますが、ここでは禁物です。会社へは遊びに行っているのではありません。仕事をするため会社に行っているのです。最も気を付けること、キーワードは「働きやすく、そして清潔な印象を持ってもらう」でしょう。「クリーニング」が鍵となるでしょう。

【語彙】

1. 身嗜み【みだしなみ】
①身の回りについての心がけ。②教養として武芸・芸能などを身につけること。

2. だらしない
しまりがない。節度がない。また、体力がなく弱弱しい。

3. 言い換える【いいかえる】
①ほかの言葉で言う。②口約を破る。

4. 真面目【まじめ】
①真剣な態度・顔つき。本気。②真心がこもっていること。

5. スーツ【suit】
共布でできた衣服の上下一揃い。

6. ワイシャツ
ホワイトシャツの転。主に男性が背広の下に着るシャツの総称。

7. 染める【そめる】
①いろどる。②ある色に変える。③深く心を寄せる。

8. 酷い【ひどい】
①むごい。残酷である。②甚だしい。過度である。

9. 金髪【きんぱつ】
金色の髪の毛。ブロンド。

10. サラリーマン【salaried man】
俸給生活者。給料生活者。月給取り。

11. 奇異【きい】
普通と異なっていて、あやしく不思議なこと。

12. 辞める【やめる】
①停止する。②就いていた職・地位などを退く。

13. 派手【はで】
色取り・装い・行動などが華やかなこと。けばけばしいこと。

14. ハイヒール【high heels】
かかとの高い婦人靴。

15. スカート【skirt】
主に夫人服で、下半身を覆う筒状の衣服。

16. 禁物【きんもつ】

①用いることを禁じられた物事。②好ましくないもの。嫌いなもの。

17. キーワード【keyword】

文意などを解くうえで重要な鍵となる語。

18. クリーニング【cleaning】

きれいにすること。洗濯。

19. 清潔【せいけつ】

よごれがなくきれいなこと。衛生的なこと。

【表現】

～まま／～ままの／～ままに～する

「まま」は「元と同じ状態」というのが原義ですが、例文1～3のように、名詞や動詞の完了形（「た」形）や否定形（「ない」形）と結びつくときは「～の状態を変えないで」という意味を表します。また、用例としては多くありませんが、動詞の原形と結びつくと、自然のなりゆきや感情に身を任せて従うという意味を表します。

§ 例文 §

1. 日本の家は、靴を履いたまま上がってはいけないよ。

2. 報告書には私見を加えず、見たまま聞いたままをありのままに書いてくれ。

3. 足の向くまま、気の向くままに、地球を歩いてみたい。

【問題】

面接する時の身嗜みのポイントをまとめなさい。

第三課　来客の出迎え

事務室には、多くのお客様が来ます。顔見知りの人、そうでない人、様々です。ここでは、顔見知りではない場合の対応について述べます。

1. 速やかな対応

お客様が事務室に来た時、すぐに席を立って応対しなければなりません。お客様を待たせることはとても失礼です。席に立ったままの対応もまた失礼です。また、全く相手にしないなどは不親切極まりない対応です。すぐに席を立って対応しましょう。

この時、初めてのお客様でも「いつもお世話になります」と付け加えましょう。いわゆる「決まり文句」ですが、日本人には必ず付け加えましょう。この時、次の会話例のように説明します。

例：
李　いらっしゃいませ。（敬礼をします）
客　大阪商事の北村と申します。
李　大阪商事の北村様ですね。いつもお世話になっております。
客　いいえ、こちらこそお世話になっております。
李　どのようなご用件でしょうか。
客　はい、○○課長さんはいらっしゃいますか。
李　失礼ですが、お約束はいただいておりますでしょうか。
客　はい、今日2時にお会いする約束を頂いております。
李　課長は、今席を外しておりますが、すぐにお取次ぎいたします。

2. 社内の人の呼び方
　お客様に対しては、社内の人は呼び捨てにします。お客さんの前では、自分も課長も先輩も上下の区別がありません。お客様が上なのです。ですから、社内の人は呼び捨てにします。
　しかし、お客様が帰った後は、上司や先輩が自分より上になります。この時は呼び捨てにはできません。丁寧に先輩には「さん」をつけて呼び、課長には「課長」と役職で呼びましょう。

3. 相手の社名や氏名の復唱
　上の例文では、李さんはお客様が会社名と氏名を名乗った時、復唱しました。これは何故でしょう。次の取次の所に関係しますが、相手がどこの誰であるか、はっきり記憶するためです。取次の時、その必要性が分かります。
　取り次ぎとは、連絡・仲介することですが、ここでは課長に来客があったことを伝えることです。
※電話での取り次ぎの例
　李　課長、大阪商事の北村さんがお見えです。
　課長　今すぐ戻るから、応接室に御案内して。

【語彙】
1. 出迎え【でむかえ】
出迎えること。
2. 顔見知り【かおみしり】
互いに顔を見知っている間柄。また、その人。
3. 速やか【すみやか】
早いさま。暇取らないさま。
4. 極まり【きわまり】
極まること。はて。極点。

5. 文句【もんく】

①文章中の語句。②相手に対する言い分や苦情。

6. 復唱【ふくしょう】

言い渡された命令の内容を確認するため、繰り返して唱えること。

7. 仲介【ちゅうかい】

①両方の間に立って便宜を図ること。②紛争解決のため当事者間に第三者が介入すること。

8. 伝える【つたえる】

①伝わらせる。②受け継がれてくる。

【表現】

一、〜てはいけない／〜ちゃ駄目だ／〜なかれ

　これらは「〜てはいけない」系の相手に直接向けられる禁止の表現です。「〜ちゃいけない（男女）／〜ちゃ駄目だ（男女）／〜ちゃいかん（男）」は話し言葉です。「〜なかれ」は古語で、会話で使われることはありませんが、慣用的言い方には残っています。

§　例文　§

1. 危ない！それに触っちゃいけない。

2. まだ食べちゃ駄目。みんながそろうまで待ちなさい。

3. ゆめゆめ疑うことなかれ。

【問題】

次の表に空いているところに適当な言葉を入れなさい。

尊敬語	動詞	謙譲語・丁寧語
おっしゃる・言われる	言う・話す	
	聞く	伺う・拝聴する
ご覧になる	見る	
	知る	存じあげる・存じる
いらっしゃる	行く	
	来る	参る・参上する
お帰りになる	帰る	
	する	させていただく・いたす
いらっしゃる	いる	

第四課　応接室への案内

　お客様が来た時、多くの場合、応接室で応対します。当然応接室と事務室は離れています。そこまでお客様を案内する時にもマナーが必要です。

1．行き先を告げる

　　お客様には、まず行き先を告げます。

　　例：　応接室にご案内いたします。

　　　　　二階の会議室にご案内いたします。

2．お客様への配慮

　　お客様が荷物を持っている時、「お荷物、お持ちいたしましょうか」と声をかける気配りが必要です。この場合、お客様が断れば、それ以上無理をする必要はありません。

3．お客様との位置関係

　　お客様を案内する時、まず、あなたが先に歩きます。お客様との距離は、概ね三歩前くらいです。お客様の後ろから歩いて案内することは、絶対にいけません。次のイラストを見てください。女性の人がお客様を案内しています。

　・お客様の少し斜め前を歩いています。廊下の中央を歩いていません。

　・お客様は廊下の中央を歩いています。

　・階段の場合、お客様の後ろを歩いています。

<廊下>　　　　　　　　　　<階段>

　少し詳しく説明します。

（1）お客様とあなたの位置関係

お客様を案内する時は、階段以外は必ずお客様の前を歩いて案内するようにします。お客様は、目的の場所がどこにあるか分かりません。お客様が先に歩けば必ず迷います。これではいけません。

ポイントは、お客様は廊下の中央を歩き、あなたはお客様の少し斜め前を歩きます。お客様の歩くスピードにも留意してください。

あなたがお客様と同じように廊下の中央を歩けば、お客様は事務的に案内していると感じ、気分を悪くしてしまいます。また、お客様の歩くペースが分かりませんし、お客様にこれから行く方向も教えることはできませんし、簡単な会話もできません。

（2）案内する途中

案内する途中は、時々行く方向を示しながら案内します。いつもいつもこのようにする必要はありませんが、時々これから進む方向をお客様に教えて、安心させます。

4. 階段での案内

（1）お客様とあなたの位置関係

階段と廊下では、あなたとお客様の位置関係は異なります。階段では、上るときあなたはお客様の後ろ、下りる時はお客様の前を歩きます。お客様が階段で足を踏み外した場合、後ろから歩いているとお客様の状況が一目瞭然で、すぐに助けることができます。降りる時も同じです。

（2）お客様の歩く位置

階段では、お客様に「手すり」のある方を歩けるようにします。さりげなく，お客様を「手すり」のある方向に誘導します。これもお客様のことを考えてこのようにします。

5. 応接室など部屋への案内

ようやく目的の部屋へ着きました。ここで、注意することが扉の開き方です。「内開き」と「外開き」という二つの扉の開き方があります。それぞれ案内の仕方が異なりますので、気を付けてください。

　「外開き」とは扉が部屋の外側に向かって開くもので、上のイラストの左側がそうです。「内開き」とは扉が部屋の中の方へ開くもので、イラストの右側がそうです。

　イラストを見て分かるように、外開きでは、ドアを開けて、お客様を先に部屋に入れます。内開きでは反対です。これは自然な動作で、実際に試してみてください。

6. 部屋に入ってから

　部屋に入ってから、あなたはお客様にソファーに座っていただきます。日本では「上座」と「下座」があり、お客様は当然「上座」に座ります。

　原則としてドアから遠いところが上座、近いところが下座となります。

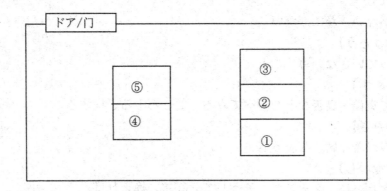

　3人お客様が来たとしてます。ドアから最も遠いところ、即ち座席が3つあるソファーにお客様が座ります。番号の順に、地位が高い人から座ります。自分の会社の人は当然④、⑤の位置に座ります。

【語彙】

1.応接【おうせつ】

人の相手をすること。相手になって応対すること。

2.気配り【きくばり】

不都合・失敗がないように、あれこれと気を付けること。

3.断る【ことわる】

①物事の筋道をはっきりさせる。②予告する。③辞退する。拒絶する。

4.イラストレーション【illustration】

挿絵。図解。

5.斜め【ななめ】

①傾いていること。②ひととおり。世の常。

6.迷う【まよう】

①布の糸が乱れて片寄る。②決断に鈍る。③道が分からなくてうろうろする。

7.スピード【speed】

はやさ。速力。速度。

8. 気分【きぶん】
①気持ち。心もち。②あたり全体から醸しだされる感じ。雰囲気。

9. 一目瞭然【いちもくりょうぜん】
一目で見てよく分かること。

10. 降りる【おりる】
①高いところから段々に移って下の位置につく。②乗物から出る。③位を退く。

11. 手摺【てすり】
階段・橋・廊下などの縁に、腰の高さに渡した横木。欄干。

12. さりげない
そんな様子がない。なにげない。

13. 誘導【ゆうどう】
目的に向かっていざない導くこと。

14. 試す【ためす】
実際について真偽・良否などを調べてみる。こころみる。検する。

15. 上座【かみざ】
上位の人や客が着く席。じょうざ。

16. 即ち【すなわち】
①即座に。ただちに。②そこで。そうして。③言い換えれば。

【問題】

1. お客様の「案内マナー」です。不適切のはどれですか。

　A　お客様をご案内する基本の心得は「明るく笑顔で」です。どのお客様に対しても「親切丁寧な」応対を心がけます。

　B　案内者はご案内方向に手を指しながらお客様の2～3歩斜め前を歩いて案内します。

　C　案内した応接室では、そのままドアを開け、お客様に「こちらでお待ちください」と告げて応接室を出ていきます。

2. お客様のエレベーターでの案内方法で間違っているのはどれですか。
　A　乗り降りとも案内者が先。
　B　乗り降りともお客様が先。
　C　乗るときは案内者が先、下りる時はお客様が先。

【解答】
1. C　2. A

第五課　社外訪問のマナー

1.アポイントのとり方

（1）余裕をもってアポを取る

　一番失礼なことは、相手に余裕を与えないことです。例えば「今から伺いたいのですが、ご都合はいかがでしょうか」のようなアポの取り方は失礼です。

（2）相手に会ってもらうという気持ちが大切です。そのため、アポは相手の都合を優先します。タイミングとしては、1週間くらい前には、アポを取るべきです。

（3）訪問希望日を聞かれた場合

　また、相手から希望の日時を聞かれた場合、「木曜日の午後か、金曜日の午後はいかがでしょうか」と複数の候補を挙げ、相手が日時を決めればそれに従いましょう。

2.訪問の準備

　訪問の準備ですることは決まっています。アポイントの確認、訪問先の所在地などの確認、訪問する時使う交通機関、相手先の会社の概要など資料で確認、使用する資料などの確認、名刺の確認がそれです。

（1）アポイントの確認

　　アポイントは訪問当日に確認します。相手が時間を間違えることや、忘れている

　　可能性もあります。例のように確認しましょう。

　　例：本日2時にお伺いいたしますが、お時間はよろしいでしょうか。

（2）会社の場所など

　　これは初めて訪問する時に必要なことです。会社の場所が分からず時間に遅れてはとても失礼です。遅刻をすれば信用を無くしてしまいますし、相手の時間も無駄にしてしまいます。

（3）訪問先の会社概要

　　これも初めて訪問する時に是非とも必要です。会社の規模、どのような業務を行っているか、過去どのような取引があったか、クレームの有無などを知るようにします。訪問先を知っている同僚がいれば、その人に話しを聞くのも一つの方法です。出来ればこれから会う人の性格や考え方も聞くことが出来れば、さらに仕事がしやすくなります。

（4）資料の確認

　　例えば、お客様と契約書の確認をする場合、資料がなくては仕事がなりません。その資料を忘れれば、何のために訪問したのか分からなくなります。くれぐれも忘れ物がないようにします。

（5）名刺の確認

　　名刺は必ず持っていきます。最初であれば当然名刺交換します。また、以前名刺

交換した相手でも、その場で関係する人を紹介されることがよくあります。これに備えて、必ず名刺を持っていきましょう。

　　以上のことを訪問する前に必ず実行しましょう。

【語彙】

1. アポイントメント【appointment】
面会・会合などの約束。アポイント。アポ。
2. 余裕【よゆう】
①必要な分のほかに余りのあること。②精神的にゆったりしていること。
3. 概要【がいよう】
あらまし。大要。大略。概略。
4. 規模【きぼ】
①物事の仕組み。②手本。模範。③根拠。④眼目。
5. クレーム【claim】
①売買契約で商品の数量・品質・包装などに違約があった場合、売手に損害賠償を請求すること。②異議。苦情。文句。
6. 契約書【けいやくしょ】
契約の成立を証明する書面。

【表現】

一、～に従って／～に従う

　　「Aに従ってB」は、Aが変化するのに対応してBも変化することを表します。「～につれて」や、「～とともに」、「～に伴って」などとほぼ同義表現になりますが、「～に従って」は因果関係を強調することに特徴があります。また「従う」は多義語で、同じ形が現れても意味の異なるときもあります。
§　例文　§
1. 私は軍人として、ただ国家の命ずるところに従うのみ。
2. 時代の流れに逆らわず、流れに従って生きることも覚えなさい。
3. 人は経験を積むに従って、思慮深くなる。

二、～に決まっている

　　「～に決まっている」は何か根拠となるものがあって、「～なることは必然だ」という断定表現です。「～に違いない」は自分の確信を表す主観的な表現で、「～に相違ない」はその書面語です。ほとんどの場合は置き換えできるのですが、「～が、しかし～」と対立する事態を述べるときは「～に決まっている」が使えません。
§　例文　§
1. 彼は失業中だし、旅行する余裕なんてないに決まっている。

2. あいつの言うことなんか、信じられるものか。ほらに決まってる。

3. 彼は今のところ猫をかぶっているが、そのうち化けの皮がはがれて、正体を現すに決まっている。

【問題】

1. 営業担当の周は、訪問先の劉総経理と上司の王経理をそれぞれに紹介しました。適切でない言い方はどれですか。

　A. 周は訪問先劉総経理を同行した上司王経理に紹介するのに「こちら様がお世話になっております劉総経理様です」と言った。

　B. 周は訪問先劉総経理を同行した上司王経理に紹介するのに「こちら様がお世話になっております総経理の劉様です」と言った。

　C. 周は上司王経理を訪問先劉総経理に紹介するのに「こちらが私の上司であります経理の王です」と言った。

　D. 周は上司王経理を訪問先劉総経理に紹介するのに「こちらが私の上司であります王経理様です」と言った。

2. 上司の部長と自分と入社2年目の後輩3人で、お得意様の会社に初めて伺いました。応接室に通され、ソファーにかけて待つように言われました。自分は3人掛けのソファーのどこに掛ければよいのでしょうか。

　A. ソファーのドアから最も遠いところ

　B. ソファーの真ん中

　C. ソファーのドアに近い端

【解答】

1. D　2. C

第六課　名刺交換

　ここでは相手に初めて会うことを前提に説明します。名刺には自分の名前、会社名、肩書、電話番号、メールアドレスが記入されています。相手の名刺もそうです。したがって、相手から受け取った名刺を雑に扱ったりすることは、その人を雑に扱うことになります。

　また、名刺から人間関係が広がります。一枚の名刺ですが、人間関係を広げるため役に立ちます。ですから、名刺は大切に扱うべきものなのです。

1. 名刺の渡し方

　（1）名刺入れ

　名刺は必ず名刺入れに入れておきます。例えば、財布の中に入れるなど、とても

失礼です。大切な名刺を財布から出して渡した場合、または、受け取った名刺を財布にしまった場合、相手方はあなたの常識を疑います。名刺は必ず名刺入れに入れるべきです。

（2）名刺の渡し方

まず、座って渡す、テーブル越しに渡すなどあり得ません。相手の前に立って名刺を渡します。

両手で名刺の隅を持ち、文字は相手が読めるように渡します。

この時、「○○会社の○○と申します。よろしくお願いします。」と言いながら、名刺を渡します。

受け取り方は両手で受け取ります。その後、名刺を左手の上に載せて、相手の氏名を確認します。「○○様ですね。よろしくお願いします。」

この時、名前が分からなければ、「なんとお読みすればよろしいですか」と相手に聞きます。

お名前は
何とお読みしたら
よろしいん
じゃろか

2．相手が複数の場合

相手が複数の場合、必ず地位の高い人から渡します。例えば、部長と課長なら、部長から先に名刺を渡します。また、こちらも複数、例えば、部長と課長ならば、部長同士の名刺交換が終わった後に、課長が相手側の部長に名刺を渡します。

相手が同時に名刺を渡そうとした場合、写真のように同時に渡し、同時に受け取ります。

3. 受け取った名刺の扱い方

（1）相手が一人の場合

　　相手が一人の場合、テーブルについても、すぐに名刺を名刺入れに入れず、名刺入れの上に名刺をおいて、機会を見て名刺を名刺入れに入れ、名刺入れは背広の内ポケットにしまいます。

　　日本人は、家庭にお客様が来た時、座布団を使います。普通、家族だけの時、座布団は使いません。お客様が来た時だけです。名刺入れの上に名刺を置くのは、名刺入れは座布団の代わりなのです。お客様の名刺を大切にしています（お客様を大切にしています）ということを表現しています。

（2）相手が複数の場合

　　相手が複数の時、一度に名前を覚えられないので、お客様の座っている順番に名刺を並べます。

【語彙】

1. 名刺【めいし】

小形の紙に姓名・住所・職業・身分などを印刷したもの。

2. 肩書き【かたがき】

①氏名の右上に職名・居所などを書くこと。②地位・身分・称号などを言う。

3. 扱う【あつかう】

①気をつかう。②もてなす。③手で操る。④取りさばく。

4. 人間関係【にんげんかんけい】

社会や集団における人と人との付き合い。

5. 広がる【ひろがる】

①広くなる。②事物の行き渡る範囲が大きくなる。

6. 渡す【わたす】

①対岸に行き着かせる。②一方から他方へ送り移す。

7. 疑う【うたがう】

①ありのままや言われたままを信じず、不審に思う。②あやしむ。

8. 隅【すみ】

①囲まれた区域のかど。②場所の中央でないところ。

9. ポケット【pocket】

①洋服につけた小さな物入れの袋。②袋状になっているもの。

10. 座布団【ざぶとん】

座るときに敷く蒲団。

【表現】

一、〜ことになる／〜こととなる／〜ことになっている

　　「〜ことになる」は「必然的に〜なる」か、国や会社・学校などの決定を表します

が、自動詞の「～ことに決まる」と同義です。「～ことになる」は以前の状態や決定が変わった結果を、「～こととなる」は「自然ななりゆき」を表すことが多いでしょう。

§ 例文 §

1．私たち、この度、結婚することになりました。

2．ここで君がこの任務を投げ出したら、今までの君の努力は、全て「水泡に帰す」ことになるよ。

3．この会場で、来月外国人スピーチコンテストが開かれることになっています。

4．お買いあげいただいて一週間以上たった品は、返品できないこととなっております。

5．日本では車は左側を通行することになっている。

【問題】

1.上司と自分と後輩の3人でお得意様に伺いました。担当者が応接室に入ってきました。まずは名刺交換です。担当者は、一番に自分に近づいてきて名刺を差し出しました。適切な対応はどれでしょうか。

　　A　そのまま名刺を交換する

　　B　後輩と入れ替わり、下位のものから順番に

　　C　上司と入れ替わり、自分は下がる

2.名刺交換の時、相手の方が苗字を名乗らずに「よろしくお願いいたします」とだけで名刺を渡されました。名刺に「角田」とありました。カクタ？スミタ？…読み方が分かりません。そんな場合はどうするのが正しいでしょうか。

　　A　その場で聞く　　B　席についてから聞く　　C　会社に戻ってから聞く

【解答】

1.C　2.A

第七課　商談のマナー

1.挨拶

　応接室で待っている時、商談の相手方が入ってきます。この時挨拶が始まります。すぐに席を立って、相手の前に立ちます。テーブル越しの挨拶はいけません。

　　例：　本日はお忙しいところをありがとうございました。

2.名刺交換

　まず、お礼を述べましょう。

次に名刺交換です。「第六課　名刺交換」を参考にしてください。

3. 商談

テーブルに座り、商談が始まります。

注意点は次のとおりです。

（1）座り方

　　ソファーに深く座らない。姿勢が横柄に見えます。

（2）鞄の置く位置

　　鞄はテーブルに置かず、床に置きます。

（3）話し方

　　相手の目を見て話します。

（4）相槌

　　相槌を入れて、スムーズに会話が進むようにします。

（5）お茶の飲み方

　　お茶は相手方が飲み始めてから、または相手が「お茶をどうぞ」と勧めて
　　から飲みます。

（6）その他

　　商談中は、時計や携帯などを見ないようにしてください。時計をたびたび
　　見ると、相手は「他に急ぐ用事があるのか、私の話が長いのか」など心配
　　をかけてしまいます。

4. 見送りを断る

商談が終わり、今応接室を出るところです。ここで、見送りを断ることが礼儀です。
相手がエレベーターや玄関まで見送ると、それだけ手間をかけてしまいます。このよ
うに言って見送りを辞退しましょう。

　例：　それでは、ここで失礼いたします。本日はお忙しいところ本当にあり
　　　　がとうございました。

【語彙】

1. 商談【しょうだん】

商売や取引をまとまるための話し合い。

2. 相槌【あいづち】

鍛冶で弟子が師と向かいあって互いに槌を打つこと。

3. 勧める【すすめる】

①そうするように誘う。②励まして気を引き立てる。③推薦する。

4. 見送り【みおくり】

①人を見送ること。②見ているだけで手を出さないこと。

5. エレベーター【elevator】

電力などでの動力によって人や貨物を上下に運搬する装置。

6. 辞退【じたい】

へりくだって引き下がること。遠慮。断ること。

【問題】

商談のマナーの注意点を簡単にまとめなさい。

第二章　アウトソーシング

第一節　アウトソーシングの概要

第一課　日本企業とアウトソーシング

　世界経済は未曾有の危機に見舞われているが、当初は影響が小さいと見られていた日本経済においてもその被害は甚大なものとなっている。世界的な規模で、生産調整に伴う大量解雇が発生し、雇用調整を行わざるを得ない。日本においても非正規雇用者の解雇問題が発生しており、目下、官民が必死に雇用創出に取り組んでいる。

　しかし、その一方で、日本の総人口は2005年から減り始めており、少子化が進んでいる影響で労働適齢人口（16～64歳）は1997年からすでに減少が始まっている。必ずしも人口が減ることがその国の経済力の衰退を表すものではないが、豊かな経済生活を維持していくためには、人的生産性をこれまで以上に高める努力をしなければならない。

　日本の企業は商品サービスの品質の向上、それを支える生産、開発活動には、特異な才能を発揮するが、事業を裏で支える管理システム（企画、総務、人事、経理、購買、物流など）における効率化という面では課題が多いと言われる。財団法人社会経済生産性本部が毎年発表する労働生産性（購買力平価ベース）の各国比較によると、2007年はOECD加盟30か国中で20位であって、必ずしも労働生産性という点で日本は優れているわけではない。日本企業は、管理機構を中心とした業務の効率や生産性を上げるという点において改革の必要性に迫られているのである。

　アウトソーシングという経営手法は、コストの削減や人員の削減以外に、それによって自社リソースの戦略的業務やコア業務への集中、スケールが不足するために十分な効率が得られていない業務への投資の回避、ベンダーへの資産移管による資産効率の向上など、企業全体の生産性向上に結び付く多くの効能を持っている。アウトソーシングは、経済危機への対応から次なる成長に向けた経営改革に迫られる日本企業に大きな利益をもたらしてくれる潜在力を秘めている。

　アウトソーシングによって経営資源を企業競争力に直結するコア業務にもっと集中させる、あるいは、自社にはない経営資源をアウトソーシングにより調達して新しいビジネスモデルを実現するなど、アウトソーシングの効能をもっと多元的に見出す試みが必要だろう。

たとえば、製造業の分野ではノンコア業務を外部のベンダーに委託して、自社の経営資源をコア業務に集中させることで全く新しいタイプの企業が生まれたという事例が数多くある。半導体の製造のみに特化したファウンドリーというアウトソーシング業者が登場したことで、工場を持たずに半導体の設計とマーケティングを専門とするいわゆるファブレスという業態が生まれた。CDMA という通信モジュールを開発した米クアルコムはその典型例である。

また、EMS (Electric Manufacturing Service) というアウトソーシング業態の出現も、世界のエレクトロニクス産業を一変させるインパクトをもたらしてきた。EMSとはノートパソコンや携帯電話、iPod などのような IT 機器の製造のみを専門的に請け負う業態、業界の最大手の鴻海精密工業（台湾）は従業員 55 万人、売上高も 6 兆円を超えている。このようなアウトソーシングベンダーの出現でアップルやノキアなどは製造というノンコア業務を切り離して、自らはデザイン、設計、マーケティング、販売というコア業務に集中することで、グローバルな競争力を確立している。クアルコムもアップルもファウンドリーやEMSというアウトソーシング業界が存在しなければ生まれなかった企業である。

一方、サービス業の分野ではどうであろうか。NRI 野村総合研究所は IT サービスのアウトソーシングを主力事業としているが、IT サービスの周辺業務までを一括して受託する BPO へと業容が拡大している。IT サービスはあくまで業務を支える手段に過ぎず、そのサービスを活用した業務までを請け負ってアウトカムまでを約束することができればサービスの対価は格段に高まるはずである。野村総合研究所では 2009 年 1月に BPO 事業推進室を設立し、競争力のある IT ソリューションを核として、その周辺の業務オペレーションを含めたアウトソーシングを受託する事業に取り組んでいる。サービス業の分野でビジネスモデルの変革を起こそうとすれば、必ず IT サービスが必要であり、その延長として BPO へ発展するというのが自然な流れである。

我々は日本国内の BPO 市場はまもなく 1 兆円を超える規模になると見ており、欧米と同様に日本においても IT サービスと業務オペレーションとの組み合わせで顧客のビジネスモデルを変革する BPO 事業が今後とも成長するだろう。

【語彙】
1.アウトソーシング【outsourcing】
従来は組織内部で行っていた、もしくは新規に必要なビジネスプロセスについて、それを独立した外部組織からサービスとして購入する契約である。対義語は「インソーシング（内製）」。
2.未曾有【みぞう】
いまだかつて起ったことがないこと。
3.見舞う【みまう】
①見まわる。巡視する。②おとずれる。訪問する。

4. 甚大【じんだい】
程度が極めて大きいさま。

5. 解雇【かいこ】
使用者が雇用契約を一方的に解除すること。使用人をくびにすること。

6. 取り組む【とりくむ】
①（相撲などで）組みつきあう。たがいに組み合う。相手となって争う。②手を組み合う。③真剣に事をする。

7. 衰退【すいたい】
おとろえくずれること。おとろえ退歩すること。

8. ベース【base】
①土台。基礎。基本。②基地。根拠地。③野球で、塁るいのこと。

9. OECD【Organization for Economic Cooperation and Development】
経済協力開発機構。ＯＥＥＣの後をうけ、1961 年に発足した先進工業国の経済協力機構。経済成長・発展途上国援助・通商拡大の三つを主要目的とする。加盟国 25 ヵ国。日本は 64 年加盟。

10. リソース【resource】
①資産。資源。②コンピューターで、要求された動作の実行に必要なデータ処理システムの要素。ＣＰＵ・記憶装置・ファイルなど。

11. コア【core】
①ものの中心部。中核。核心。②建物の中央部で、共用施設・設備スペース・構造用耐力壁などが集められたところ。

12. スケール【scale】
①物さし。尺度。②地図や図面の縮尺。③規模。大きさの度合。

13. ベンダー【vendor；vender】
①自動販売機。ベンディング-マシン。②売り手。販売店。

14. 結び付く【むすびつく】
①結んで一つになる。からまりつく。②心を合せて一つになる。密接なつながりが生ずる。

15. 秘める【ひめる】
隠して人に示さないようにする。外から見えないようにして内部に持つ。

16. マーケティング【marketing】
商品の販売やサービスなどを促進するための活動。

17. ファブレス【和 fabrication＋less】
主に半導体業界で、付加価値の高い開発・設計だけを行い、製造は外部に依託するメーカー。

18. モジュール【module】
寸法あるいは機能の単位。

19. エレクトロニクス【electronics】
電子工学。
20. インパクト【impact】
衝撃。強い影響や印象。
21. グローバル【global】
世界全体にわたるさま。世界的な。地球規模の。
22. ソリューション【solution】
溶解。溶体。溶液。
23. オペレーション【operation】
①操作。②手術。切開手術。オペ。③証券売買による市場操作。

【表現】
一、～ざるを得ない

「～ざるを得ない」は少し硬い言い方ですが、例文1～3のように「（何か事情があって）～するしかない／～しなければならない」という意味を表します。また、例文4、5のように、「諸事情を考えると／いろいろ賛否は「あっても～という結論に至る」という婉曲な断定の用例も生じてきます。

どちらの場合でも「そうしたくはないが、しかたなく～」という感情を込めた不本意な選択で、積極的な選択ではありません。

§ 例文 §

1. 君がしないなら、僕がやらざるを得ないだろう。
2. 風邪気味なので休みたいのだが、社長命令では出社せざるを得ない。
3. したくなくても、せざるを得ないことはあるものだ。
4. 今回の原発事故の責任は、単に現場担当者だけでなく、政府にもあると言わざるを得ない。
5. いろいろな医学データーから見て、タバコは癌の原因になると言わざるを得ない。

二、～とすれば

「～にしたら／～にすれば／～にしてみれば」は「～の立場・視点に身を置いて見れば」という意味を表し、主として人を主題として取り上げる表現です。

§ 例文 §

1. 彼にしたら、あのように言うしかなかったのだろう。
2. 教師から頭ごなしに叱られたが、僕にすれば言い分もあった。
3. 両親にしてみりゃ、自分の娘が「援助交際」をしていたなんて、寝耳に水だったろうさ。
4. 車椅子の人にしてみれば、駅の階段や歩道橋は、そびえ立つ山のようなものだろう。

5．A国にしてみれば、米国の人権政策は内政干渉として目に映ることだろう。

【問題】

アウトソーシングという経営手法はどのような効能を持っているか。

第二課　アウトソーシングの歴史

アウトソーシングの歴史は、人類の歴史と同じくらい長い。個人が集団を作り、さらに小さなコミュニティを形成し社会となることで、アウトソーシングは一般的な事象になった。

知識と労力、特別な仕事や専門知識に関する個人レベルでのスキル不足をカバーするため、分業が始まった。アウトソーシングは、食料や道具の生産と販売から出現したとも言える。専門的な職業を持った人々が互いに、商品やサービスの取引を始めたのである。

古代中国の帝国は、征服した国々において必要なサービスとプロセスについてアウトソーシングをうまく利用して最初に組織化されたものの一例と言える。

アウトソーシングの近代的な歴史は、1600年代後半の工業化に始まる。米国の荷馬車のカバーや帆船の帆の製造は、インドから輸入された原材料を使って、スコットランドの労働者にアウトソーシングされた。イングランドの繊維産業は、業務を大英帝国の中で完全にアウトソーシングすることによって、1830年代には遂にインドのメーカーが競争できないくらいの効率化を達成した。

1800年代から1900年代初期の企業は、原材料から製品まで、その採掘、製造、運搬から自社で所有する販売店をも含んだ垂直型の組織となっていた。これらの企業では、通常、自家保険をかけ、自社で税務処理を行い、社員として法律家を雇い、大きな外部の支援を使わずに自社の建物まで設計と建設を行った。

その後、専門化への過程を通じて、特にサービスにおいて委託契約が普及した。保険、建築、エンジニアリングなどのサービスにおいて大きな成長を促し、産業革命が進む中でアウトソーシングの最初の波を導いた。

20世紀のほとんどの間、企業のモデルは、自社で大規模に資産を所有管理してそれらを直接コントロールしている形態であったと言える。1950年代から1960年代におけるスローガンは、企業の拠点を拡大し規模のメリットを得ることであった。産業革命により、企業は対象となるマーケットを広げることで利益を拡大できる競争優位をいかに実現するかに取り組んできた。

継続的に国内でのアウトソーシングが拡大し、おもちゃ、靴、衣料品などのローテクな商品の製造はアウトソースされ、ハイテク部品や家電などの高付加価値な商品の製造についてもアウトソーシングが始まった。そして、さらに安いコストを求めて、オフショアへ移動し始めた最初の動きは製造業であった。

米国における1990年代の驚異的なイノベーションと雇用の創造は、1960年代から

の教育、インフラ、研究開発への投資の成果である。

　企業は多角化と業務の拡大によりマネジメント階層が増えたにもかかわらず、収益を確保し続けることを期待した。しかし、結果として、1970年代から1980年代にかけてグローバルで競争した企業は、マネジメント階層が膨れ上がり経営の俊敏さを欠いてしまった。1980年代の終わりから、アウトソーシングがエンジニアリング、建設、金融、保険サービスにおいて、変革の最初の波を起こした。

　柔軟性と創造性を増やすため、巨大企業はコア・ビジネスに集中する新しい戦略を策定した。これは、企業内のクリティカルな業務プロセスを識別し、何がアウトソース可能かを決定することを要求した。インフラ面で、輸送とロジスティクスの改善も寄与し、オフショアでの生産量が増加しコストが低減した。賃金水準の低い国々において、教育とスキル水準が高まったことから、これらの国々にアウトソーシングした製造業はさらに大きな成果を得ることとなった。間接業務においても、1970年代、米国のコンピュータ会社は、給与計算の処理を外注することが普通になった。さらに、1980年代に入り、会計、供与、請求、文書作成の全てがアウトソーシングの対象となった。

　1980年代では、企業からアウトソーシングされた仕事は、たいていは同じ国内、特に顧客企業と同じ市内で処理されていた。1990年代に、インド政府がオフショアのアウトソーシングが魅力的になるような大胆な政策とインフラ拡充を開始した。

　2000年代の最初の10年が経過した時、米国や英国は、新たな教育と研究に関する投資への長期的なコミットがなければ、そのアウトソーシング先の国々よりも先進的なポジションを維持するチャンスはなくなってしまうだろう。

【語彙】

1. コミュニティ【community】
①一定の地域に居住し、共属感情を持つ人々の集団。地域社会。共同体。
②アメリカの社会学者マキヴァー（Robert M. MacIver1882〜1970）の設定した社会集団の類型。個人を全面的に吸収する社会集団。家族・村落など。

2. スキル【skill】
熟練した技術。手練。上手。

3. カバー【cover】
①物をおおうもの。おおい。②損失・不足・失敗を補うこと。

4. プロセス【process】
①手順。方法。②過程。経過。道程。

5. スコットランド【Scotland ・蘇格蘭】
イギリス、グレート - ブリテン島北部の地方。古くはカレドニアと称。1707年イングランドと合併。中心都市エディンバラ。

6. 雇う【やとう】
賃金や料金を支払って、人や乗物を自由に使える状態におく。

7. エンジニアリング【engineering】
工学。工学技術。

8. 導く【みちびく】
①道の行く手を教える。道案内をする。②手びきをする。なかだちをする。

9. スローガン【slogan】
ある団体・運動の主張を簡潔に表した標語。

10. ハイテク【high‐tech】
(high technology の略) 最先端の技術。

11. オフショア【offshore】
「沖の」「海外の」「域外の」の意。

12. 驚異的【きょういてき】
驚き目を見張るほどであるさま。

13. イノベーション【innovation】
①刷新。新機軸。②生産技術の革新だけでなく、新商品の導入、新市場・新資源の開拓、新しい経営組織の実施などを含む概念。シュンペーターが用いた。日本では技術革新という狭い意味に用いることが多い。

14. インフラ【infrastructure】
インフラストラクチャーの略。（下部構造の意）道路・鉄道・港湾・ダムなど産業基盤の社会資本のこと。最近では、学校・病院・公園・社会福祉施設など生活関連の社会資本も含めていう。

15. 俊敏【しゅんびん】
頭がよくて行動がすばやいこと。

16. クリティカル【critical】
①批判的。②きわどいさま。危機的。

17. コミット【commit】
かかわりを持つこと。関係すること。

18. ポジション【position】
①地位。位置。部署。②野球などで、守備位置。

【問題】
　柔軟性と創造性を増やすため、巨大企業はどのような戦略を策定したのか。

第三課　グローバルアウトソーシング

　世界中の国々は、アウトソーシング先として選んでもらえるよう、競争することになるだろう。いかなる地域も次のような競争力を持っているが、アウトソーシング先として魅力を持つには以下のような点で秀でていることが必要である。
　●英語を話すスキルを十分に備えた人材

●グローバルスタンダードと同等の通信、及び、その他の技術基盤

●目標サービスレベルを計測しモニタリングすることに重きを置く品質に対する強い姿勢

●時差の活用を可能にする、その国特有の地理的位置に基づいた迅速対応と２４時間７日間のサービスを提供する能力

●投資を促すことに前向きで積極的な政策環境、及び、簡素なビジネス参入のルールと手続き

●ＩＴサービス企業と同様、わかりやすい租税構造のアウトソーシング産業への適用

　今日、重要なのは、所有や地理的位置ではなく、よりよい結果をもたらす戦略的なパートナーシップの構築にある。それゆえに、その機能がコアかコモディティかどうかというよりも、世界中で、誰が（どこでではなく）その特別な機能に対して、より効果的な成果をもたらすかということをもとにアウトソーシングが選択されるのである。

　アウトソーシングは、グローバリゼーションの潮流によって変化し続けるものであり、また、世界のあらゆる国々がこれに関わっている。今や、全ての国々は世界経済の中でシェアを高めようと、お互い競争をしている。労働者の失業に起因して、先進国での労働組合から受ける抵抗、またそうした有権者の影響を受けた政治家からの抵抗があるにもかかわらず、アウトソーシングの活動は拡大している。

　現在のアウトソーシングは、自分の好きなものを自由に選択する「カフェテリア形式」とでもいうような段階にある。企業は、特定の業務のみをアウトソーシングしている。たとえば、人事、ファシリティやビル管理、アプリケーション保守、ＩＴネットワーク管理、給与計算などが、共通性の高いアウトソーシング業務であるが、「マルチソーシング」と呼ばれる方式で行われいる。ＩＴ分野であれば、一部のアプリケーションやシステムインフラを社内に残し、残りの業務を複数の外部の会社にアウトソーシングしている。

　ところで、アウトソーシングの第一世代は、安い労働力によるコスト削減が目的であったが、第２世代では生産性の向上が主目的となり、現在始まりつつある第３世代では、より専門的な付加価値の高い業務の実現が主眼となっている。一方で、アウトソーシング業界は専門化の時代に入っており、ベンダーは絶え間ないサービスの差別化による新しい価値の創出が必要不可欠となっている。ベンダーは、分野を特化し、そこで専門的、総合的なサービスを提供することが求められている。この第３世代が出現することで、単に低いコストでのオペレーションを提供するよりも、産業と顧客へフォーカスすることがより重要となってきた。それゆえに、アウトソーシングベンダーにとっては、顧客企業が求めるビジネスモデルに自らがいかに対応するかを学ぶことが重要となっている。

　過去20年間のテクノロジーの進展と産業の発展を考えると、アウトソーシングは、今後も一層活用されるようになるであろう。今日、企業の組織は、アウトソーシング

を活用して様々な戦略的な目的を達成できるようになっている。アウトソーシングを活用すれば、売上・利益の成長、セキュリティ・コンプライアンスの向上、ビジネスプロセスの再構築、生産性の向上など、ビジネス全般にわたって確実に価値をを向上させることができるのである。顧客企業は、卓越したオペレーションを提供し、眼に見えるビジネス価値の向上を実現できるグローバルなアウトソーシングベンダーに期待を寄せている。顧客企業はより早く、より安くを求めるだけではなく、グローバルに統合されたサービス、継続的なイノベーション、セキュリティ・コンプライアンスの向上、ビジネスプロセスの最適化などを求めている。

　顧客企業は、社内の様々な事業やシステムを支えるための個別の仕組みが積み上がって肥大化しているため、個々の仕組みを統合運用することを求めている。企業の中の様々な仕組みを共通化したり、統合するノウハウは、アウトソーシングの発展プロセスにおいて非常に重要である。「より安く、より早く」を求められたアウトソーシングベンダーは、近年、激しい浮き沈みを経験したが、これからのアウトソーシングでは、「より良く」、「より革新的な」サポートが求められるようになる。しかしながら、統合運用やビジネスプロセス変革のマネジメントは「言うは良し、行うは難し」である。本当の意味で顧客満足度を向上するためには、統合運用のリスクを検証し、複数の代替案から最適解を見出すノウハウを身につけなければならない。

　現在のアウトソーシング業界は「より安く、より早く」と「より良く、より革新的に」が並存する時代にあるが、先見性のあるアウトソーシングベンダーは、既製品のサービスを提供するアプローチではなく、戦略的にそれぞれの顧客企業の成長に個別適応することに焦点を当てている。トップベンダーとして、顧客企業のコスト削減に貢献したが、自社の成長にこだわり過ぎたために顧客満足度の向上に努めてこなかったベンダーがいる一方で、顧客企業と長期的な戦略を構築し、顧客起点のサービスで高い評価を得ているベンダーもいる。

　現在のグローバルのアウトソーシングの市場規模は、約1兆ドルに達し、アナリストは、まもなく年間3兆ドルに達する可能性があると指摘している。1兆ドルの内訳は、57%が米国であり、インドは4%、中国・フィリピン・東南アジアは3%に過ぎない。本来、米国の人口は世界の人口のたった5%であって、アウトソーシングにおいても米国以外の市場の潜在性はきわめて大きいはずである。これらの国々は、製造業、農業、サービス業その他の業種において自国市場を海外に開放する一方で、アウトソーシングを発展させるべきである。

　もし米国が保護主義的な態度をとり、海外のアウトソーシングに制約を設ければ、他国もそれに追従し、結果として、企業の多くは、希望のない、険悪な世界に迷い込んでしまうだろう。米国の失業者数の増加が輸入とアウトソーシングによってもたらされているとの指摘は必ずしも正しくはないが、しかし、失業率が高止まりするようであれば保護主義的な世論を抑えきれなくなり、海外へのアウトソーシングに対する紛議が巻き起こってしまうことになる。

【語彙】

1. 秀でる【ひいでる】
特にすぐれる。ぬきんでる。目立つ。

2. 備える【そなえる】
①物事に対する必要な準備をととのえる。用意する。②物を不足なくそろえておく。設備として持つ。③欠ける所なく身につける。自身のものとして保持している。

3. スタンダード【standard】
標準。基準。標準的。

4. モニタリング【monitoring】
日常的・継続的な点検のこと。企業の消費者調査や社会福祉において、関係者のサービス評価などの際に行われる。

5. パートナーシップ【partnership】
協力関係。提携。

6. コモディティ【commodity】
生活必需品。商品。

7. グローバリゼーション【globalization】
世界的規模に広げること。企業経営で世界各地に複数の本社をおくことなどにいう。

8. シェア【share】
①株式。②マーケット‐シェアの略。

9. カフェテリア【cafeteria】
客が好みの料理を自分で選んで食卓に運ぶ、セルフ‐サービス形式の軽食堂。

10. ファシリティ【facility】
①容易なこと。たやすいさま。②便宜。便益。

11. アプリケーション【application】
(適用・応用の意) アプリケーション‐プログラムの略。コンピューターで、使用者の業務に応じて作成されたプログラム。

12. オペレーション【operation】
①操作。②手術。切開手術。オペ。③証券売買による市場操作。

13. フォーカス【focus】
①焦点。②集中点。中心。

14. セキュリティ【security】
①安全。保安。防犯。②担保。

15. コンプライアンス【compliance】
(要求・命令などへの) 承諾。追従。

16. ノウハウ【know‐how】
技術的知識・情報。物事のやり方。こつ。

17. 浮き沈み【うきしずみ】
浮くことと沈むこと。繁栄と衰微。ふちん。

18. サポート【support】
支えること。支持。支援。助け。
19. アプローチ【approach】
①接近すること。働きかけること。②学問・研究で、対象への接近のしかた。研究法。
20. アナリスト【analyst】
分析家。特に、精神分析や社会情勢・証券界などの調査・分析の専門家。

【表現】

一、～故（に）

　「～故に」は原因・理由を表す文語表現で、一般真理であることを強調した表現です。接続助詞としても、例文５のように接続詞としても使われます。

　なお、改まった会話では「故」が「理由・特別の事情」の意味の名詞として単独で使われることがありますから、その例を挙げておきます。

　故あって、この度退職することになりました。

　彼が怒るのも故なきことではない。

　故のない非難を受けた。

§　例文　§

1. 故あって、しばらく閉店いたします。
2. 子供のしたこと故、大目に見てやってください。
3. 今はちょっと取り込み中故、御用件につきましては、日を改めてということにしていただけませんか。
4. もうこの歳故に、物忘れがひどくなるのもいたしかたありません。
5. これは紛れようもない事実である。故に、臭い物にふたをするのでなく、あるがままを直視すべきである。

【問題】

　アウトソーシング先として魅力を持つにはどのような点で秀でていることが必要であるか。

第四課　BPO の登場

　日本企業の場合、既存組織のもつ業務機能をアウトソーシングするといっても、欧米企業のようにアウトソーシングの実行と同時に大幅な人員削減を行なえるとはかぎらない。

　通常は、浮いた人材を別な業務に振り向けることで活用していくというのが、日本企業のやり方である。

　社員を大切にするやり方としては、よい方法である。しかし、右肩上がりに成長できなくなった日本企業にとって、必ずしも人材を振り向ける仕事が常にあるわけでは

なくなってきている。

　そこで、登場してきたのが、BPO（Business Process Outsourcing：ビジネス・プロセス・アウトソーシング）と呼ばれる新しい考え方の改革手法である。

　BPO は、アウトソーシングする業務に携わっている人員も併せてアウトソーサーに売却し、いままで自社の社員だった人材をアウトソーサーの社員化してサービスの提供を受ける方法である。

　これにより、いままで自社に抱えていた人材が減り、委託側企業はスリム化が達成できる。アウトソーサー側は、委託側企業の業務を熟知した人材を獲得できるため、その会社の言葉や業務を教育する手間が省ける。

　BPO は、そのまま戦略提携にもなり、委託側企業とアウトソーサー双方にとって非常にメリットの高い方法である。BPO はスリム化を実現する手段である。人材や設備をアウトソーサーに買い取ってもらい、委託企業側は身軽になれる。それだけではなく、委託側企業の競争力向上にも貢献する。

　一般に、一企業のなかで長く業務を行なっていると、社員のスキルは陳腐化し、時代遅れの業務を営んでいる場合がよくある。社員になってしまうと、競争原理が働かず、十年一日のように同じような仕事を繰り返してしまい、競争力のある新しい技術や方法を学ばないままに過ごしてしまうことがあるからである。

　一方、BPO で委託側企業の人員を引き取るアウトソーサー側は、たいていはその分野のプロである。多くの経験を有していることが普通で、最先端のノウハウ、スキルを保持していることも多くある。激しい競争にさらされているため、日々進歩していく必要に迫られているのである。

　BPO で引き取られた人材は、こうしたアウトソーサーの最新のノウハウを学び、スキルを改めることができる。これにより、いままで十年一日のように行なってきた低レベル業務が改められ、高い品質の業務が提供される可能性があるのである。

　こういうことが実現すれば、BPO は単に組織をスリム化するだけでなく、企業の競争力を高めることに貢献することができるのである。

　日本ではあまりなじみがなかった BPO であるが、欧米では日常的に行われているリストラクチャリングの手法である。組織売却の手法としても活用されている。ただし、単なる売却ではなく、一組織を外部化して、引き続き業務サービスを提供してもらうことで、低コストで高品質の業務のアウトソーシングを手に入れることが可能になるのである。そのうえ、もと自社の社員だったので、企業文化を熟知している利点もある。

　BPO は、どの業務機能を売却し、どの業務機能を自社に残すべきかという「選択と集中」を企業側に考えさせ、アウトソーシングをより戦略的に活用する方法論なのである。

　BPO が成立する基本的な要件は、BPO の受託企業が、委託企業よりも効率的に業務プロセスを遂行できることである。これによって、委託企業は、本来のコア・コンピタンスとする事業に注力できるようになる。

　アウトソーシングは、自社のコア・コンピタンスを再定義するとともに、長期的な視点から外部資源との関係を再構築することとも言える。コア・コンピタンスの再定義と外部資源との関係構築は、ユーザーへの提供価値の最大化や、生産性の最高水準への引き上げにおいて有力な戦略となり得る。

　アウトソーシングのメリットは、下記のように多数挙げられる。

●販売機会の拡大
●企業イメージの向上と広報活動の改善
●機会喪失の回避
●コスト削減の迅速な実現
●コア・コンピタンスへの集中
●顧客からの苦情の減少
●顧客満足度の向上
●より低コストでのプロジェクト活動の実現
●競合企業に対する勝利
●時間の節約とリソースの捻出

【語彙】

1.浮く【うく】

余分ができる。余る。

2.振り向ける【ふりむける】

①他の方向を、特に、後ろを向かせる。②他の用途などに回してあてる。

3.右肩上がり【みぎかたあがり】

景気・売上高などが年を追うごとに拡大してゆくことの形容。

4.携わる【たずさわる】

ある事柄に関係をもつ。従事する。

5.売却【ばいきゃく】

売りはらうこと。

6.スリム【slim】

細いさま。ほっそりしたさま。

7.提携【ていけい】

手をとりあって互いに助けること。協同して事をなすこと。

8.営む【いとなむ】

（ある物を成り立たせるために）怠らずに努める。経営する。

9.リストラクチャリング【Restructuring】

企業が事業を再構築すること。

10. 引き続き【ひきつづき】
すぐそれにつづいて。

11. ユーザー【user】
使用者。利用者。自動車・機器などを買って使う人にいう。

12. リソース【resource】
①資産。資源。②コンピューターで、要求された動作の実行に必要なデータ処理システムの要素。CPU・記憶装置・ファイルなど。

13. 捻出【ねんしゅつ】
①ひねり出すこと。苦労して考え出すこと。②（費用などを）無理にやりくりしてこしらえること。

【表現】

一、〜とは限らない

　「〜とは限らない」は「ほとんど〜と言えるが、しかし、そうでない例外もある」、「〜とは言えない」は「〜と言うことはできない」という意味を表します。多くは「必ずしも／いつも／常に／誰でも／どこでも／何でも」などの副詞と一緒に使われます。

§　例文　§

1. この世の中、何でも理屈で割り切れるとは限らない。
2. 何でもお金で解決できるとは限らないんですよ。
3. 事業というものは、いつも順調にいくとばかりは限らない。

二、〜わけではない

　「〜わけではない」は文全体の婉曲に否定するときも、文の一部を部分否定するときもあります。なお、相手の言葉や考えを引用するときは「〜というわけではない」という形になります。

§　例文　§

1. 忙しいと言っても年がら年中忙しいというわけでもない。
2. 金が惜しくて言うわけじゃないが、返すあてはあるのかい？
3. 別に恋人というわけじゃないわ。彼とは友達としてつき合っているだけなの。
4. 冷蔵庫の便利さを否定するわけではないが、物が腐らないわけではないから、過信は禁物だ。
5. 君一人が悪いわけではないが、君に責任がないわけでもないだろう。

【問題】

1. BPO はなぜ委託側企業とアウトソーサー双方にとってメリットの高い方法なのか。
2. BPO は委託側企業の競争力向上にどのような貢献があるのか。

第五課　アウトソーシングの発展段階

アウトソーシングは、発展段階に沿って戦術的アウトソーシング、戦略的アウトソーシング、変革的アウトソーシングの３つのレベルに分類される。

（１）戦術的アウトソーシング

戦術的アウトソーシングは初歩的な段階である。通常、企業がアウトソーシングに踏み切る理由は、何かある特定の問題が存在する。アウトソーシングは、こうした問題を解決するための直接的な手段となり得る。典型的な「問題」とは、投資資金の不足、内部管理能力の不足、人材の不足、人員削減などである。戦術的アウトソーシングとは特定の問題の解決のために、ある業務プロセスを外部化する行為である。戦術的といっても全社的な組織変革を伴うこともあるので必ずしもアウトソーシングの規模の大小とは関係がない。戦術的かどうかの判断尺度は、その解決しようとする問題が経営全般というより特定の領域に限定されるかどうかにある。

＜戦術的アウトソーシングの狙い＞
●迅速なコスト削減の達成
●将来必要投資の抑制
●資産売却による資金獲得の実現
●人材管理の負担からの解放

ところで、戦術的アウトソーシングにおける留意点は契約にある。すなわち、正しく契約を結ぶこととベンダーに契約を順守させることである。顧客企業では、こうした契約に関する専門的な手続きは購買部門が受け持つことが多い。しかしながら、各々のアウトソーシングプロジェクトのマネージャーは、契約締結から契約の遂行に至るまでの一連のプロセス全体に関与すべきであり、担当している領域に関わるアウトソーシング全体について説明責任を持つべきであるという意見も多くなっている。

戦術的アウトソーシングにおけるベンダーリレーションシップを機能的、包括的に確立し、維持していくことは、プロジェクトチーム全体での責任であって、そのためには契約行為にもチーム全体で関与する必要がある。契約締結においては、より少ない支払いとすることだけに注力するのではなく、より少ない管理工数で、より良いサービスを得るための契約内容となっているかどうかについての検討も含めるべきである。

（２）戦略的アウトソーシング

時間とともに顧客企業のアウトソーシングへの期待はより大きくなり、アウトソーシングの目的も変化し始める。アウトソーシングすることで現場は煩雑な管理から解放されて、より戦略的な仕事に注力できるようになる。たとえば、施設管理担当者は、清掃員の配置を心配するかわりに、より重要なインフラに関する課題に集中できるよ

うになる。技術管理担当者は、データセンターの運営をアウトソーシングすることで、社内のデータセンターへのニーズの把握やそれらへの対応という、より重要な問題に目を向けられるようになる。

　このようにアウトソーシングは、近視眼的に見ると、業務を外部へ依存してしまうことで、その業務についてコントロールを失ってしまうというような心配を生み出すが、その一方では、もっと上位の戦略レベルでのコントロールがより強化されるという大きなメリットを生み出すのである。

　アウトソーシングからより大きな価値を得るためには、これまでのアウトソーシングの利用形態や利用範囲を見直さなければならない。アウトソーシングの利用範囲は拡大し、ベンダーの巻き込み方もより深まってきている。このようにアウトソーシングの範囲が拡大し、総合化（ベンダーの集約化）が進むことで、アウトソーシングから得られる利益が増加し、その結果としてアウトソーシングは戦術的な手段から、長期的関係を前提とした戦略的な手段へと変化している。経営者のアウトソーシングベンダーに対する認識も、単なる受発注という関係から、戦略的なビジネスパートナーとしての関係へと深化してくる。

　特に、長期的な関係に基づく戦略的なビジネスパートナーとするためには、多数のベンダーと取引するのではなく、統合的なサービスを提供できる少数の卓越したベンダーとの関係構築を目指すべきである。いかにベンダーへの発注額を抑えるか（委託費の削減）という利益相反的な発想ではなく、ベンダーとともに利益を拡大するような平等的、長期的パートナーシップの関係構築が必要なのである。

　すなわち、戦略的アウトソーシングとは、ある特定の業務プロセスの外部化ではなく、複数の業務プロセスであり、そのアウトソーシングなしでは経営そのものが成り立たないというように進化したものを意味する。

（3）変革的アウトソーシング

　変革的アウトソーシングとは、自社のビジネスの変革をアウトソーシングによって実現しようとする行動を意味している。単に、低コストのベンダーに業務を移管してある業務のコストを削減する、外部の専門家を登用することである業務の品質を高めるという業務改革のみに焦点を当てるものが従来型とすれば、変革的アウトソーシングとは、アウトソーシングを使うことでビジネスモデルそのものを変革してしまう、市場シェアの奪取や市場構造が大きく変化する時などに、既存のビジネスモデルでは対応ができない、新たなモデルを組み立てなければならないという時に活用されるアウトソーシングである。

　今日の企業は、厳しい経営環境を生き抜くために、絶えず組織を変革し、ビジネスモデルを変更し続けなければならない。その時のアウトソーシングベンダーは、単なる効率化のための存在ではなく、イノベーションの狙い手であり、ビジネスモデル変革の共同事業者となる。

【語彙】

1. 踏み切る【踏み切る】

①踏んで切る。②跳ぶ前に強く踏んで反動をつける。③転じて、思い切ってその事に乗り出す。

2. 狙い【ねらい】

①ねらうこと。矢・弾丸を発射する時、目標に命中するように見当を見定めること。②達成しようとするめあて。意図。

3. 結ぶ【むすぶ】

①糸や紐ひもなどの端を組んで、ゆわえる。また、結び目をつくる。②契りを交す。固く約束する。

4. 順守【じゅんしゅ】

きまり・法律・道理などにしたがい、よく守ること。

①支配人。経営者。管理人。監督。②学校の運動部などで、選手の世話をする人。

5. リレーション【relation】

関係。

6. ニーズ【needs】

必要。要求。需要。

7. コントロール【control】

制御すること。統制。管理。調節。

8. 見直す【みなおす】

①改めて見る。もう一度見て誤りを正す。②それまでの見方を改める。前に気づかなかった価値を認める。

9. 巻き込む【まきこむ】

①巻いて中へ入れる。②仲間に引き入れる。まきぞえにする。

10. 取引【とりひき】

①商人と商人、または商人と顧客との間の売買行為。②営利のためになす経済行為。

11. 卓越【たくえつ】

他よりぬきん出てすぐれていること。はるかにひいでていること。卓抜。

12. 奪取【だっしゅ】

うばい取ること。

13. 生き抜く【いきぬく】

困難や苦しみを克服して生き続ける。生き通す。

【表現】

一、～から～に至るまで

　「（～から）～にわたって」は期間・場所・空間を表す名詞や数量を表す語について、その「（～から～までの）およその範囲内で」を表します。

§ 例文 §

1. 「赤トンボ」は大人から子供に至るまで、日本人なら誰でも知っている歌です。
2. 当社は設計から施工に至るまで、一切をお引き受けいたします。
3. 借金の額に至るまで、根ほり葉ほり聞かれた。
4. 「出会いから新婚旅行に至るまで」、これがわが結婚相談所のモットーです。
5. 先の戦争は開戦から敗戦に至るまで、多くの謎が存在する。

二、〜かわりに

　　「かわる」は漢字で「換わる／替わる／代わる／変わる」と書くように多義語です。「〜 かわりに」の用法は大きく分けて、例文1の「〜の代理に」、例文2の「〜の代理・代替に」、例文3、4の「〜けれども」、例文5の「〜交換・代償に」という四つの意味に分かれます。どの意味で使われているかは、文脈から理解する以外にありません。

§ 例文 §

1. この仕事は君の方が適任だ。僕のかわりに君がやってくれないだろうか。
2. 「戦時中はご飯のかわりにさつまいもを食べた」という話を母から聞いたことがある。
3. このアパートは駅に近くて便利なかわりに、家賃が高いのが玉に瑕だ。
4. この種の商売は儲けも大きいかわりに、リスクも大きい。
5. 先日おごってもらったかわりに、今日は僕がおごるよ。

【問題】

1. 戦術的アウトソーシングの狙いはどの点にあるか。
2. 戦略的アウトソーシングのために何が必要なのか。
3. 変革的アウトソーシングとはどのようなアウトソーシングを指すのか

第六課　アウトソーシング・プロセスのフェーズ

　　アウトソーシングプロセスのフェーズは6段階から構成される。

①戦略フェーズ

　　アウトソーシングの目的と範囲を定義して、実現可能性を決定する。さらに、時間軸、予算、必要なリソースの観点から、全体の見積もりを行い実行計画を立案する。

②アウトソーシング定義フェーズ

　　ベースラインとなる基準を検討して、ベンダーに要求するサービスレベルを設定する。アウトソーシングする業務と、社内に残す業務との関係を明確化する。提案依頼書（REP）を作成し、ベンダーからの提案依頼に対する回答を集めて分析、それに基づいて適切なベンダーを選定する。

③契約交渉フェーズ

　契約書案を作成し、最終的な締結に至るまで、選定されたベンダーとの交渉を行う。

④業務移管フェーズ

　アウトソーシングの対象となる社内業務の移管を開始する。

⑤実行管理フェーズ

　ベンダーに移管された業務をコントロールする（アウトソーシング・リレーションシップ）。成果を確実とするにはアウトソーシング・リレーションシップの内容を柔軟に変更する決定をする、あるいは、そのための交渉を実施する。

⑥完了・更改フェーズ

　契約期間の満了時、同じベンダーと契約更改の交渉に入るか、その関係を終了して、新しいベンダーと関係を作るのかを意思決定する。また、別の選択肢として、業務機能をいったん組織内に戻すという意思決定もあり得る。

　アウトソーシングにおいては、常に予測できない事態が発生する可能性があり、しかも、それは契約の全期間を通して発展する可能性がある。しかしながら、適切なアウトソーシング・リレーションシップにおいては、それぞれのステップにおいてアウトソーシングの効果を判定するためのＫＰＩ（キーとなる成果指標）を事前に設定し、その目標値に対して成果が十分に得られているかどうかを絶えず確認していく必要がある。ＫＰＩの設定は、ベンダーの提案依頼より前の段階で検討しておくべきであり、またベンダーと契約した後はベンダーへのカバンナンスにおいて活用しなければならない。

　もし、こうしたＫＰＩの定義がないままにアウトソーシングを始めてしまうと、後になって、「アウトソーシングなんて全く使いものにならなかった」と自ら語るはめになるだろう。失敗事例を増やさないようにするためには、アウトソーシングの契約の際に、過去のベスト・プラクティスを総動員して、成果指標をどうするか検討するべきである。

　アウトソーシングベンダーは、業務において一定の裁量を譲り渡したパートナーであることを忘れてはならない。日々のサービス提供に対する管理はベンダーが行うのである。顧客企業が定義した価値を生み出すためにはベンダーとの長期的なパートナーシップが不可欠である。今のサービスの要件を満たすだけではなく、将来のサービスをより効果的なものとなるように共同で開発するため、パートナーには顧客企業自らの業務を深く理解してもらわなくてはならない。つまり、アウトソーシングが成功するかどうかは、ベンダーとのパートナーシップ構築の巧拙にかかっていると言えるのである。

【語彙】

1.フェーズ【phase】

様相。局面。

2.見積もり【みつもり】

前もって算出すること。また，その計算。

3. 締結【ていけつ】

契約または条約をとりきめること。

4. 柔軟【じゅうなん】

やわらかなこと。しなやかなこと。

5. ステップ【step】

①足どり。歩調。足の踏出し。②電車・バスなどの昇降口の踏段。③物事をおしすすめる際の段階。

6. 羽目【はめ】

場合。境遇。多く、困った場合を意味する。

7. ベスト【best】

①最良。最優秀。②できる限り。最善。全力。

8. プラクティス【practice】

練習。実行。

9. 譲り渡す【ゆずりわたす】

他の人に譲って渡す。

10. 巧拙【こうせつ】

物事のたくみなことと、つたないこと。上手下手。

【表現】

一、～てはならない／～てはならぬ

「～てはならない」は「～てはいけない」と同じく禁止を表します。「～てはいけない」系は話者が個々の状況から自己の責任で判断して下すもので、相手の行動を直接禁止する文型です。しかし「～てはならない」系は社会常識・規則・習慣などに照らして判断するもので、多くの場合、特定の個人に向けられる直接の禁止ではなく、不特定多数に向けて「～するべきではない」と説明するときに多く使われます。用例を比較しても、「～てはいけない」とはかなり異なってきます。

§ 例文 §

1. 国際世論に逆行するような核実験を、決して許してはならぬ。

2. 人に騙されることがあっても、人を騙すようなことはあってはならない。

3. いじめ問題が起こる背景、つまり学校・社会そのものが持っている病理を見逃してはならない。

4. 小事に拘り、大事を見失ってはならぬ。

5. 自分の失敗を人のせいにするなんてことは、決してしちゃならないことだ。

【問題】

アウトソーシングプロセスのフェーズはどのような段階から構成されるのか。

第二節　アウトソーシング戦略

　企業規模の大小を問わず、多くの企業が、業務の合理化、業務能力の増強、業務効率の改善などの目的でアウトソーシングベンダーとの戦略的なパートナーシップを構築している。アウトソーシングは、どのような規模の企業にとっても有効であり、アウトソーシングが成功するかどうかは企業の規模や業種とは特に関係がない。むしろ、事前の計画策定、適切なパートナーの選定、業務トレーニングを含めた業務移管準備、アウトソーシングベンダーとの適切なＳＬＡ（サービスレベル合意書）の締結という点に成功の秘訣がある。企業がアウトソーシングを実施する業務の内容は、企業の業種によって異なるが、たとえば、住宅金融専門会社は見込み客情報収集業務やコールセンター業務を、消費財メーカーはカスタマー・リレーション業務を、銀行はＩＴ機能を、エンジニアリング会社は定型的な設計文書等の作成業務をアウトソーシングしている。

　しかしながら、アウトソーシング（ＢＰＯ）にはある種のリスクも存在しており、特に、中堅企業では、アウトソーシングを継続的に活用する上で必要な専門知識を持つスタッフを持たないことが取り組みの障害となってしまうこともある。つまり、アウトソーシングを効果的なものにするためには、そのための社内リソースの確保が必要なのである。その際、次の①—③のような留意点がある。

　①アウトソーシングの対象とするかどうでないかの業務の仕分けを行う際には、先入観を排除し（この業務はアウトソーシングすべきだと安易に決め付けない）、精緻な分析が必要である。また、ベンダー選定においては、そのベンダーの特長、能力、業務移管のプロセス、品質、変化への柔軟な対応力などを見極めなければならない。特にそのベンダーがオフショアの場合はその選定には相当な時間と労力を要する。

　②アウトソーシングに対する要求価値を定義する業務委託契約やＳＬＡの締結には、技術的、法律的な、業務的な面で深い知識が必要とする。また、アウトソーシング移管後の業務コントロールのために、アウトソーシングベンダーの現場へ自社の社員を駐在させることもあり得る。

　③アウトソーシングを開始してからも、リスクを軽減するためには業務移管が失敗した際のベンダースイッチの計画、代替案の検討をしておく必要がある。

第一課　意思決定要因

　アウトソーシングを至急進めるべき、との指示があった場合、アウトソーシングマネージャーはこうしたプレッシャー下にあっても、実行するかどうかの意思決定には十分な検討時間を確保することが大切である。特にベンダーがオフショアの場合はベンダー選定やベンダーとのパートナーシップの構築には相当な時間を要するもので

ある。そして、何をするかを決めるためには、まず、なぜそうしなくてはならないのかを明らかにしておかなければならない。以下はアウトソーシングの活用を促す 10 の要因である。

①業務改革（ビジネス・プロセス・リエンジニアリング、ＢＰＲ）の促進

　業務改革は、業務コストと品質、サービス内容といった評価指標を改善することを目的としている。一般的にはノン・コア業務における業務効率改善を目的とした投資は、コア業務に対する投資案件に対して優先度が低く見られるため、結果的に、社内のノン・コア業務やその業務システムの改善は遅々として進まず、非効率なままにとどまっていることが多い。そのような時に、ノン・コア業務を世界レベルのアウトソーシングベンダーに委託することで革新的な業務効率の向上が得られることもある。

②世界トップクラスの業務遂行能力の獲得

　世界トップクラスのアウトソーシングベンダーは、テクノロジーや手法、社員教育に対して、大きな投資を行っており、また、多くの顧客企業からの受託を通じて、深い業務専門知識と経験を有している。アウトソーシングベンダーにおける、ある業務の専門スキルと経験は、顧客企業にとっても競争力のある価値となり、また、アウトソーシングする業務に関するテクノロジーや教育に対する自社での投資コストを削減することにつながる。さらに、アウトソーシングベンダーに移管した自社社員は、より付加価値の高い業務へのキャリアアップの機会を掴むこともできる。

③資産流動化によるキャッシュ還元

　アウトソーシングは、顧客企業からアウトソーシングベンダーへの資産の移転を伴うことがある。現行の業務で使用されている設備、備品、ライセンス類をベンダーへ売却し、今度は、アウトソーシングベンダーが顧客企業へサービスするために、それらの資産を使用することになる。資産の価値にもよるが、この資産の売却は、顧客企業にとって一時的に大きな現金収入となる場合がある。資産がベンダーへ売却される際、一般的には残存簿価で売却されるが、簿価はその資産の市場価格よりは高額であることが多い。この場合、簿価と市場価格の差額は、ベンダーから顧客企業への貸付に近い形となりアウトソーシング契約を通じてサービス委託対価の中で返済されていくことになる。

④社内リソースの効率活用

　どんな組織においても、利用可能なリソースは限られている。アウトソーシングは、特に、人材リソースを社内のノン・コア業務から解放して、顧客向けの活動などのコア業務に振り向けることを可能にする。企業は、これらの人員の仕事をより付加価値を高める活動に振り向けて、内部的な仕事に向けて集中していたエネルギーを外部に、つまり顧客に向けて集中させることができる。

⑤問題化してしまった業務の再設計

　アウトソーシングは、その業務の管理責任の放棄を意味するものではないし、問題企業に特有の行動でもない。ある業務機能の管理やコントロールに問題を抱えていた場合、組織としては、まずそこに存在する原因を追究しなければならない。業務要件

や期待されるアウトプット、また、その業務の遂行に必要なリソースが明確にされていない状態では、アウトソーシングは、問題を解決するどころかむしろ悪化させることにもある。自社の業務の要件、業務が抱える問題点などを理解していなければ、それらをアウトソーシングベンダーに伝えることもできないからである。

⑥企業活動の集中と選択の促進

　アウトソーシングを行い、定常的なオペレーションを専門性を持つ外部の業者に任せることで、企業は、自社のコア業務や顧客ニーズへの対応といった、より付加的価値のある業務へ集中することができるようになる。

⑦資本金の有効活用

　企業の中では、多数の投資案件について、資本金の取り合いがあり、投資案件の選択は、経営陣が下す最も重要な決定の１つである。ノン・コア業務への投資案件は、製品開発や顧客へのサービス提供などのコア業務よりも投資の優先度が下がる傾向がある。このような時、アウトソーシングにより、ノン・コアな業務機能への投資のニーズそのものを減らすことが可能である。たとえば、固定的な投資を避けて、契約上、使った分だけを運営費で支払うという形式も可能である。また、アウトソーシングにより、ノン・コア業務に対して投下資本に対する株主資本利益率（ＲＯＥ）を示す必要がなくなることによって企業の財務指標値の改善も期待できる。

⑧オペレーションコストの削減

　すべての業務を自社内で行うとした場合、研究開発、マーケティング展開などに非常に大きな費用を要することになり、それらの費用は、顧客へのサービス・製品の価格として転嫁される。アウトソーシングベンダーは、規模のメリットや、業務の専門力などの優位性をベースに、より低いコスト構造で業務を遂行できる。したがって、アウトソーシングの実施によって、委託元企業のオペレーションコストを低減し、サービス・製品の価格競争力の増大が期待できる。

⑨投資リスクの低減

　投資には、常にリスクが付きまとう。たとえば、市場、競合企業、当局の規制、財務状況、テクノロジーなど、すべてが驚くべきスピードで日々変化している今日において、これらの変化に常に遅れずについていくことは、多額の投資の継続を必要とし、それは企業のリスクを高めることとなる。アウトソーシングを実施した場合、アウトソーシングベンダーが、顧客企業に代わって投資を負担するため、全体では投資リスクが分散され、個々の企業が単独にて抱えるリスクを減らす効果を持つ。

⑩社内にないリソースの獲得

　必要なリソースを社内に持っていないためにアウトソーシングを活用する場合がある。たとえば、設立間もない会社にとっては、必要なリソースを簡便に調達するためにアウトソーシングを使う価値は大きい。

　アウトソーシングの意思決定においては、まず、自社のコア・コンピタンス（ビジネス上の強みとなる中核的な能力）を知ることが大切である。一般的には、自社のコア・コンピタンスである業務機能はアウトソーシング対象としてはいけない。アウト

ソーシングに適した業務とは、自社にとって必要ではあるが、他社に任せた方がより効果的に遂行できる業務である。たとえば、バックオフィスの管理業務は、多くの企業にとってコア業務ではないと考えられており、アウトソーシングは比較的容易である。バックオフィス業務の中でも最も共通的な、会議のスケジューリング、旅行予約、面会予約の調整といった業務は、問題なくリモートで実施可能である（ただし、業務移管後の初期段階では、社員のいら立ちを招くこともあるかもしれない）。その他にも、税申告関連業務、保険処理関連業務、未払請求書のとりまとめ、法令遵守確認等は、リモートで問題なく遂行できる業務である。

その他、次のような点が、アウトソーシングの成功の秘訣と言える。

●アウトソーシングの概略について、役員クラスの責任者からのコミットメントを得なくてはならない。

●円滑なアウトソーシング移管を実現するためには、マネジメントの時間は事前に十分確保しておく必要がある。

●それぞれの企業は独自のカルチャーを持っているものなので、業務の研修は特に重要である。

●状況変化に応じた柔軟性を持ったアウトソーシングをアレンジすることが必要である。

【語彙】

1. トレーニング【training】
訓練。練習。鍛錬。

2. コール【call】
①呼ぶこと。呼びかけ。呼ぶ声。②電話の呼出し。電話をかけること。③コールマネーまたはコールローンの略。④（トランプ用語）ブリッジではパスなどの宣言。ポーカーでは相手に、札をさらせという要求。

3. カスタマー【customer】
顧客。

4. リレーション【relation】
関係。

5. エンジニアリング【engineering】
工学。工学技術。

6. スタッフ【staff】
それぞれの部署を受け持つ職員。部員。

7. 精緻【せいち】
こまかく緻密なこと。

8. 見極める【みきわめる】
①最後まで見とどける。②事理の奥底をきわめる。本質をはっきりとみる。

9. スイッチ【switch】

①電気回路を開閉する装置。電気開閉器。点滅器。②鉄道の転轍てんてつ機。ポイント。③交替すること。切り換えること。

10. プレッシャー【pressure】

圧力。圧迫。威圧感。重圧感。

11. 遅々【ちち】

おくれること。また、おそいさま。のろのろ。ぐずぐず。

12. トップクラス【top class】

最上級。最高級。

13. テクノロジー【technology】

①技術学。工学。②科学技術。

14. キャリア【career】

①（職業・生涯の）経歴。②専門的技能を要する職業についていること。

15. キャッシュ【cash】

現金。

16. ライセンス【licence; license】

許可・免許。また、その証明書。特に、輸出入その他の対外取引許可や自動車運転免許。

17. 簿価【ぼか】

①簿記で、資産・負債の帳簿上の純額。日本の現行制度では資産の場合、取得原価に基づく。↔市価。②株式一株当りの自己資本の金額。株式の実価を示す。

18. アウトプット【output】

出力。

19. マーケティング【marketing】

商品の販売やサービスなどを促進するための活動。市場活動。

20. リモート【remote】

遠隔。

21. 苛立ち【いらだち】

思うようにならず、いらいらしている気持ち。

22. カルチャー【culture】

教養。文化。カルチュア。

23. アレンジ【arrange】

①並べること。配列。整理。②手はずを整えること。

【表現】

一、～を問わず／～を問わない

　「～を問わず／～を問わない」は「年齢・職歴・性別・曜日・世代・経験・身分・季節・相違…」や、対の語「有無・男女・公私・昼夜・老若・大小・内外・正否・成

否…」などについて、「〜を問題にしないで／〜を区別しないで」と言う意味を表します。また例文5のように、「〜すると〜しない（と）を問わず／〜する〜しないを問わず」のように肯定と否定を重ねる使い方もあります。

§ 例文 §

1. 社員募集。年齢・経験を問わず（＝年齢・経験不問）。
2. 古今東西を問わず、親が子を思う情に変わりはない。
3. ことの大小を問わず、必ず私に連絡してくれ。
4. 国の内外を問わず、環境問題は避けて通れない政策課題となっている。
5. 君が望むと望まないとを問わず、事態は私の予想した通りに動いている。

二、〜にかわって／〜にかわり／〜にかえて

自動詞「か（代／替／換）わる」から作られた文型です。「〜にかわって」は、人または国・会社など組織体を表す名詞につくと、「〜の代理として／〜と交代して」という意味を持ちます。その場合は「〜のかわりに」に置き換えられます。しかし、「〜のかわりに」は代用や代償を表す表現がありますが、「〜にかわって」にはありません。

社長のかわりに（・にかわって）専務が挨拶する。

箸のかわりに（×にかわって）スプーンを使う。＜代用＞

先日のかわりに（×にかわって）今日は僕がおごるよ。＜代償＞

§ 例文 §

1. 首相にかわって、外相が外国の来賓を出迎えた。
2. いかにロボットが優秀とはいえ、ロボットが人間にかわって主役になるわけではあるまい。
3. 主催者一同にかわりまして、厚く御礼申し上げます。
4. 21 世紀は欧米にかわり、アジアが世界をリードする時代の幕開けとなるだろう。
5. これをもって、御挨拶にかえさせていただきます。

【問題】

1. アウトソーシングの活用を要因をまとめなさい。
2. アウトソーシングの成功の秘訣をまとめなさい。

第二課　ニーズの識別と理由の整理

アウトソーシング意思決定プロセスの初期の段階で、アウトソーシングの対象業務の優先順位を決めるために自社のアウトソーシングのニーズを整理しておく必要がある。ニーズの整理は、次の３つのステップで進める。

①自社の戦略目標と経営資源への理解

アウトソーシングのニーズと方向性を定義する際には、経営計画や経営資源につい

ての計画、業績評価指標などを全て考慮しなければならない。経営計画で示されるゴールは、プロジェクトの成功を評価する根拠となる。一般原則としては、そのゴールの実現のために必要なコア・コンピタンスとなる業務はアウトソースされるべきではない。しかしながら、社内リソースの状況によっては、外部のアウトソーシングベンダーで優れたところがあれば、その業務をあえてアウトソースする意思決定ができるだろう。

②提供される業務サービスとアウトソーシングを検討する理由の整理

コスト削減、サービスレベルの向上、異なる技術基盤への移行、高度な技術もしくは現在社内で保有していない商品知識・スキルへの対応、特別な業務の実施における社内の人材リソースの不足などといったアウトソーシングを検討する理由の整理を行う。

③中立的な枠組みでのアウトソーシング意思決定プロセスの開始

アウトソーシング対象となっている業務機能の外部からの要因により、アウトソーシングの検討が進められている場合、社内リソースを使うべきか外部リソースを使うべきかの判断は、ビジネスケースの観点のみから正当に評価されるべきである。中立で健全な分析が、経営層への提案と意思決定への強い土台となる。

体系的で構造的なアウトソーシング意思決定プロセスを進めることにより、プロジェクトの遅延を防止し、一定の業務を社内に残す場合を含めトータルでのコストを低減させることができるアウトソーシングの実現へと導く。その上、意思決定プロセスを通じて得られる関係者間のリレーションシップの確立が、迅速なアクションを可能にして、プロジェクトの進行を円滑にする。

次に、対象業務とそこでのアウトソーシングの理由の整理に入る。

①新しいスキルの獲得

ある業務機能について、社内スタッフのスキルセットでは不適合がある場合、将来にわたってその業務機能においては最低限の改善しかできないかもしれない。この業務機能に専門化した、あるいは、この業務機能のマネジメントに強みがあり、よく訓練された経験のあるスタッフを持ち、最新の業務プロセスやテクノロジーを提供してくれるアウトソーシングベンダーにこの業務機能を移管できれば、この問題は解決することができる。設計作業やコンピュータサービスなどの高いスキルレベルを要求する業務機能をアウトソーシングするような場合の最も一般的な理由である。

②優れた管理方法の獲得

社内の業務機能において、管理不足により要求されたレベルが実現できないような場合、このような問題が起きている背景を調べると、例えば、高い離職率、無断欠勤、その結果としての不良品や納品遅延の発生率の増加などが想定される。社内で適切な品質管理者を見つけ出すことが難しい時、この業務機能をベンダーにアウトソーシングすれば、業界でベストで最も実績のある管理者を間接的に獲得することができる。

③戦略的業務への集中

一般的に、企業の管理職は、1日の大半の時間を担当する業務についての子細なオ

ペレーション指示のような仕事に費やしてしまっている。ベンダーに業務をアウトソースして、管理職の仕事のうち業務運営的な仕事を移管することで、経営チームは、マーケットポジショニングや新製品開発などの戦略的な課題に対して、今までよりはるかに時間を費やすことができるようになる。

④コア業務機能の集中

　生き残りの鍵となるような業務機能をごく少数だけしか保有していない企業は、全エネルギーをその業務機能に集中させ、それ以外の業務機能については外部のベンダーに移管してしまいたいと思うだろう。また、企業は、事業の特性の変質に備えて、たとえ現在はコア機能でも将来はその重要性が低下していくような機能はアウトソースしたいと考える。あるいは、企業は、その業務機能の実行について優れたベンダーを見つけたら生き残りの鍵と考えられる業務機能でさえもアウトソーシング対象とする場合がある。このような場合、企業は、外部ベンダーに比べて、自らが実施した方が運営に優れているコア機能のみを社内に残すのである。

⑤業務改善投資の回避

　企業は投資が不十分であったために十分な効果が得られていない業務機能を保有している場合がある。もし、この業務機能を内部に保持し続けようとすれば、いずれは業務の近代化のための大きな投資を迫られることになる。その業務機能をアウトソーシングすることにより、企業は将来にわたりこの投資を回避することができる。

⑥迅速な経営資源拡充への対処

　企業が迅速にマーケットシェアを獲得したい場合など、経営者は業務処理の規模拡大のために身の丈を上回る経営資源が新たに必要となるが、自社だけではなくアウトソーシングベンダーを活用することで、経営資源の急速な拡充が可能となる。企業はそこで浮いた経営資源を重要な業務機能に集中させることが可能となる。

⑦業務オーバーフローへの対処

　自社ではコントロール不能な業務量の繁閑差に対して、業務処理が一時的に過剰負荷になってしまう場合がある。社内要員だけでは業務処理量の要求を満たせなくなっている時、超過した業務を受け止めてくれるアウトソーシングベンダーを常に抱えておくことはコスト的にも有効である。

⑧業務処理量に対する柔軟な対処

　前項目の⑦と類似しているが、ここでのポイントはアウトソーシングベンダーに業務処理の超過分だけを委託するのではなく、業務機能全体をアウトソーシングすることである。処理する必要のある業務量が非常に大きく上下するような時、社内要員の固定費コストの削減を実現し、実際に業務を処理した分だけ費用を支払えばよいような（従量課金）アウトソーシングベンダーに業務を移管するのである。こうすることで固定費を変動費化することが可能となる。

⑨財務指標の抜本的改善

　企業の資産をベンダーに譲渡移管する形での業務機能のアウトソーシングは、企業の資産収益率を向上させる効果を持つ。この指標を最も向上させやすい業務機能は、

たとえば、保守、製造、あるいは、病院内の薬剤部、情報システム部門などである。あるいは、企業活動の効率性を測る指標としてＦＴＥ（Full-time equivalent：業務に従事した延べ時間数、たとえば、週当たり延べ40時間稼動×年52週間=年当たり延べ2080時間稼動）当たりの収益性というものがあるが、分母に当たるＦＴＥを革新的に削減するには、大量の社員を要する営業や製造のような業務機能をアウトソースするという選択肢が考えられる。

⑩組織全体の意識改革

　企業の経営者は、アウトソーシングを取り入れることで不十分なパフォーマンスのままでは、いずれアウトソーシングの対象となることを組織全体に伝えようとすることがある。アウトソーシングが企業に残された社員の意識改革を促すのである。

⑪社内外のパフォーマンス比較

　コストが膨れ上がってパフォーマンスが低下している業務機能に対して、その改善を促すためにアウトソーシングの競争入札を行うことがあるが、その際、その企業の組織も応札候補者に含めることで、社内外で競争させることもある。社内部門は、社外と入札競争することで、一定のサービスレベルとコストについて自らコミットすることを表明する立場に置かれる。これにより、社内部門の入札と外部の入札をパフォーマンス、コストの面から客観的に比較できるようになるのである。アウトソーシングベンダーには予め社内部門も応札することを告知しておく必要があるが、米国ではこのような入札は珍しくない。

⑫コストの削減

　アウトソーシングの目的はコスト削減ばかりではないが、多くの企業は絶えずコスト削減の必要性にさらされており、そこではアウトソーシングが重要な手段となっている。多くの場合で、アウトソーシングベンダーを活用することでコスト削減は可能となるが、全ての場合に当てはまるわけではない。ベンターが、複数の会社の業務を1つの場所で集中的に実施することができる時、あるいは、原料や消耗品の大量一括購買が可能な時に、ベンダーはコストを低減することができる。また、ベンダーが企業から組織ごと（資産）受け入れて、アウトソーシング契約の一部として、その機能（資産）を逆リースすることで企業側はコストを繰り延べることができる。

⑬信用力の向上

　評判の高いアウトソーシングベンダーは、一定レベルの品質とサービスを保証できるため、このような高い名声があり広く知られているベンダーと契約することにより、企業の信用力を向上させることができる場合がある。

⑭アウトソーシングのトレンドへの追従

　多数の企業がアウトソーシングを実施しているからという理由で、自社もアウトソーシングに踏み切ることは一般的に多い。次々に多数の企業がアウトソーシングに踏み切る時、それらのアウトソーシング決定が、そのアウトソーシングのトレンドへの確信を高め、その業務についてはアウトソーシングをすることが常識化する場合がある。

【語彙】

1. 敢えて【あえて】

①しいて。おしきって。②（打消の語を伴って）少しも。一向に。全然。

2. 若しくは【もしくは】

①もしかしたら。ひょっとして。②または。あるいは。もしは。どちらか一つを選択する場合を表す。

3. 土台【どだい】

①木造建築物の最下部にあって上部の重みを支える横材。②物事の基本。もとい。基礎。

4. トータル【total】

①合計。総計。総額。②全体的。総合的。

5. アクション【action】

行動。動作。特に、俳優の演技・身振り。また、格闘など激しい動きの場面。

6. 円滑【えんかつ】

①かどだたず、なめらかなこと。②物事がさしさわりなく行われること。

7. 納品【のうひん】

品物を納入すること。また、その品物。

8. 費やす【ついやす】

財物などを、つかってなくする。消費する。また、浪費する。

9. ポジショニング【positioning】

サッカーやラグビーなどで、相手の攻守の型を見抜いて、自分の位置をとること。

10. 生き残り【いきのこり】

生き残ること。また、その人。

11. 上回る【うわまわる】

ある数量より上になる。

12. オーバーフロー【overflow】

①水などがあふれ出ること。②洗面台・プールなどで、過剰な水の排水口。

③コンピューターで、演算結果などが大きすぎて処理能力の範囲を越えること。

13. 繁閑【はんかん】

いそがしいこととひまなこと。

14. 抜本的【ばっぽんてき】

物事の根本から改めること。

15. パフォーマンス【performance】

①実行。実績。成果。②上演。演奏。演技。

16. 当て嵌まる【あてはまる】

うまくはまる。具合よく合う。適合する。

17. リース【lease】

（賃貸借契約の意）動産または不動産の比較的長期の賃貸。

18. 繰り延べる【くりのべる】

時日や期間をくりさげて後に延ばす。延期する。

19. トレンド【trend】

趨勢。動向。流行。

【表現】

一、～（よ）うとする／～（よ）うとしたところに

　「～（よ）うとする」は何かの動作をしようと試みるという意味で、否定の形は「～（よ）うとはしない／～（よ）うとはしない」です。そして、「～（よ）うとするとき／～（よ）うとするところ／～（よ）うとしたところ」のように時の表現と結びついたときは、動作が始まる直前の場面を表します。

　お風呂に入ろうとするところ　＜服を脱いで風呂に入る直前の場面＞

　お風呂に入るところ　＜入浴準備をしているかどうか不明＞

§　例文　§

1. 僕が出かけようとしたら、電話がかかってきた。

2. 君は僕が何かやろうとすると、いつも水を差すね。

3. 彼は私が声をかけても、振り向こうともしなかった。

4. その男が現れたのは、店じまいも終わり、私が帰り支度をしようとしていたところだった。

5. 政府が新景気対策を発表しようとした矢先に、その銀行の倒産は起こった。

【問題】

1. ニーズの整理は、どのようなステップで進めるのか。

2. 対象業務とのアウトソーシングの理由をまとめなさい。

第三課　導入計画の検討と基盤作り

　得てして大企業のアウトソーシング導入計画では、最低限の戦略的価値しか考慮せず、あるいは、アウトソーシングベンダーの能力が契約要件に達しない時には重大な支障をもたらすということを強く危険視せずにアウトソーシングを開始してしまうというリスクを抱えていることがある。逆に、リスクの低い業務機能からアウトソーシングをスタートし、そこで成功を積み上げた後であれば、企業はより戦略的価値の大きい、高リスクな業務機能をアウトソーシングすることができるようになる。

　たとえば、会計、経理、資材管理、人事などの業務は相対的にアウトソーシングによるリスクは小さい。そのためアウトソーシングベンダーとの信頼関係ができるまでは、これらの業務からアウトソーシングを開始し、その後に、もとコア業務に近い重要機能（情報システム、設計開発、営業マーケティング、広報、製造、顧客サービス、

コールセンターなど）のアウトソーシングへと移行することが望ましい。

外部のリソースを活用することが価値ある選択肢であると決定した場合は、次に、内部リソースと外部リソースを比較するためのコスト効果分析を行う。外部スタッフを用いるべきか、内部スタッフを用いるべきかという意思決定で問題が生じるケースの大半は、事前にアウトソーシングの期待効果についての議論が十分になされなかった時に起きている。また、アウトソーシングでどのような効果が期待できるのかを議論するためには、たとえば、下記に指摘するような事前の検討準備が必要である。

＜アウトソーシング導入計画を成功させるための準備＞
●企業のゴールや目的についてベンダーとの会話を深める
●戦略的にアウトソーシングのビジョンと計画を練る
●適切なベンダーを選ぶためのベンダー審査を綿密に行う
●ベンダーとの契約を適切に策定する
●アウトソーシングの導入で影響を受ける人の異動、組織改編の可能性をオープンにする
●計画検討に際して経営者の支援と巻き込みを確実にする
●アウトソーシング導入により発生する人事問題に十分留意する
●パフォーマンス指標とアウトソーシングの財務的な妥当性を検証する

アウトソーシングに成功した企業は、アウトソーシングベンダーとの強固な関係を築き、ハイレベルな戦略レビューを行い、パフォーマンス測定や顧客満足度といった評価指標に支えられた継続的・効率的な改善の仕組みを持っている。

①アウトソーシング移管すべき業務プロセスの選定

企業がアウトソーシングを行うに当たって直面する最も難しい課題の１つが、どの業務をアウトソースすればよいのかという判断である。企業にとって収益をもたらしている業務は必ずしもアウトソースする必要はない。対象の業務プロセスの標準化の度合い、企業の戦略目標を直接実現するような業務かどうか、変化への適応性が求められるかどうか、コンプライアンスのリスクが大きいかどうか、業務で使われているテクノロジー水準が高いかどうかといった要素に目を向ける必要がある。

アウトソーシングベンダーが、業務の再構築や業務改革を効率的に行うためには、事前に業務プロセスを整備しておくことが大切で、その結果、投資対効果（ＲＯＩ）や全体の品質を向上させることが可能となるのである。

どの業務プロセスを移管するかを決定する際には、実際のアウトソーシングベンダーとともに検討を重ねることが重要である。ある業務でアウトソーシング移管可能であると言うこと自体は簡単なことであるが、その決定の後遺症（移管後のトラブル処理）に悩まされることを想像すれば、業務の移管軽々に決定すべきものではない。

②ビジョンの共有から始める

ビジョンの共有は、アウトソーシングを行う上での最初のステップである。以前は、コスト削減や人員削減がアウトソーシングの最も一般的な理由だったが、近年では、

アウトソーシングの狙いがより戦略的になり、自社のコアとなる付加価値の高い活動に集中するため、という狙いに変わってきている。このように、目的が戦略的になっていることから、アウトソーシングの取り組みは、経営のトップマネジメントがリードすべきものになりつつある。トップマネジメントには、アウトソーシングの目的や期待効果、そのプロジェクトが組織にどのようなメリットをもたらすのかを伝えなければならない。そのようなアウトソーシングの取り組みに対するリードの下に、ベンダーの選定やパートナーシップの継続的な維持管理において、より良い成果が実現できる。アウトソーシングのビジョンは、最初のステップである目標設定から、契約交渉、維持管理にわたるまで、全ての段階で意味を持つようになる。

　共有されたビジョンをベースに、アウトソーシングの顧客企業とベンダーは、良好なパートナーシップを共に築こうと努力する。顧客企業は、委託業務に対する現実的な要件を定義し、ベンダーは、顧客企業がより高い価値を享受する支援を行う。お互いを深く知り理解するための投資が必要なのである。このプロセスは、お互いの企業について理解し、契約範囲のイメージを掴むために、最初は非公式な交渉や打合せをベースに行われることになる。

③効果的な評価指標を設定する

　評価指標を設定するということには、パフォーマンスを上回った場合のインセンティブの支払い、下回った場合のペナルティなど、ベンダーのパフォーマンスを維持し、高品質のサービスを担保する効果がある。

　評価指標を設定する際、業務のインプットの状況を無視してアウトプットのみで要求水準を設定したり、評価指標に業界標準を単純に適用したりすることが見られるが、それでは実益的な指標とはいえない。また、基準を必要以上に厳しく設定してみる傾向が見られる。例えば、買掛金の処理全体に7日間を確保しているのに、委託業務の納期は48時間以内を要求している、といった例である。また、評価基準は、時とともに変えていくべきであり、通常は、徐々に少しずつ基準を厳しくしていくものである。

④明確なコミュニケーション・メカニズムの構築

　アウトソーシング先であるベンダー企業と、どのようにコミュニケーションを取っていくかは、契約内容や提供されるサービスの複雑さによって変わる。たとえば、清掃やケータリング、配送管理など、単純な特定のサービスであれば、日次での作業連絡、作業実績報告、請求といったコミュニケーションが行われれば十分である。しかし、提供されるサービスが複雑さを増すにつれ、より深いコミュニケーションが必要となる。その内容は、サービス提供計画の共同立案、発生した問題への対処、業務プロセスの刷新や変更の提案に関する議論、要員変更の連絡といったものが含まれる。さらに、このような内容のコミュニケーションを補完するため、評価指標についての実績値、請求金額、発生した問題と対策などを報告する月次での定例報告が行われるべきである。

⑤不測の事態を予測する

アウトソーシングのベンダー企業との効果的なコミュニケーションの構築に努力したとしても、場合によってはベンダー企業との関係が壊れてしまうこともある。そのような事態に陥った場合のコンティンジエンジー・プラン（不測の事態への対応策）を事前に練っておくことが必要である。

あくまで、アウトソーシングはそれ自体が目的なのではなく、管理手法として利用されなければならないものである。アウトソーシング・プロセスの推進中には、成功に到達するために、いくつか重大な課題に直面することがある。課題とは、組織の潜在的な問題があぶりだされたり、人事面や言動面を配慮したり、資産や裁量の移譲を検討したり、契約交渉を行ったり、また政治的な障害を克服するといったような内容である。成功しているアウトソーシングベンダーは、これらの課題が、委託元企業の想定や業務にどのような影響を与えるかという点を非常によく知っているものである。

【語彙】

1. 支障【ししょう】
さしさわり。さしつかえ。故障。

2. 練る【ねる】
①学問・技芸をみがく。心身を鍛える。修養をつむ。
②推敲する。何度も考えて一層よくする。

3. レビュー【review】
①批評。評論。書評。②評論雑誌。

4. 度合【どあい】
ほどあい。程度。

5. コンプライアンス【compliance】
（要求・命令などへの）承諾。追従。

6. 軽々【かるがる】
軽く見えるさま。かるそうなさま。たやすそうなさま。かろがろ。

7. ビジョン【vision】
①視覚。幻影。②心に描く像。未来像。展望。見通し。

8. インセンティブ【incentive】
誘因。目標を達成するための刺激。売り上げ報奨金。

9. ペナルティ【penalty】
（運動競技などで）反則に対する罰。罰則。罰金。

10. インプット【input】
入力。

11. ケータリング【catering】
出前・宅配サービス・出張料理など、飲食店以外の場所に料理や飲料を運び提供する

こと。

12. コンティンジエンジー【contingency】

現にあるがままである必然性がなく、他のようでもありうること。偶発性。不確定性。

【問題】

1. アウトソーシング導入計画を成功させるための準備をまとめなさい。

2. アウトソーシングに成功した企業はどのような効率的な改善の仕組みを持っているのか。

第四課　コスト・効果・リスクの評価

（1）アウトソーシングのコスト効果分析

　コスト効果分析はあらゆるアウトソーシングプロジェクトにおける意思決定に際してきわめて重要な意味を持つ。定量面及び定性面の両方の測定を用いた分析が、アウトソーシングが会社の目標を支援することに最も効果的な手段かどうかを判断することに役立つ。

　当然ながら、単純にコストだけを比較するのでは意味はない。その対価である利益（メリット）を十分に検討しなければならない。準備時間の投入が大きいアウトソーシングの方が初期コストは相対的に高くとも圧倒的に利益が大きく、トータルで見たコスト効果としては断然優れているという場合がある。つまり、アウトソーシングから得られる利益についての考察は、それに投入するコスト分析以上に重要な場合がある。ベンダーからの提案に記載されている費用だけでその提案の優劣を判断してはならないのである。

　しかし、同時に、利益を考察するには、その前提として利益の目標を測定する尺度が定義されていることが必要で、また、ベンダーからの提案にはその利益に対する信頼できる情報が記載されていることが必要である。それらについての明確な文書上の記載がなければその提案の正当性を判断することはできない。

（2）アウトソーシングのコスト効果の評価基準

　コスト効果の分析に先立ち、アウトソーシングのタイプ（例えば、過渡的であるか、あるいは部分アウトソーシングであるか）、及び、アウトソーシングの目標について再確認しておくことが必要である。これらを踏まえて、コスト効果分析として評価すべき項目がより明確化され、さらに項目の重み付けができる。以下に、アウトソーシングに関する定量面や定性面での考慮事項を挙げておく。

①定量的なアウトソーシング評価における検討事項

　アウトソーシングの決定は、複数の理由によってなされるわけであるが、その中でもコスト削減を最大の理由とする場合は依然として多い。しかし、コスト削減は必ずしも全てが明示化されるわけではない。例えば、データセンターをアウトソーシング

によって統合する場合、データセンターの運用コストは下がるが、逆に、システムア
プリケーションの開発については社内で実施するよりも外部を使うことでコストは
上昇する。したがって、このような場合は、コスト削減をメインの目的とするのでは
なく、最新のデータセンター技術やその要員の確保を目的とする傾向がある。

　また、コスト削減とは異なるコスト回避という概念もある。コスト回避とは、急速
な技術革新に対する投資や納期に間に合わせるために至急必要となる追加費用など、
将来、あるいは、予期せぬ追加リソースの投入を回避することを意味する。顧客企業
の中ですでに稼働が始まっている業務の中で、アウトソーシングをすることでこのよ
うな追加リソースの投入を回避できるものがあれば、そこでも効果が想定される場合
は、それを潜在的利益として認定する必要がある。

　最後に、アウトソーシング利用と社内人材リソースの利用を比較する際に、双方の
選択肢とも、マネジメントコストについて考慮し忘れないように注意したい。プロジ
ェクトマネージャーが社内から任命される場合、あるいは、マネージャーがベンダー
側から任命されるとしてもコミュニケーションのための社内の担当者は存在するわ
けであるから、そのコストも含めるべきである。

②定性的なアウトソーシング評価における検討事項

　アウトソーシングの定性的評価の主な視点は、時間、リスク、スタッフ配置である。
たとえば、プロジェクトにおいて、リソースが社内では調達できないなどの理由でプ
ロジェクトの期日に間に合わないことがあるとすると、仮に、アウトソーシングに伴
うコスト増があったとしても、スケジュールを守るために社内リソースの活用ではな
くアウトソーシングを採用する意思決定がなされることもある。

　プロジェクトが完遂できるかどうかというリスクもある。プロジェクトをアウトソ
ーシングしても顧客側のニーズに応えられないこともあり得る。ニーズの中でも重要
なものについてはもし万一それが満たされなかった時に備えて、契約の中では、クリ
ティカルなニーズについては明確に記載しておく必要がある。

　リスクの評価方法は、リスクの識別、リスクの内容理解、リスクの優先順位付け、
リスク対策の実施の4段階のプロセスからなる。

③人材配置

　コスト対効果の分析においては人材配置に関わる問題が大変重要となる。アウトソ
ーシングは社内のかなりの範囲の社員へ影響を及ぼす。導入支援に従事する社員の業
務過多に注意し、アウトソーシングの導入後の人材再配置で影響を受ける人々への対
処を考え、残された社員のモラルにも気を配る必要がある。一方、ベンダーの要員配
置についても投入される要員のスキルの見極め、万一、仕様変更があった時に柔軟に
新しい要員が補給されるかどうかの確認が必要である。また、アウトソーシングによ
ってベンダーの業務知識を吸収する場合はあらかじめ社員へ知識の移転をどう進め
るかの計画を作っておく必要がある。

【語彙】

1. 対価【たいか】

ある給付の代償として相手方から受けるもの。代金・報酬・賃料・給与の類。

2. トータル【total】

①合計。総計。総額。②全体的。総合的。

3. アプリケーション【application】

（適用・応用の意）アプリケーション - プログラムの略。コンピューターで、使用者の業務に応じて作成されたプログラム。

4. メイン【main】

主要なこと。主要なもの。

5. 納期【のうき】

金や品物を納入する時期、または期限。

6. 稼働【かどう】

①かせぎはたらくこと。生産に従事すること。②機械を動かすこと。

7. 完遂【かんすい】

完全に遂行すること。やりとげること。

8. クリティカル【critical】

①批判的。②きわどいさま。危機的。

9. モラル【moral イギリス・ morale フランス】

①道徳。倫理。習俗。②道徳を単に一般的な規律としてではなく、自己の生き方と密着させて具象化したところに生れる思想や態度。

【表現】

一、～に際して／～に際し／～に際しての

　「～に際して」は「～するすぐ直前」を表し、「～に当たって」や「～に先だって」とほぼ同義表現です。そして、「開会に際して（・に当たって）一言ご挨拶を申し上げます」のようにどちらも使える用例も多いのですが、「～に際して」はより直前の行為を表す気持ちが強いので、下例のような時間にに幅がある例では不自然になります。

　　旅行 　○　に当たって

　　　　　　○　に先立って

　　　　　　×　に際して

　　　　　　何日もかけて綿密な計画を立てた。

§　例文　§

1. 入居に際し隣近所に挨拶回りをするのは日本人の習慣だ。

2. 卒業式を始めるに際しまして、当学院を代表して校長先生から祝辞をいただきます。

3. 出国するに際して、税関で所持品の検査を受けた。

4. 受験に際しての注意事項が書いてありますから、御一読ください。

5.君を部長に推薦するに際しては、僕も色々と骨を折ったことを忘れるなよ。

二、～に先立って／～に先立ち

　「～に先立って／～に先立ち」は「～に当たって」とほぼ同義表現で相互に置き換えられる表現ですが、「～に先立って」は事前の準備という意味が強く、「～に先立って～ておく」と呼応することが多いでしょう。

§ 例文 §

1.披露宴を始めるに先立ちまして、媒酌人でもある社長から、お祝いの言葉をいただきたいと存じます。

2.出発に先立ち、忘れ物はないか、各自点検してほしい。

3.開演に先立ち、主催者を代表してご挨拶申し上げます。

4.明日の決勝戦に先立って、もう一度、作戦について意思統一を図りたい。

5.日本はアジア諸国に先立って非軍事平和国家の道を進み、模範となるべきだ。

三、～に関わらず／～に関わる

　「～に関（かか）わる」は「～に関係する／～に影響する」という意味の語ですから、「～に関わらず／～に関わりなく」は「～に関係なく／～に影響されずに」という意味を表します。

§ 例文 §

1.命に関わるような病気じゃないから、安心してくれ。

2.こと米の自由化問題は、わが国の食糧自給政策に関わるもので、工業製品と同一視するのは間違いだ。

3.国籍・年齢・性別に関わらず、有能な人材は登用する。

4.会社の業績の良し悪しに関わりなく、最低限の生活ができる賃金は保障してもらいたい。

5.君が反対かどうかに関わらず、組織の大勢は既に決している。

【問題】
アウトソーシングに関する定量面や定性面での考慮事項を挙げなさい。

第三節　アウトソーシングベンダーの選択

第一課　選択の手順

　多くの有能なアウトソーシングベンダーがいる。様々な規模や種類がある。アウトソーシング業界の上位プレイヤーはフルサービスの提供（ありとあらゆるアウトソーシングサービスを提供）を標榜し大きな組織を有している。中規模プレイヤーは、ある分野に特化した最善の組合せのサービスを提供しており、上位プレイヤーより組織は小さいが、戦略的なベンダーと位置付けれている。ＢＰＯベンダーの賢い選択をするには、企業が向かうべき事業が何であるか、どのベンダーが目標の実現や利益を改善するかという検討が必要となる。この重要な決定をするためには以下の手順で包括的な検討のできる体制を作り上げなくてはならない。
　①ＢＰＯベンダーを選定するチームを招集する
　②ＢＰＯベンダーの情報を集めるために、ＲＦＩ（情報提供依頼書）を出す
　③現実的なスケジュールを設定する
　④条件概要書を作成
　⑤現時点の目的や作業を定義し評価する
　⑥入札要求を出す前に評価基準や重み付けの定義を行う
　⑦ＲＥＰ（提案依頼書）を準備する
　⑧入札を実施する
　⑨ベンダーを選定する
　業界には無数のアウトソーシングベンダーが存在しているが、そのタイプは、大きくフルアウトソーシングと機能特化型のアウトソーシングという２つのカテゴリーに分けることができる。もし、依頼元企業の目的が、社内スタッフをコア業務に集中させてアウトソーシングベンダーには日常業務を任せたいのであれば、フルアウトソーシングベンダーを選択すべきであろう。一方、その企業の目指すべきゴールが、ベンダーを特定のビジネスプロセスに組み入れたいのであれば、より小規模だが専門性に優れる機能特化型のベンダー候補を探す必要がある。さらに、いくつかのプロジェクトが時間とともに、あるアウトソーシングベンダーにとって大きすぎるようになった場合は、特定のニーズごとに最良のサービスを提供できるベンダーを組み合わせたベンダー連合を検討しなければならない。
　当然ながら、アウトソーシング対象プロセスの選定は、それぞれの依頼元企業が考えるアウトソーシングの優先度に基づいて行われ、例えばコスト削減が狙いであれば、フルサービスのベンダーはアウトソーシングの量的規模に応じてトランザクション当たりの最低コストを提示してくるわけだが、どこまでが許容できる下限値としてお

くかを予め決めておく必要がある。

　アウトソーシングすることが最も有益なプロセスとはどこかを特定することも必要だが、これは最も難しい判断が求められるものである。企業は単純に最もコストを節約できるプロセスはどこかだけを考えるのではなく、業務の標準化度合い、コア業務との関連性、経営のコミットメントレベルとの関連、変化への対応力の担保、コンプライアンス、そのプロセスに内在する技術の質などを勘案しなければならない。

【語彙】

1. ベンダー【vendor；vender】
①自動販売機。ベンディング-マシン。②売り手。販売店。
2. フル【full】
いっぱいであるさま。全部。十分。
3. 標榜【しるしふだ】
目標としてのたてふだ。
4. カテゴリー【Kategorie ドイツ】
範疇。
5. 組み合わせる【くみあわせる】
二つあるいは二つ以上のものを合わせて一組みにする。取り合わせる。くみあわす。
6. トランザクション【transaction】
オンライン-システムなどで、端末装置などから入力される意味をもったデータ，あるいは処理要求。
7. 許容【きょよう】
許しいれること。許すこと。
8. コミットメント【commitment】
①かかわりあい。関与。②誓約。公約。言質。
9. 勘案【かんあん】
いろいろと考え合わせること。

【表現】

一、〜と共に

　「共」という語は複数の事物が一つになっていることを表す語で、ここから「〜と共に」は、例文1、2のように「〜と同時に」や、例文3のように「〜と一緒に」を表す用法が生まれます。文法上大切なのは例文4、5のように「〜とともに」が動詞の原形や変化を意味する名詞について、「Aが変化すのと平行してBが変化する」という「〜につれて／〜に伴って」とほぼ同義の比例変化の表現を作ることでしょう。これは話し言葉にもにも書き言葉にも多く使われていますが、「〜とともに」はAとBの同時に進行する変化を表す点に特徴があります。

§　例文　§

1.彼女は主婦であると共に、小説家としても活躍している。＜～であると同時に～である＞

2.日本では、結婚と共に退職する女性はまだ多い。＜～と同時に＞

3.家族と共に暮らせる日を待ち望んでいます。＜～と一緒に＞

4.心の傷も時が経つと共に、やがて薄らいでいくものだ。

5.交通手段や情報手段が発達すると共に、世界はますます狭くなっていく。

【問題】

　ＢＰＯベンダーの賢い選択をするには、どのような手順で討論するのか。

第二課　ロングリスト、ＲＦＩとショートリストの作成

　リスト作成を始める際には、まず、現在付き合いのあるベンダーについて、これから依頼する要件を満たす能力、資格があるかどうか、あるいは自社との取引について熱心かどうかを検討する。また、特に、そのベンダーが第三者のベンダーとサービス提供について提携関係を結んでいる場合は、その提携先が長期的に信頼できるところかどうかまでを確認する必要がある。

　自社が期待するニーズに応えてくれるベンダーを探す道に近道はなく、多くのベンダー候補を１つひとつ調べていく以外に方法はない。経験則的には、ロングリストでは、ベンダー選定チームの人数分の候補ベンダーを選び、それに基づき、ベンダー選定チームの各メンバーが１社ずつを担当する。その選定チームのメンバー構成は、幅広い視点からの議論を行うために、技術、企画、財務などの各部門、また、担当者レベルと管理職レベルという混成チームとすることが望ましいだろう。

　ロングリストを作成した後に、リスト上のすべてのベンダーに情報提供依頼書（ＲＦＩ）を送る。ＲＦＩ提出の期限を設定し、ベンダー候補を精査するに適した提案書のフォーマットを指定する。それによって絞り込まれたベンダー候補に対して提案依頼書（ＲＥＰ）を発行するが、それに対する返答期限は４～６週間が一般的であろう。入札に至るまでにはＲＦＩについての質問を受け付ける、あるいは、提案内容についてディスカッションに応じるなどの対応が求められる。

　提案書を受領してからは、まずは、各ベンダーの能力について評価を行う。たとえば、これからのアウトソーシング業界の変化の中で生き残っていけるか、アウトソーシングを成功させるための優秀な人材と組織を持っているか、自社の要求に対してどの程度までコミットをしてくれるかなどを、提案書に記載されている戦略や戦術、保有機能、コスト、サービス体制などに基づいて検討を行う。その結果を受けて、最も有望な数社（ショートリスト）を絞り込むことになる。その際には、

　　●対象となっているベンダーは今後の市場競争に生き残れるかどうか

　　●成功できるだけの有能な人材と組織を有しているかどうか

　　●自社の企業規模に相応しいサービスを有しているかどうか
を検討することが必要だろう。

　　このような比較検討を経て、2、3 社のショートリストが作成され、そこでの能力評価の結果によって我々もどのレベルのアウトソーシングを発注できるかを検討できることになる。

　　ショートリストに残ったベンダー候補については、下記の要件が充足されているか再確認するとよい。

　　●自社に該当する業種、企業規模に対するサービス実績、あるいは、自社で活用を検討している特定のサービスについて十分な実績があるか

　　●どの程度の顧客を抱え、過去 1 年から 1 年半でその顧客はどの程度増えているか

　　●自社のサービス委託額が同社の売上全体に占める割合は 25% 以下か（ベンダーから見た重要度）

　　●ベンダーのパートナー企業の品質は十分か

　　さて、その後、ショートリストに残ったベンダー候補からプレゼンテーションを受けることになる。プレゼンテーションでは、たとえば、サービス能力、企業文化の適合、コストについて特に詳しい説明を求めるべきである。その際には以下のような点に留意するとよいだろう。

　　●ベンダー候補の営業担当者のソリューションについての説明を聞くというよりも、自社が必要としている課題解決に対する要求について説明を求める

　　●自社が求める課題解決に対する的確なソリューションを言及しているかどうかを見定める

　　●あくまでも競争入札プロセスを志向する

　　●価格、リスク低減、長期契約の担保などにおいて十分に交渉すべきであり、その際にある程度の支出があるとしてもよりよい契約を勝ち得るためにはベンダーとの交渉時にコンサルタントを活用することを検討する

　　●契約期間中の事業者のパフォーマンスを監視するためのプロセスを設けることを提案する

　　ショートリストが作成された後に、各ベンダー候補企業とインタビューを行うことができれば次の点を確認するとよい。

　　●経営資源をどこに重点配置しているか

　　●顧客からの評判はどうか

　　●自社の企業文化とフィットするか

　　インタビューとは別にベンダー候補企業を訪問し、場合によっては、発注後に一緒に働く人材と面談、あるいは、ベンダーのデータセンターを視察し、こちらからの質問にどのような反応を示すかを十分な注意を払って聴取したい。このプロセスを経て、ベンダー候補を絞り込み、どの範囲までアウトソーシングができるかという判断ができるようになるだろう。最終的に選ばれる候補者は、発注元が保有するハードウェア、技術に精通し、関連する過去の実績を持ち、さらに、発注元の企業文化とフィットす

る組織を持つところとなるだろう。

　ＲＦＰを交付した後、最終的な候補者からＲＦＰで明記されたサービスレベル、費用などについて提案書の提出、さらに発注元のプロジェクトチームは候補者からプレゼンテーションを受けることになる。その際には以下の点について確認するとよい。

●常駐チームとのコミュニケーションをどう管理しようとしているか
●ベンダーの事業所は自社（サービスが提供されるサイト）に近いかどうか
●将来の様々な条件変化に対してどう柔軟に対応できるか

　単一のベンダーではなく、複数のベンダーにアウトソーシングを依頼する場合は、全てのベンダーと面談し、個別の目標ではなく、ベンダーがチームとして達成すべき最終的な目標についてどのようなサービスを提供しようとしているかを確認すべきである。もし、そのベンダーが最終的な目標ではなく、個別の自らの責任範囲のみのサービスにしか関心を示さないのだとすればそのベンダーを選択することはリスクを伴うことになるだろう。

【語彙】

1. ロング【long】
長いさま。長距離。長期間。

2. リスト【list】
目録。名簿。一覧表。

3. 望ましい【のぞましい】
そうあってほしい。このましい。ねがわしい。

4. 精査【せいさ】
くわしく調査すること。

5. 絞り込む【しぼりこむ】
①物をしぼって出した汁などを中に入れる。②対象の範囲をせばめて行き、限定する。

6. ディスカッション【discussion】
討議。討論。

7. 生き残る【いきのこる】
死なないで生存して残る。特に、危険な経験などで、もう少しで死んでしまうところを死なずにすむ。

8. 相応しい【ふさわしい】
相応している。つりあっている。よく似合っている。

9. ショート【short】
短いこと。

10. 発注【はっちゅう】
注文を発すること。

11. プレゼンテーション【presentation】
提示。発表。特に、広告会社が広告主に対して行う宣伝計画の提案。プレゼン。

12. ソリューション【solution】
溶解。溶体。溶液。
13. コンサルタント【consultant】
企業経営・管理の技術などについて、指導・助言をする専門家。相談役。
14. フィット【fit】
適合すること。特に、洋服が身体や感覚にぴったり合うこと。
15. ハードウェア【hardware】
(金物かなものの意) コンピューター - システムで、トランジスター・集積回路などから組み立てた計算機自体を、情報媒体に記録されたプログラム (ソフトウェア) と区別して呼ぶ語。放送のための設備、録音・録画のための装置などもいう。ハード。↔ソフトウェア。

【表現】

一、～かどうか／～か否か

　「～か否か」は文語表現で、口語の「～かどうか」と同義です。また例文5のように「（～かどうか／～か否か／～如何）にかかっている」の形もよく使われますが、この「～にかかっている」は「～によって決まる」を意味します。

　合格するかどうか（・か否か）は、努力するか（・か否か）にかかっている。

§ 例文 §

1. それが事実かどうか、調査する必要がある。
2. 賛成か否か、自分の意見をはっきり言いなさい。どっちつかずは卑怯です。
3. 原発を存続させるか否かをめぐって、国論は真っ二つに割れている。
4. やるか否かは、状況如何にかかっている。
5. この製品が売れるかどうかは、宣伝が充分かどうかにかかっている。

【問題】

　ロングリスト、ＲＦＩとショートリストを作成するには、別々どのような要点があるのか。

第三課　企業文化の相性

　アウトソーシングベンダーを選択する際には、自らの企業文化とそのベンダーの相性がいいかどうかを慎重に検討する必要がある。実際に相性がいいかどうかを判断するのは難しい作業である。そのベンダーがどのように業務に取り組んでいるか、顧客企業との連携をどのように進めているか、そのベンダーの社員の評判はどうか、身なりやオフィスの雰囲気はどうかなど、直感に頼らざるを得ないことも多いが、このような相手の企業文化についての理解に努力する必要がある。意外と社員の服装や態度という非言語的な要素から相性の良し悪しが推定できることもある。

110

　企業文化を読み取る上で、トップダウンか、ボトムアップかという点にも注目したい。何かの問題が発生したとき、それについて誰が意思決定しているか、つまり、本社の管理職でなければ決定ができないのか、現場の担当者レベルでも決定がなされているかを調べてみるのもよいだろう。

　ベンダー企業の企業文化を理解するためには以下のような点に留意するとよいだろう。

　●チャレンジすること、リスクをテイクすることが奨励されているか、あるいは、可もなく不可もなくリスクを回避することが奨励されているか

　●業務の中身（質）が重視されているか、あるいは、業務を完了させることが重視されているか

　●社員同士が協力し合い、社員それぞれが重視されているか、あるいは、最終利益ばかりが重視されているか

　●独創的なアイデアを持つ社員が報いられているか、あるいは、そういう社員も扱いは他の社員と同等で均一な行動が強調されているか

　●社風はフォーマルか、あるいは、カジュアルか

　アウトソーシングベンダーの企業文化は、顧客企業のそれと完全に合致する必要はないが、得てして、両者が対立する局面では双方の企業文化の相違がその背景に存在することもある。スムーズに仕事が進む限り問題はないが、そうでないことを想定すると、個人であれ、業務であれ、両者が努力をして相手に合わせるような調整を心がけることが必要である。

【語彙】

1. 相性【あいしょう】
共に何かをする時、自分にとってやりやすいかどうかの相手方の性質。

2. 良し悪し【よしあし】
善いことと悪いこと。よいかわるいか。ぜんあく。

3. 読み取る【よみとる】
①読んで内容を理解する。②表面にあらわれている事柄から、隠れている本質や意味を推しはかる。

4. トップダウン【top - down】
企業経営などで、組織の上層部が業務の意思決定をし、上層部から下部へ指示する管理方式。

5. ボトムアップ【bottom - up】
企業経営などで、下部から上層部への発議で意思決定が行われる管理方式。

6. チャレンジ【challenge】
挑戦。

7. テイク【take】

（手に取る意）映画や音楽で、1回分の撮影・録音。

可もなく不可もなく【かもなくふかもなく】

特によくもわるくもない。平凡・普通であること。

8. 報いる【むくいる】

①受けた恩義・行為に対して、相応のことを返す。②受けた害や行為に対して仕返しをする。返報する。報復する。③報酬を払う。

9. フォーマル【formal】

①形式的。公式的。②正式。礼式。儀礼的。

10. カジュアル【casual】

（衣服が）日常的・実用的で気軽なさま。

11. 合致【がっち】

ぴったりあうこと。一致。

12. スムーズ【smooth】

なめらかなさま。物事や動作が円滑に進むさま。スムース。

【表現】

一、〜限り（は）／〜ない限り（は）

　「〜限り」は仮定と既定（理由）の接続助詞の働きをします。仮定の時は「〜する間は絶対〜」、既定の時は「〜からには」や「〜以上」と同様に「〜だから、必ず〜」を表す理由の表現になります。

§ 例文 §

1. 生きている限り、先生から受けた御恩を忘れることはありません。
2. 戦争が続く限り、人類の悲劇は終わらないだろう。
3. 土下座でもして謝らない限り、決して彼を許さない。
4. 相手方が非を認め賠償金を支払わない限り、我々は告訴することも辞さない。
5. 彼は頑固だから、よほどのことがない限り、自分の説を変えることはないだろう。

【問題】

　ベンダー企業の企業文化を理解するためにはどのような点に留意すべきなのか。

第四課　契約ステップ

　ベンダーが選定されてからは、当該アウトソーシング業務についての契約締結のプロセルに入るが、そこでも契約締結に至るまでには多岐にわたる検討や交渉が必要となる。

フェーズ1　顧客企業とベンダーの期待値のすり合わせ

この段階でのゴールは以下の3点である。

●経営がアウトソーシングに期待するニーズを両者で合意する

●実現可能なアウトソーシングサービスのタイプを決定する

●お互いの期待値に基づいて生産的な協力関係が構築できるプロセスを検討する

フェーズ2　アウトソーシングのガバナンス方法の明確化

アウトソーシングの対象領域、サービス内容が決定した後に、顧客企業は、アウトソーシングベンダーのサービスを管理し、ベンダーの協力を取り付け、よりよいサービスとしていくためのベンダーとのコミュニケーション方法、サービス内容の事後レビューなどの方法を検討する必要がある。アウトソーシングを成功させるためにはきわめて重要な検討であり、このフェーズではたとえば下記のような議論をベンダーと行うべきである。

●サービスの期待レベルについて顧客企業はどのようにベンダーに伝達しているか、そのために何をベンダーに提供するか

●サービスのモニタリングの方法をどうするか、モニタリングのターゲットをどう設定するか、モニタリング手法が確立されるまでをどう管理するか

●コミュニケーション方法について、顧客企業がサービス内容をチェックし、課題解決に向けて改善が必要な場合の協議のプロセスをどうするか、また、報告の頻度、内容、形式はどうするか、海外ベンダーの場合は緊急時の問題解決の準備をどうするか

●サービス対象や内容を変更する場合の手続きをどうするか

●契約の修正について、顧客企業のニーズに対応するための契約の変更が可能な条件をどう設定するか

●契約の完了について、どのような条件で契約が完了するか、顧客企業に対してベンダーは契約完了するためにどのような手続きが必要か、完了に際してコスト的な対処が必要なケースをどうするか

フェーズ3　サービス価格の決定

価格の決定プロセスは大変デリケートなものであるが、一般的に、アウトソーシングは複数年契約で、金額も数百万ドルから数十億ドルに及ぶものとなるため合意を得ることは容易ではない。さらに、顧客企業側の人員や設備をベンダーが買い取る場合はその資産の査定に基づく買収価格、それらの資産の移管、ベンダー側の体制への統合などに要する費用などの考慮が必要となる。

一般的にアウトソーシングの価格は固定費と変動費に基づいて計算される。固定費においては、ベンダーは顧客企業へ一定のコスト1の支払いを要求する一方で、将来発生するコストの変動のリスクを負うことにもなる。顧客企業側にとっては費用を確定する上で固定部分の費用は大変重要な意味を持つ。しかし、顧客企業側が過度に固

定費を抑えようとすれば、ベンダー側は契約外の業務には一切応じないというように柔軟性に欠ける対応を招くこともあり得る。将来の業務の変化、技術の変化を想定して顧客企業とベンダー双方が合意形成することが求められる。

いずれにしても、洗練されたアウトソーシングサービスを受けるためには、リスクの共有、固定費と変動費の合理的な峻別に基づく価格設定が必要である。リスクの共有という点は、ベンダーが心から顧客企業の組織のために協力を惜しまない関係となる上でも重要なポイントとなる。

フェーズ4　サービスレベル合意書（ＳＬＡ）の設定

ＳＬＡにおいては、期待成果を定義すると同時に、その成果を顧客企業とベンダーの双方がどう評価、判定するかを明らかにすることが重要なポイントになる。ＳＬＡは法的、あるいは、技術的な専門化によって内容が検討されるものと考えられやすいが、それよりも重要なのはそのような詳細的な議論以前の問題、つまり、評価の対象とする成果をどの範囲までにするか、そこでの成果の測定方法をどのようにするかを顧客企業とベンダー双方が納得できるレベルまで徹底して議論することにある。なぜならば、アウトソーシングにおける失敗事例の大半は測定する成果の定義に問題がある、あるいは、測定方法があいまいになっていることに問題が所在するからである。

実際のＳＬＡは、サービスの開始と終了の日程、成果レビューのスケジュール、そこで報告される成果についての記載項目などから構成される。また、サービス提供の範囲については以下の4点が骨子として記載される。

●提供される人的リソース、設備・インフラ
●提供されるサービスのタイプ
●ベンダー自身が決定できる事項
●顧客企業が決定する事項

加えて、下記のような費用の明細、あるいは、ペナルティ（賠償金等）、報奨金についても明らかにすべきである。

●タスク・期間毎の金額
●業務量毎の金額
●提供されるサービスの質毎の金額
●成果が期待以上、あるいは、期待以下の時の金額

また、アウトソーシングの成果を測る評価指標については以下のように検討する必要がある。

●サービスを経営の視点で見て評価する指標
●問題発見や対策立案などの能力について評価する指標
●以上のように検討された評価指標から個々のサービス毎に一つ、2つの指標を選択

フェーズ5　補完的なアウトソーシングサービスの検討

　信頼性と生産性が高いアウトソーシングを実現するには、複数のサービスを補完的に使うということを検討する必要もあるだろう。たとえば、複雑な業務であれば、それを1社のベンダーにアウトソーシングをしてしまうのではなく、ボーイング、モトローラ、P＆Gのような大企業のように業務のタイプ別に最善のベンダーを選択するという方法もあり得る。ただし、その場合はメリットがある反面、どのベンダーのサービスをどう組み合わせるのが戦略的に正しい選択かを判断し、また、それらのサービスの連携を管理するという難しいマネジメントが求められることになる。

　複数のベンダーとの契約を駆使してアウトソーシングを受ける企業は、より多くの専門性を獲得したい、より広範な地域でサービスを受けたい、ベンダー間での健全な競争を促進したいというニーズを満たすことができるだろう。しかしながら、この方式では、顧客企業自らが、複数ベンダーの成果を効果的に管理するための手法の開発、個々のサービスの成果が全体の成果に結びつくことを保証するインテグレーション能力を持つ必要がある。

フェーズ6　ITと業務プロセスのアウトソーシングの統合

　昨今のBPOではIT業務のアウトソーシングに、人手で行う業務プロセスのアウトソーシングが統合されたサービスがトレンドになっている。両者を1つにまとめるサービスでは、たとえば、人事や財務、会計の場合のように、ベースとなるITシステムと業務プロセスをあらかじめ統合されて設計されているサービスがある。しかし、このような統合の場合においては、ITよりも業務プロセスが優先されるべきであって、その逆であってはならない。食品小売チェーンではITが優先されて業務プロセスのアウトソーシングが検討されることもあるが（ITがコア・コンピタンスそのものであるため）、そのような例は少数派であり、多くの場合は業務プロセスをどうすべきという議論が優先されるべきである。

　ITと業務プロセスを統合してアウトソーシングする場合は、利用するITアプリケーションによって業務プロセスの調整が必要となることもある。例えば、顧客企業がオラクルを選択したいという場合は人事のアウトソーシングにとっては有利となる。顧客企業がレガシーシステムを更新したいというタイミングに重ねてアウトソーシングを検討することもある。また、ベンダーからの提案でレガシーシステムの更新とアウトソーシングを同時に進める場合もある。また、グローバルで共通化した機能の提供を受けたいという場合は、その能力のあるベンダーに対してITのみならず、人事、調達、物流、施設管理、マーケティング、営業などの幅広い業務をアウトソーシングする場合もある。

　ITと業務と統合したサービスは、これまでの伝統的なIT分野に加えて、BPOを複数のベンダーのサービスによって実現させるもので、昨今ではこのような統合的サービスをソリューションとして作りこむ動きが活発になっている。

【語彙】

1. 多岐【たき】
道が幾筋にも分れていること。また、物事が多方面に分れていること。

2. 摺り合わせ【すりあわせ】
①〔機〕高精度な平面を作るための手仕上げ作業。②それぞれの意見や案を出し合い調整してゆくこと。

3. ターゲット【target】
標的。的。

4. デリケート【delicate】
①繊細なさま。感じやすいさま。②微妙で扱いが難しいさま。

5. 買収【ばいしゅう】
①かいとること。買い占めること。②ひそかに利益を与えて味方に引き入れること。

6. 洗練【せんれん】
物を洗ったりねったりして仕上げるように、文章や人格などをねりきたえて優雅・高尚にすること。みがきをかけて、あかぬけしたものにすること。

7. 峻別【しゅんべつ】
きびしく区別すること。また、その区別。

8. 惜しむ【おしむ】
①（手放さねばならないものを）捨て難く思う。愛着を持つ。名残惜しく思う。
②いとしく思う。深くめでる。いつくしむ。

9. 骨子【こっし】
①ほね。②中心。要点。眼目。

10. ペナルティ【penalty】
（運動競技などで）反則に対する罰。罰則。罰金。

11. 補完【ほかん】
欠けているところや不十分なところを補って完全なものにすること。

12. ボーイング【bowing】
バイオリンなど、弓を用いる弦楽器をひく時の弓の技法。運弓法。

13. 駆使【くっし】
①追い立てて使うこと。②思いどおりに使いこなすこと。

14. インテグレーション【integration】
統合。

15. チェーン【chain】
①鎖くさり。②同一資本による店舗経営の系列、または映画・演劇の興行系統。③ヤード - ポンド法で、長さの単位。

16. タイミング【timing】
物事をするのにちょうどよい瞬間。間合い。

【表現】

一、～反面（で）

　「～反面（半面）」は一つの対象の対立する側面を表すのが特徴で、同一主語文で用いられます。類義表現に「～（の）にひきかえ／～（の）に対して／～（の）に対し」がありますが、異主語文で異なる対象を対比させるので、対照的となります。

　　日本は給料が高い反面（×のにひきかえ）、物価が高い。

　　父は無口なのにひきかえ（×反面）、母はおしゃべりだ。

　§　例文　§

1. 子育てというのは、手がかかる反面、楽しみも多い。

2. うちの父は日頃優しい反面、怒ると怖い。

3. この仕事は収入が少ない反面、時間が自由になるので、僕は気に入っているんです。

4. 彼は会社では仕事の鬼とも呼ばれている反面、家庭では子煩悩な父親でもある。

5. 生活が豊かになる反面で、人と人との結びつきは紙のように薄くなっている。

二、～に加えて

　「～に加えて」は累加・添加の表現になります。名詞としか結びつきませんが、「～上に」や「～し、それに」と同義表現です。

　§　例文　§

1. 家が手狭なことに加えまして子供も多く、騒々しいことこの上なしです。

2. 大企業の社員は賃金が高いのに加えて休暇も多い。

3. 日本は国土が狭いのに加えて資源も乏しく、貿易に頼らなければやっていけません。

4. 退職してからというもの、毎日が暇なのに加えて交際も途絶え、生きる張り合いがなくなった。

5. 彼女はその美貌に加えて才気煥発、その上人当たりもいい。

【問題】

　契約締結に至るまでにはどのような検討や交渉が必要なのか。

第四節　アウトソーシングベンダーの管理

第一課　移行プロセス

　移行プロセス計画、及びそれに関連する費用は、アウトソーシングの成功を大きく左右する。あらゆるタイプのアウトソーシング契約は、主に次に挙げられる３つのタイプの移行プロセスを要する。これらは契約の成功に向けて、計画に織り込まれ、適切に実施される必要がある。

①社内スタッフからベンダーによるサービスへの移行計画

　契約策定時に移行プロセスにおけるコストを詳細化し、ベンダーは顧客企業のプロセスと融合させるための計画を練り上げなければならない。そして、顧客企業内部のスタッフに起こり得る影響を推測しなければならない。

②アウトソーシング契約によるワークフローの移行とサービスの変化

　サービスのエンドユーザー（顧客企業内のユーザー部門）には、アウトソーシング計画において、どのような協力が求められるかも含めてゴールと移行準備の進捗を常に伝え続ける必要がある。エンドユーザーはサービスの変化が自分たちにどのような影響をもたらすかに関心がある。アウトソーシングされたサービスをユーザーに受け入れてもらうためには、この関心に応えることが必須である。従業員や顧客には、アウトソーシング計画において、新しい働き方が必須であることを理解してもらわなければならない。

③契約期間の終了に伴う、現在のベンダーから異なるベンダーへの移行やベンダーのサービスから社内のサービスへの移行

　これは社内スタッフ、ベンダー、エンドユーザーの誰にとっても難しい。この移行期間の動き方を定めた移行計画がない場合には、コストは非常に高くつく恐れがある。

　このほかに想定される移行プロセス上の留意点は以下のようにまとめられる。

（１）責任に関する事項

●移行におけるコーポレートスタッフの責任とは何か

●移行におけるベンダーの責任とは何か

●移行中あるいは移行後のエンドユーザーの役割とは何か

●設備やナレッジの移行に向けて、どのようなアクションが求められるか

●顧客企業にアウトソーシングのガバナンスをコントロールするチームが組織されているか

●ベンダーと顧客企業の間のコミュニケーションラインはすでに構築されているか、または開かれたコミュニケーションとなっているか

●レポーティングスケジュールは設定されているか

（２）業務に関連する事項
●それぞれの個人がなすべき業務とは何か
●それぞれの業務の優先順位付けはなされているか
●マイルストーンを設けたスケジュールが設定されているか
●業務間の相互依存関係が存在しているか
（３）資産に関連する事項
●どの資産とライセンスを保有しておく必要があるか
●どの資産とライセンスを移管する必要があるか
●どのライフサイクル資産を移管する必要があるか
●どのような資産（ドキュメント、コード、計画資料など）が生み出され、そしてそれを誰が所有するのか

【語彙】
1. 織り込む【おりこむ】
①金銀糸や模様などを織り入れる。②一つの物事の中に他の物事を組み入れる。加味する。
2. 練り上げる【ねりあげる】
①よく練って仕上げる。②計画・文章などを何度も練り直して立派に仕上げる。
3. ワーク【work】
仕事。労働。作業。研究。
4. フロー【flow】
流れ。
5. エンドユーザー【end user】
①流通経路の末端の消費者。②専ら自分の業務や趣味のためにコンピューターを利用する人。ソフトウェアなどの一般利用者。
6. 必須【ひっしゅ】
必ずもちいるべきこと。必ずなくてはならないこと。
7. コーポレート【corporate】
「団体の」「共同の」の意。
8. マイルストーンン【milestone】
里程標。里標石。
9. ライセンス【licence; license】
許可・免許。また、その証明書。特に、輸出入その他の対外取引許可や自動車運転免許。
10. ライフサイクルル【life cycle】
①誕生から死までの、人の一生の過程。②商品が市場に出てから陳腐化して発売中止になるまでの周期。

11. ドキュメント【document】

①文書。証書。②記録。

12. コード【code】

規定。準則。

【表現】

一、〜に応えて

「応〔答〕える」は「回答・呼応・報いる」などの意味を表します。

§ 例文 §

1. このような時こそ、先生のご恩に応え、私たち教え子が協力すべきではなかろうか。

2. 地元の声援に応えて、その A 高野球チームは、ついに念願の甲子園出場を果たした。

二、〜恐れがある

「〜恐れがある」は「〜（の）心配・不安・危険など＜良くないこと＞が起こる可能性がある」という意味で、否定は「〜恐れはない」となります。

§ 例文 §

1. この病気は伝染する恐れもあるから、気をつけてほしい。

2. 地震の影響で津波の恐れがありますから、緊急に避難してください。

3. バーゲン品は安いが、品質が悪い恐れがある。

4. 彼は口が軽いから、彼に話すと秘密が漏れる恐れもある。

5. この金融不安がこのまま続くと、最悪の場合、世界恐慌に発展する恐れがある。

【問題】

移行プロセス上の留意点をまとめなさい。

第二課　変化へ対応するための学習と教育

アウトソーシングにより発生する業務プロセスと人員配置の変化に対応することが、アウトソーシングを主導するマネージャーにとって最も頭を悩ませる点かもしれない。関連する社員は、不安感、不信感、怒り、やる気の低下などにさいなまれる可能性がある。彼らに、放置されているという感覚を持たせてはならない。こういった感情によって、アウトソーシングがスタートする前に推進力が失われる可能性すらある。こういったことが起こらないようにするために次のような対策が必要である。

　●将来の競争環境において、自分たちが安全な場所を確保するためには変化が必要であることを社員に教育する。

　●会社の目指す姿についての明確なビジョンとコミュニケーション計画を配布することによって初期段階から社員を巻き込む。このことにより信頼感を得ることがで

きれば、変化が受け入れられやすくなり、サポートも得られやすくなる。

●責任や権限の再配置が起こる領域においては、スタッフに移行の実施や新しい役割の習得のための時間を与えるべきである。もし、新しいスキルの獲得が必要であれば、トレーニングを提供する必要がある。

●新しい役割への転換に伴い、より大きな挑戦を促すことにより、スタッフのやる気を維持する必要がある。

変化の時期の舵取りには、コミュニケーションが鍵となる。誰に対しても不意打ちになるようなことがあってはならない。不意打ちは、ネガティブな感情の原因になるだけである。連絡しなければならない内容と時期を決める必要がある。具体的なアウトソーシング活動が同期できるように、情報開示の時期を決める必要がある。開示すべき内容は、例えば次のようなものである。

●どの機能が、どこに、いつアウトソーシングされるか

●変化の理由（すなわち、ビジョンやゴールを改めて表明するなど）

●意思決定において最も重視している要素（たとえば、適切なベンダーを見つけることなど）

●プロジェクトメンバー、意思決定者は誰か

●プロジェクトのスケジュール

●会社全体及び個々人に対する、予見される変化に伴う影響

同様に、実際の情報配布よりも先行してプランは検討されていなければならない。掲示板を用いるのか、個々人にEメールを送るのか、プレゼンテーションを行うのか、または全ての手段を取るのか。また、アウトソーシング推進部門の発足以前に、計画の担当役員や全ての従業員に、新しいプロセスの実現方法、新しいシステムの利用方法を説明しなければならない。この重要さに関しては、いくら強調してもし過ぎることはない。従業員が変化を正しく理解できなければ、新しいサービスは目指すゴールを達成できない。

【語彙】
1. 苛む【さいなむ】
①しかる。責める。②いじめる。苦しめる。むごく当る。
2. 放置【ほうち】
かまわずに、そのままにしておくこと。
3. 舵取り【かじとり】
①船の櫓ろや櫂かいを使って船を漕ぐ人。船頭。かんどり。かとり。②舵で船の方向を定めること。転じて、物事がうまく進行するように誘導すること。また、その人。
4. 不意打ち【ふいうち】
不意に相手に襲いかかること。だしぬけに相手の予期しないことを行うこと。
5. ネガティブ【negative】
①否定的。消極的。②（写真用語）陰画。原板。ネガ。↔ポジティブ。

6. 発足【はっそく】
①出発すること。②団体などが新設され、活動を開始すること。ほっそく。

【表現】
一、～に伴って／～に伴う
　「Aに伴ってBする」は「Aが変わると、いっしょにBも変わる」という比例変化の表現を作ります。「～伴って」には「Aに伴う＜名詞＞」の形があります。また「～に伴って」には、例えば「地震に伴って津波が起こる」のように、併発・付随現象を表す用法があります。
§ 例文 §
1. 医学の進歩に伴い人々の平均寿命も延びてきたが、それに伴う高齢者対策が焦眉の急となっている。
2. 日本の円安不況に伴う消費の冷え込みが、アジア諸国の輸出不振をもたらし、更に金融不安を増幅している。

【問題】
　アウトソーシングがスタートする前に推進力が失われないように、どのような対策が必要なのか。

第三課　成功度合いの計測

　アウトソーシングプロジェクトの成功を計測することも、管理プロセスの中の一部分である。この点において、多くの人々はROI（投下資本利益率）のみにしか注目していない。ROIを計算する前に、次のような点を明確にする必要がある。
①現在の組織のパフォーマンスに関する基準を設定しておく必要がある。これにより、プロジェクトの成否の状態を定めることができる。
②プロジェクトのゴールを設定し、ポイントAからBに変化する際の進捗を測るための指標を定義する。これらの指標には、内部リソースに関する数字や、日々の申告や財務に関するものが含まれるだろう。価値や戦略との整合性を正確に示す指標を設定することは難しいが、プロセスの最初に成功を測定するための方法論を定めることは重要である。
③それぞれの指標を全てのベンダーとのSLAに組み込む必要がある。SLAによりそれぞれのベンダーへの期待を明確化し、プロジェクトの成否を測る指標を置く。この重要な道具によって、価値は決定され、成否が定義される。これにより長期間の利害の不一致を防ぐ。ベンダーは指標の設定やSLAを拒むこともあるだろうが、このステップを主張するのは賢明なことである。
　アウトソーシングのプロセスが複雑になっても、SLAを詳細にし過ぎてはならない。ベンダーを詳細に管理すると受注者と発注者の利害相反が発生する。双方に望ま

しい結果が得られるためには、ベンダーにもベストなやり方を決めるための十分な裁量が必要だ。特定の契約上の項目を満たすことだけを目的にしたサービスレベルの設定は危険である。どのようにアウトソースするかではなく、良い結果を生み出すことを重視すべきである。

　ＲＯＩを測定する際に、アウトソーシングを管理するコスト分を含め損ねることがよくあり、これはアウトソーシングを始める際に犯す最も高く付く失敗である。この落とし穴を避けるために、次に挙げるようなコストを見逃さないようにしなければならない。

●アウトソーシング契約の内部管理コスト
●技術移管のコスト
●オフショアアウトソーシング特有のコスト（渡航費、通信費など）

【語彙】

1. 成否【せいひ】
成ることと成らないこと。成功か失敗か。
2. 拒む【こばむ】
①ささえ防ぐ。おさえとどめる。はばむ。②承諾しない。応じない。拒絶する。
3. 望ましい【のぞましい】
そうあってほしい。このましい。ねがわしい。
4. 損ねる【そこねる】
こわれる。損傷する。
5. 落とし穴【おとしあな】
人をだましておとしいれるための秘密の計画。謀略。策略。
6. 見逃す【みのがす】
①見ても気づかずにすごす。ある機会に対応せずにすます。見おとす。
②気がついていながらそのままにしておく。大目に見る。
7. 渡航【とこう】
船や航空機で海をわたること。海外へ行くこと。

【表現】

一、～ようにする

　「～ようにする」は動詞の原形または否定形（「ない」形）と結びつきますが、意志動詞（他動詞の多く）につくときは「～ように努力する」、可能形や無意志動詞（多くは自動詞）につくときは「～状態にする」という意味を表します。）

§　例文　§

1. 二度とこのような間違いを犯さないようにしなさい。
2. これ、壊れやすいから、慎重に取り扱うようにして。

3. 何もかも一度にしようとせず、毎日少しずつ続けてやるようにすればいいんだよ。

4. 誰にも迷惑をかけないようにするからさ、ねえ、僕も連れてってよ。

【問題】

ROIを計算する前に、どのような点を明確にする必要があるのか。

第四課　契約交渉の進め方

　ほとんどのアウトソーシング契約における交渉は、次の3つの段階を踏む。評価と計画、ベンダー選定、そして契約準備である。この3つの段階の業務はアウトソーシング委託に関わる一連の業務の中でもきわめて重要であり、つまり、アウトソーシングの契約の成功の鍵はこの段階の業務が握っているとも言える。

　アウトソーシング契約書は包括的で顧客企業とベンダーの両者にとってバランスの取れたものである必要がある。また、契約期間中に技術や市場の大きな変化に適応できるような柔軟性を持たせておく必要もある。契約書では、問題に対する調停とそこのでの内容、コストから責任までの全てがカバーされる。長期的で有益なアウトソーシングの実行のためには適切な草案をまずは準備する必要がある。

　アウトソーシング契約とはリスクをベンダーと顧客企業で配布することを意味する。契約によって、すでに想定されるリスクと収益機会をそれぞれで分配し、また、可能性は不明だが発生するかもしれないリスクに対してはどのようにリソースを配置するかが検討される。契約の草案を作る際には次のような条項を確実に入れ込んでおかなければならない。

①サービス提供範囲の変更

　契約するサービス提供範囲について定義すると同時に、顧客企業はベンダーが提供するサービスを、自らが保有するその他のサービスインフラとも統合できるように準備しておく必要がある。この統合対象となるサービスインフラは、内部及び外部に保有しているもの、既存のものと計画中のものの全てが含まれる。さらには、サービス提供範囲に関するあらゆる変更には、スタッフ配置、技術投資、価格やサービス水準などに影響が及ぶことに留意しなければならない。

②アウトソーシングビジネスに関連するグローバルな環境における変化

　今日のグローバル経済環境下においては、ビジネスを取り巻く環境に予見できない変化が起こる。たとえば、顧客企業がベンダーにアウトソースするサービスにおいても劇的な価格の高騰（または同様に劇的な下落）の可能性がある。それゆえに契約においては、価格やサービス水準、あらゆるコミットメントの変化に対する予測を見込んでおかなければならない。

③法環境の変化

　法律、規則、規制においても予期できない変化が起こることがある。たとえば、ベンダーがEUによって導入された新しいプライバシーに関する規制に対応できないとすると、顧客企業の国際ビジネスは停止してしまう可能性がある。たとえ本国では強制力のある法律がなかったとしても、このような法規制の登場についても予測することが必要であり、その時に生まれるコストについてもベンダー側にはっきりと主張すべきである。つまり、ベンダーは契約において法環境の変化に伴う対応についても顧客企業と協議を行う必要がある。

④顧客のビジネス目標とサービス水準の整合

　サービス水準のコミットメント（目標）は、顧客企業側の株主価値を説明し、かつ、測定可能な指標と連動していなければならない。サービス水準が、市時ネスの成果としてではなく、純粋に技術的な要件のみを反映しているのであれば、技術的なパフォーマンスと真の成果とのギャップの競争が続いてしまうだろう。顧客企業側はこうした問題を回避するために、株主価値を最大化するための経営計画に対応して場合によってはサービス契約を見直すことができる権利を法的に担保しておくべきである。

　アウトソーシング契約の草案作成において、まず重要なことは、詳細を明らかにすること、これにはスケジュール、雇用に関する条項、報酬に関する条項の明確化が含まれるべきである。そして、プロジェクトの成果をプロジェクト開始前にできるだけ明確にしておくことである。

　アウトソーシングではサービスを提供するインフラが根本から変化してしまうことがある。そのような変化に対応するためには、注意深い計画立案と、プロジェクト進行中における技術、価格、サービス、企業文化、スキルの把握が必要である。また、ベンダーと顧客企業は、顧客企業が市場の変化を理由にどこまで条件の変更を申し出てもいいかについて合意をしておかなけらばならい。この合意がなければ、顧客企業はコア・コンピタンスの強化のために、随時、市場環境の変化に対応することができる。

【語彙】

1.調停【ちょうてい】

①当事者双方の間に第三者が介入して争いをやめさせること。仲裁。

②〔法〕裁判所その他の公けの機関が中に立って、当事者の互譲により紛争を円満に和解させること。仲裁と異なり、解決案は当事者の承諾をまって効力を生ずる。

2.高騰【こうとう】

物価などが高くあがること。

3.下落【げらく】

①物価・相場などが下がること。②価値・等級などが下がること。↔上昇

4. 見込む【みこむ】

①中を見る。のぞきこんで見る。②あらかじめ考慮に入れる。予想する。

5. プライバシー【privacy】

他人の干渉を許さない、各個人の私生活上の自由。

6. ギャップ【gap】

①割れ目。すきま。間隙。②考え方や意見などのへだたり。食い違い。懸隔。

【表現】

一、～としても／～としたって／～とて

　「～としても／～としたって／～とて」は、「～と仮定しても」という意味を表します。ただし、「～とて」は今日では古語に属します。これらは「～としたら／～とすれば／～とすると」に対応する逆説の文型です。

§ 例文 §

1. その品は、安いとしたって五万円は下らないよ。

2. 仮に目的が正しいとしても、手段を誤れば必ず失敗する。

3. たとえ試験に落ちたとしても、これまでの勉強が無駄になるわけではない。

4. 今更愚痴を言ったとて（⇔としても）何になる。

5. もし彼と同じ状況に置かれていたとしたら、君とて（⇔も／であっても）同じことをしただろうよ。

【問題】

　契約の草案を作る際にはどのような条項を入れ込む必要なのか。

第三章　プロジェクトマネジメント

第一節　プロジェクト概要

第一課　　プロジェクトの基本的要素

　プロジェクトとは、独自のプロダクト、サービス、所産を創造するために実施する、有期性のある業務である。

　（1）独自のプロダクト、サービス、所産：プロジェクトは、成果物を生成することによって目的を達成したものと見なされる。目指すべき作業結果、獲得すべき戦略的位置、達成すべき目的、取得すべき所産、生み出すべきプロダクト、または遂行すべきサービスが、目的として定義される。プロセス、フェーズ、またはプロジェクトを完了するために生成することが求められる固有で検証可能なプロダクト、所産、またはサービス遂行能力が、成果物として定義される。成果物は有形である場合も無形である場合もある。

　次のひとつ以上の成果物が生成されることにより、プロジェクト目標が達成されたと見なされる。

　●他の品目の構成要素、ある品目を拡張し修正したもの、またはそれ自体が最終品目となるもののいずれかである固有のプロダクト（例：最終品目の欠陥を修正したもの）

　●固有のサービスまたはサービス遂行能力（例：製造や流通を支える業務機能）

　●成果物や文書などの固有の所産（例：ある傾向が存在するかどうか、あるいは新規プロセスが将来社会に便益をもたらすかどうかなどを判定するために使う知見を得るための研究プロジェクト）

　●ひとつ以上のプロダクト、サービス、または所産の固有の組み合わせ（例：ソフトウェア、アプリケーション、その関連文書、ヘルプデスク・サービス）

　プロジェクト成果物や活動には反復的な要素が含まれることがある。この反復があったとしても、プロジェクト作業の基本的な独自性は変わらない。例えば、オフィスビルは、同じまたは類似の資材を用いて、同じまたは異なるチームによってでも建設することができる。しかし、それぞれの建築プロジェクトは、主要な特性（場所、設計、環境、状況、関係者）においても独自性を保っている。

　プロジェクトは組織のすべての階層で実施される。プロジェクトは、ひとりの個人または単一のグループが関与することがある。プロジェクトは、複数組織からの単一部門もしくは複数部門が関与することがある。

　プロジェクトの例には次が含まれるが、これらに限定されるものではない。

　●市販用の新しい医薬品の開発

　●ツアーガイド・サービスの拡大

●ふたつの組織の合併
●組織内でのビジネス・プロセスの改善
●組織内で使用するための新しいコンピューター・ハードウェア・システムの取得と導入
●ある地域の油田開発
●組織内で使用するコンピューター・ハードウェア・プログラムの改訂
●新製造プロセスを開発するための調査の実施
●ビルの建設

（２）有期性のある業務：プロジェクトの有期性は、プロジェクトには明確な始まりと終わりがあることを示すものである。有期性とは、必ずしもプロジェクトが短期間であることを意味するものではない。プロジェクトは、次のひとつ以上が該当する場合に終了する。

●プロジェクトの目標が達成された。
●目標が満たされないが、満たすことができない。
●プロジェクトへ割り当てる資金が枯渇したか、これ以上プロジェクトへ資金を割り当てられない。
●プロジェクトの必要性がなくなった。（例：顧客がもはやプロジェクトの完成を望まない。戦略または優先順序の変更によりプロジェクトが終了する。組織の経営層がプロジェクト終了を指示する。）

　プロジェクトは有期的だが、成果物はプロジェクトの終了後も存在する。プロジェクトは、社会的な、経済的な、物質的な、または環境的な性質の成果物を生成することがある。例えば、国家の記念碑の建設プロジェクトは、何世紀にもわたる存続が期待される成果物を創造する。

【語彙】
1.プロダクト【product】
①生産。②製品。
2.所産【しょさん】
産みだしたもの。作りだしたもの。
3.有期性【ゆうきせい】
一定の期限のあること。
4.遂行【すいこう】
なしとげること。しおおすこと。
5.欠陥【けっかん】
かけて足りないもの。不足。不備。欠点。
6.新規【しんき】
①新たに設けた規則。②今までとは違って、新しいこと。
7.便益【べんえき】
都合がよく利益のあること。便利。
8.知見【ちけん】
知ることと見ること。見て知ること。また、その結果得られた知識。見識。
9.ヘルプデスク【help desk】
ハードウェア・ソフトウェア のトラブルや操作方法など、経験豊富なスペシャリス

トがお客さまの問題に対して一元的に回答する。
10. ハードウェア【hardware】
コンピューター - システムで、トランジスター・集積回路などから組み立てた計算機
自体を、情報媒体に記録されたプログラム（ソフトウェア）と区別して呼ぶ語。
11. 油田【ゆでん】
石油を産出する地域。または石油鉱床のある地域。
12. 割り当てる【わりあてる】
全体をいくつかに分けて配分する。分けてあてがう。割りふる。割り付ける。
13. 枯渇【こかつ】
①かわいて水分がなくなること。②つき果てて、なくなること。
14. 保つ【たもつ】
①同じ状態でつづける。②もちこたえる。維持する。③所持する。保有する。保持する。
15. 存続【そんぞく】
ひきつづいて存すること。存在し続けること。
16. 関与【かんよ】
ある物事に関係すること。かかわること。

【表現】
一、〜と見なされる
　この文型は「〜を〜とみなす」の受け身文で、「〜は〜と考えられている」と同じ意味を表します。一般にそうみなされているという客観的表現で、個人の見解ではありません。社会通念や社会常識と言えるでしょう。
§　例文　§
1. 猿は人間の祖先とされているが、果たして本当か。
2. 女は男より能力が劣るとみなされてきたが、今や女たちの方が元気な時代だ。
3. 新聞は真実を伝えるものとみなされているが、疑ってかかった方がいいだろう。

二、〜によってでも
　「〜によって」は対象に全面的に依存してという意味を表します。原因・理由の表現でも言えます。「でも」はある物事を取り上げてそれを極端な例として示す。
§　例文　§
1. 利用者は、このサイトから取得した情報を、いかなる方法によってでも改変、複製もしくは公的表示、送信、または配布してはならない。
2. ヘミアセタールの加水分解は酸によってでも塩基によってでも促進される。
3. 運営者は、薄利多売を繰り返すことによってでも、生き延びることができました。

第二課　　プロジェクトを立ち上げる背景

　組織のリーダーは、組織に作用する要因に対応してプロジェクトを開始する。これらの要因にはプロジェクトの背景を説明する次の四つの基本的な分類がある。

●規制、法的、または社会的な要求事項を満たす。
●ステークホルダーの要求またはニーズを満たす。
●ビジネス戦略や技術的戦略を実行または変更する。
●プロダクト、プロセス、またはサービスを生成、改善、修正する。

　これらの要因は、組織の継続的な業務とビジネス戦略に影響を与える。リーダーは、組織が存続し続けられるようにこれらの要因に対処する。プロジェクトは、これらの要因に対処するために必要な変更を成功させるための手段を組織に提供する。こられの要因は、最終的には組織の戦略目標と各プロジェクトの事業価値に結び付ける必要がある。

表：プロジェクトの創成につながる要因の例

特定要因	特定要因の例
新技術	コンピューター・メモリや電子機器技術の進歩に伴い、電子機器企業がより高速、低価格、しかも小型のラップトップを開発するためのプロジェクトを承認する
競合他社の勢力	競合他社の価格引き下げに応じて生産コストの低減を図って競争力を維持する必要がある
部材に関連する課題	開発した橋梁の指示部材に亀裂が生じ、プロジェクトに修理の必要性が伴う
市場の需要	自動車会社が、ガソリン不足に対応して低燃費車の開発プロジェクトを認可する
経済的な変化	景況の悪化に伴い、現行プロジェクトの優先事項の変更を余儀なくされる
顧客の要求	電力会社が、新しい工業団地向けの新変電所の建設プロジェクトを認可する
法的要求事項	化学品メーカーがプロジェクトにて新しい有毒物質の適正な取り扱いに関するガイドラインの確立を認可する
戦略的機会やビジネス・ニーズ	トレーニング・プロバイダーが収益アップを題材とする新しいコースの作成に向けたプロジェクトを認可する
社会的ニーズ	発展途上国の非政府組織が伝染病の発生率の高い地域に飲料水施設や衛生施設を設置し、衛生教育を施すプロジェクトを認可する
環境への配慮	公共企業が汚染軽減に向けて電気自動車共用サービスを開発するプロジェクトを認可する

【語彙】

1. 立ち上げる【たちあげる】

起動させるための必要な操作をして、機械が稼働できる状態にする。

2. リーダー【leader】

指導者。先駆者。先達。首領。

3. 要因【よういん】

物事の成立に必要な因子・原因。主要な原因。

4. 対応【たいおう】

①互いに向きあうこと。相対する関係にあること。②両者の関係がつりあうこと。
③相手や状況に応じて事をすること。

5. 分類【ぶんるい】

種類によって分けること。類別。

6. 要求事項【ようきゅうじこう】

必要と求められていた条件や項目などを意味する表現。

7. 満たす【みたす】

①満ちるようにする。いっぱいにする。②達成する。果す。③満足させる。

8. ステークホルダー【stakeholder】

企業に対して利害関係を持つ人。社員や消費者や株主だけでなく、地域社会までをも
含めていう場合が多い。

9. 戦略【せんりゃく】

(strategy) 戦術より広範な作戦計画。各種の戦闘を総合し、戦争を全局的に運用す
る方法。転じて、政治社会運動などで、主要な敵とそれに対応すべき味方との配置を
定めることをいう。

10. 実行【じっこう】

実際に行うこと。

11. 対処【たいしょ】

あるものや情勢に対して、適当な処置をすること。

12. 事業価値【じぎょうかち】

会社が行っている事業もしくは 事業に利用される資産が将来にわたって生み出す価
値の総和を指す。

13. 結び付ける【むすびつける】

①動かないよう結んでつなぐ。ゆわえつける。②関係づける。

14. つながる〔自五〕

①つらなり続く。継続する。②ひかれる。結ばれる。関連する。

15. メモリ【memory】

①記憶。記念。思い出。②情報を記憶しておく電子素子、または装置。特に、コンピ
ューターの内部記憶用の装置。

16. ラップトップ【laptop】

〔ラップは「ひざ」の意〕 ひざの上。転じて，パソコン・ ワープロなどで、小型・
軽量で携帯が容易なものをいう。

17. 承認【しょうにん】

①正当または事実・真実と認めること。②申し出をききいれること。③〔法〕国家・政府・交戦団体などについて、外国がその国際法上の地位を認めること。

18. 競合他社【きょうごうたしゃ】

商業上、競合の関係にある、他の企業。同種のサービスを提供している、同じ消費者をターゲットとしているなど。

19. 引き下げ【ひきさげ】

引き下げること。

20. 低減【ていげん】

へること。へらすこと。

21. 図る【はかる】

仕上げようと予定した作業の進捗状態を数量・重さ・長さなどについて見当をつける意。

22. 部材【ぶざい】

建築などで、構造の部分をなす材。構成材。

23. 橋梁【きょうりょう】

交通路を連絡するために、河川・湖沼・運河・渓谷などの上に架設する構造物。構造上、桁橋・アーチ橋・吊橋などがある。かけはし。はし。

24. 亀裂【きれつ】

（亀の甲のような形に）ひびが入ること。また、その裂け目。ひびわれ。

25. 生じる【しょうじる】

①はえる。また、はやす。②うまれる。また、うむ。③起る。おこす。発生する。

26. ガソリン【gasoline】

沸点範囲がセ氏 25〜200 度の石油留分および石油製品の総称。

27. 低燃費【ていねんぴ】

燃費（燃料消費率）が低いこと。特に、自動車・オートバイについていう。

28. 景況【けいきょう】

変わりゆくありさま。ようす。

29. 団地【だんち】

一か所にまとめて建設するために計画的に開発した住宅や工場。

30. 変電所【へんでんしょ】

発電所と需要者との間に設ける、電圧の昇降および電力の分配を行う施設。

31. メーカー【maker】

製造業者。特に、有名・大手の製造会社。

32. 有毒物質【ゆうどくぶっしつ】

33. 取り扱い【とりあつかい】

①取り扱うこと。②世話。接待。待遇。

34. ガイドライン【guide-line】

政策の指針。指導目標。

35. プロバイダー【provider】

何らかのサービスを提供する事業者のこと。通常、インターネットへのＩＰ接続サービスを提供する事業者を指す。

36. アップ【up】

（「上へ」「上の」の意）上がること。上げること。

37. 題材【だいざい】

芸術作品・学術研究などの主題となる材料。

38. コース【course】

①たどるべき道すじ。行路。進路。②経過。順序。③課程。

39. 発展途上国【はってんとじょうこく】

(developing country) 経済が発達の途上にある国。国民一人当り実質所得が低く、一次産品への依存度が高い。開発途上国。

40. 非政府組織【ひせいふそしき】

（non-governmental organizations、NGO）民間人や民間団体のつくる機構・組織であり、国内・国際の両方がある。

41. 飲料水【いんりょうすい】

飲むための水。のみみず。

42. 施す【ほどこす】

①種・肥料などをまく。②恵みを広く与える。③行う。施行する。

43. 軽減【けいげん】

（負担や苦痛を）減らして軽くすること。また、それが少なくなること。

【表現】

一、〜を余儀なくされる

　「余儀ない」は「他に方法がない・やむを得ない」を意味する語で、「〜を余儀なくされる」と受身形を使ったときは、周囲の事情に強制されて「〜するしかなくなる／やむを得ず〜する」という不本意の選択を表します。また、「〜に〜を余儀なくさせる」と使役形を使ったときは、「相手に〜を強制する」という意味を表します。

§　例文　§

1.経営責任を追及され、社長は辞任を余儀なくされた。

2.震災で避難所暮らしを余儀なくされた人々の胸に、将来の生活不安が重くのしかかった。

3.果敢な自軍の反撃によって敵軍に撤退を余儀なくさせた。

二、〜に向けて

　「〜向け」は「〜を特定の対象・目的とする」という意味の表します。この「〜向

け」は「〜向き」と混同しやすいので注意しましょう。

§　例文　§

1. この自動車はアジア市場向けの低燃費の小型車です。

2. このアニメ映画は子供向けと言うよりも、大人たちに向けて警告を発する作品だ。

3. メーカーは外国向けか国内向けかによって、製品のデザインも価格も変えるそうだ。

第三課　　プロジェクトの運営環境

　プロジェクトは、影響を及ぼし得る環境で存在し、運用される。これらの影響は、プロジェクトに良い効果または悪い効果を与える可能性がある。ふたつの主要な影響の分類としては、組織体の環境要因（EEF:Enterprise Environmental Factors）と組織のプロセス資産（OPA:Organizational Process Assets）がある。

一、組織内の EEF

●組織の文化、構造、およびガバナンス　例えば、ビジョン、ミッション、価値観、信念、文化的規範、リーダーシップ・スタイル、階層と権限の関係、組織のスタイル、倫理、および行動規範が含まれる。

●施設や資源の地理的分布　例えば、工場の場所、バーチャル・チーム、共有システム、およびクラウド・コンピューティングが含まれる。

●インフラストラクチャ　例えば、既存の施設、機器、組織の通信チャンネル、情報技術ハードウェア、可用性、およびキャパシティが含まれる。

●情報技術ソフトウェア　例えば、スケジューリング・ソフトウェア・ツール、コンフィギュレーション・マネジメント・システム、他のオンライン自動化システムのフェブ・インターフェース、および作業認可システムが含まれる。

●資源の可用性　例えば、契約および購買の制約条件、承認されたプロバイダーおよび下請業者、提携合意が含まれる。

●従業員の能力　例えば、既存の人材が有する専門知識、スキル、能力、および特殊な知識が含まれる。

二、組織外の EEF

●市場の状況　例えば、競合他社、市場シェア拡大のためのブランド認知、および商標が含まれる。

●社会的、文化的な影響と課題　例えば、政治情勢、行動規範、倫理、見識が含まれる。

●法的制約　例えば、セキュリティ、データ保護、商取引、雇用、調達に関連する国または地域の法規制が含まれる。

●商用データベース　例えば、ベンチマーキングの結果、標準化されたコスト見積りデータ、業界のリスク調査情報、リスク・データベースが含まれる。

●学術研究　例えば、業界研究、出版物、およびベンチマーキングの結果が含まれる。

●国家標準または業界標準　例えば、プロダクト、生産、環境、品質、技量に関連した規制機関の規制や基準が含まれる。

●財務上の考慮事項　例えば、為替レート、金利、インフレ率、関税、および地理的位置が含まれる。

●物理的な環境要素　例えば、労働条件、天候、および制約条件が含まれる。

三、組織のプロセス資産

　組織のプロセス資産（OPA）には、母体組織によって使われる特有の計画、プロセス、方針、手続き、および知識ベースなどがある。これらの資産はプロジェクトのマネジメントに影響を及ぼす。

　OPA には、プロジェクトを実行したり統制したりするために使用できるプロジェクトにかかわるすべての母体組織の生成物、実務慣行、もしくは知識が含まれる。OPA には、以前のプロジェクトや過去の情報から学んだ組織の教訓も含まれる。OPA には、完了したプロジェクトのスケジュール、リスク・データ、アーンド・バリュー・データが含まれることもある。OPA は、多くのプロジェクトマネジメント・プロセスへのインプットである。OPA は組織内部のものなので、プロジェクト全体を通してプロジェクト・チームのメンバーは組織のプロセス資産を必要に応じて更新したり追加したりすることができる。OPA は、次のふたつのカテゴリーに分けられる。

●プロセス、方針および手続き

●組織の知識ベース

1. プロセス、方針および手続き

　プロジェクト作業を実施するための組織のプロセスと手続きには次が含まれるが、これらに限定されるものではない。

●立ち上げと計画

①プロジェクトにおける特定のニーズを満たすために、組織の一群の標準プロセスと手続きをテーラリングするためのガイドラインおよび基準

②方針（例：人事方針、安全衛生方針、セキュリティおよび機密保持方針、品質方針、調達方針、環境方針）のような特定の組織標準

③プロダクト・ライフサイクルおよびプロジェクト・ライフサイクル、方法と手続き（例：プロジェクトマネジメント手法、見積り尺度、プロセス監督、改善目標、チェックリスト、および組織内で使用するための標準化されたプロセス定義）

④テンプレート（例：プロジェクトマネジメント計画書、プロジェクト文書、プロジェクト登録簿、レポート書式、契約書テンプレート、ステークホルダー登録簿テンプレート）

⑤事前確認された納入者リストおよび様々なタイプの契約上の合意（例：定額契約、実費償還契約、タイム・アンド・マテリアル契約）

●実行、監視およびコントロール

①母体組織の標準書、方針、計画書、手続き書、もしくはすべての変更され得るプロジェクト文書の手続き、およびすべての変更の承認や妥当性確認方法などを含む変更

管理手続き。

②トレーサビリティ・マトリックス

③財務管理の手続き（例：作業時間の報告、必要な支出と支払いのレビュー、勘定コード、および標準契約条項）

④課題と欠陥のマネジメント手続き（例：課題と欠陥コントロールの定義、課題と欠陥の特定と解決、対応処置の追跡）

⑤資源可用性のコントロールと資源割当てのマネジメント

⑥組織のコミュニケーション要求事項（例い：プロジェクトで利用可能なコミュニケーション技術、認可されているコミュニケーション媒体、記録保存方針、テレビ会議、協働作業ツール、セキュリティ要求事項）

⑦作業認可のための優先順位付け、承認、発行の手続き

⑧テンプレート（例：リスク登録簿、課題ログおよび変更ログ）

⑨標準化されたガイドライン、作業指示書、プロポーザル評価基準、パフォーマンス測定基準

⑩プロダクト、サービス、または所産の検証と妥当性確認手続き

●終結　プロジェクト完了ガイドラインまたは要求事項（例：最終的なプロジェクト監査、プロジェクト評価、成果物受け入れ、契約終結、資源の再割当て、本稼働や定常業務への知識の移行）

２．組織の知識リポジトリ

情報を保存し検索するための組織の知識リポジトリには次が含まれるが、これらに限定されるものではない。

●ソフトウェアおよびハードウェア構成要素のバージョンと、母体組織におけるすべての標準、方針、手続き、プロジェクト文書のベースラインを含む、コンフィギュレーション・マネジメントの知識リポジトリ

●労働時間、発生コスト、予算、プロジェクト・コスト超過などの情報を含む財務データ・リポジトリ

●過去の情報と教訓の知識リポジトリ（例：プロジェクトの記録と文書、プロジェクト終結に関するすべての情報と文書、過去のプロジェクト選定結果とそのプロジェクト・パフォーマンスに関する情報、リスク・マネジメントの活動からの情報）

●課題と欠陥の状況、コントロール情報、課題と欠陥の解決策、対応処置の結果を含む課題と欠陥のマネジメント・データ・リポジトリ

●プロセスやプロダクトの測定データを収集し利用可能にするために使用される尺度のためのデータ・リポジトリ

●過去のプロジェクトのプロジェクト・ファイル

【語彙】

1. 運営【うんえい】

組織・機構などをはたらかせること。

2. ミッション【mission】

①使節団。また、その使命。②伝道。伝道団体。

3. バーチャル・チーム

メンバーがそれぞれ物理的に離れた場所にいて直接対面する機会が少なくても、ITツールなどの活用により一つのチームとして機能している集団のことである。

4. クラウド・コンピューティング【cloud computing】

インターネットなどのコンピュータネットワークを経由して、コンピュータ資源をサービスの形で提供する利用形態である。

5. インフラストラクチャ【infrastructure】

（下部構造の意）道路・鉄道・港湾・ダムなど産業基盤の社会資本のこと。最近では、学校・病院・公園・社会福祉施設など生活関連の社会資本も含めていう。インフラ。

6. チャンネル【channel】

①水路。経路。海峡。②有線通信の通話路。③ラジオ・テレビ放送で、適当な間隔をおいて並んだ各使用周波数に順次番号を付けたもの。

7. キャパシティ【capacity】

保持、受け入れ、または取り込む能力を言う。

8. スケジューリング【scheduling】

意味や解説、類語。予定や日程を組むこと。

9. コンフィギュレーション【configuration】

設定、構成、配置、構造、形状、形態 などの意味を持つ。

10. インターフェース【interface】

機器や装置が他の機器や装置などと交信し、制御を行う接続部分のこと。特にコンピューターと周辺機器の接続部分、コンピューターと人間の接点を表す。

11. 下請【したうけ】

請け負った人から、その仕事の全部または一部をさらに請け負うこと。

12. ブランド認知【ぶらんどにんち】

消費者の記憶の中にある、ブランドに対するイメージの強さによって、異なる状況においても消費者がそのブランドを識別する能力を反映したものと定義する。

13. 商標【しょうひょう】

（trade mark）営業者が自己の商品・サービスであることを示すために使用する標識。

14. 見識【けんしき】

物事の本質を見通す、すぐれた判断力。また、ある物事についてのしっかりした考え、見方。識見。

15. セキュリティ【security】

安全。保安。防犯。

16. 商取引【しょうとりひき】

商業上の取引行為。

17. 調達【ちょうたつ】
金品などをとりそろえること。金を工面して集めること。

18. データベース【data base】
(「情報の基地」の意) 系統的に整理・管理された情報の集まり。特にコンピューターで、さまざまな情報検索に高速に対応できるように大量のデータを統一的に管理したファイル。また、そのファイルを管理するシステム。

19. ベンチマーキング【benchmarking】
国や企業等が製品、サービス、プロセス、慣行を継続的に測定し、優れた競合他社やその他の優良企業のパフォーマンスと比較・分析する活動を指す。

20. 見積り【みつもり】
あらかじめ大体の計算をすること。また、その計算。

21. 為替レート【rate of exchange】
為替相場。

22. インフレ率【いんふれりつ】
(inflation rate)「過去に比べてどのくらい物価が上がったのか」を示す物価上昇率であり、景気や経済成長と深い関わりを持つ。

23. 関税【かんぜい】
近代国家が法律または条約上の協定により、外国から輸入する貨物に対して賦課する租税。税関で徴収。従量税と従価税とがある。

24. 母体組織【ぼたいそしき】
企業や団体の大もととなるもののこと。

25. 慣行【かんこう】
①従来からのならわしとして行われること。②いつもすること。常に行うこと。

26. 教訓【きょうくん】
教えさとすこと。また、その言葉。

27. アーンド・バリュー【Earned Value】
プロジェクトの進捗状況(コストとスケジュール)を客観的に測定するための指標。「出来高」と訳される。

28. インプット【input】
入力。

29. テーラリング【tailoring】
(洋服の)仕立て、仕立て直し、という意味の英単語。IT の分野では、業務プロセスやシステム開発プロセスなどについて、一般的あるいは全社的な標準を元に、個別の部署やプロジェクトに合った具体的な標準を策定すること。

30. 尺度【しゃくど】
①物の寸法を正確に測定するのに用いる具。ものさし。②広く、計量の標準。物事を評価するときの規準。

31. テンプレート【template】
①型板。型紙。②コンピューターのキーボード上に置く、各キーの機能を表示したシート。③コンピューターの表計算やデータ ‐ ベース用ソフトで、すぐ利用できるように設定済みのパターン。

32. 納入【のうにゅう】
おさめ入れること。

33. タイム・アンド・マテリアル【Time and Material】
Time and Material (T&M) 契約とは、設定した単価 に、依頼業務にかかった時間をかけ合わせた額をお支払い頂く契約のことである。

34. トレーサビリティ・マトリックス【traceability matrix】
要求仕様がどのように設計に盛り込まれ、ソースコードの場所や関数名などが一目でわかるように表でまとめられたものである。

35. レビュー【review】
①批評。評論。書評。②評論雑誌。

36. コード【code】
①規定。準則。②情報を表現する記号・符号の体系。また、情報伝達の効率・信頼性・守秘性を向上させるために変換された情報の表現、また変換の規則。変換を行うものをエンコーダー、情報を復元するものをデコーダーという。

37. 追跡【ついせき】
①逃げる者のあとを追いかけること。跡をつけること。②比喩的に、物事のその後の経過を追うこと。

38. プロポーザル【proposal】
企画、提案。

39. パフォーマンス【performance】
①実行。実績。成果。②上演。演奏。演技。③既成芸術の枠からはずれた、身体的動作（演技・舞踏）・音響などによって行う芸術表現。④機械などの動作。性能。機能。

40. リポジトリ【repository】
容器、貯蔵庫、倉庫、集積所、宝庫などの意味を持つ。

【表現】
一、〜得る
　「〜得る／〜得ない」は可能表現の一種で、一般動詞につくときは可能形「〜られる／〜 られない」と意味はあまり変わりません。
§　例文　§
1. 私ができ得る限りのことは、喜んでいたしましょう。
2. これが今選択し得る最良の方法ではないでしょうか。
3. 彼ほどの財力があれば、なし得ないものはないと言っていいだろう。

【問題】

プロジェクト・フェーズに関する記述のうち、正しいものを 1 つ選びなさい。

A. プロジェクト・フェーズは、一つ以上の成果物を完成させて完了する論理的に関連するアクティビティの集合である

B. プロジェクト・フェーズは要件定義、設計、開発、テストのことである

C. プロジェクト・フェーズは 5 つのプロセス群（立ち上げ、計画、実行、監視・コントロール、終結）のことである

D. プロジェクト・フェーズは、プロダクト・ライフサイクルを区分するものである

【解答】

正解は A。

プロジェクト・フェーズは必ずしもシステム開発工程を指しているわけではない。プロジェクト・フェーズを次のように定義している。

論理的に関連のあるプロジェクトのアクティビティの集合。ひとつ以上の成果物の完了によって終了する。

プロジェクト・フェーズをどのように分けるかは、それぞれのプロジェクトに任せている。プロジェクト・マネジャーはプロジェクト・フェーズをどのように分割しどのように管理するかを計画時に考える必要がある。

第二節　プロジェクトマネジメント

第一課　　プロジェクトマネジメントの重要性

　プロジェクトマネジメントとは、プロジェクトの要求事項を満足させるために、知識、スキル、ツール、および技法をプロジェクト活動へ適用することである。プロジェクトマネジメントは、プロジェクトのために特定されるプロジェクトマネジメント・プロセスの適切な適用と統合を通して達成される。プロジェクトマネジメントは、組織がプロジェクトを効果的かつ効率的に実行できるようにする。

　効果的なプロジェクトマネジメントは、個人、グループ、公的および民間組織が次を行うのに役立つ。

●ビジネス目標を達成する。

●ステークホルダーの期待に応える。

●予測精度を向上させる。

●成功の可能性を高める。

●適切な時期に適切なプロダクトを提供する。

●問題や課題を解決する。

●タイムリーにリスクに対応する。

●組織の資源の使用を最適化する。

●失敗プロダクトを特定し、回復し、または中止する。

●制約条件（スコープ、品質、スケジュール、コスト、資源など）をマネジメントする。

●プロダクトへの制約条件の影響を相殺する（例：スコープの増加はコストやスケジュールを増加させることがある）

●より優れた方法で変化をマネジメントする。

　マネジメントが不十分なプロジェクトやプロジェクトマネジメントの欠如は、次の結果をもたらす。

●納期遅延

●コスト超過

●品質不良

●再作業

●プロダクトの野放図な拡張

●組織の評判の喪失

●ステークホルダーの不満

141

●プロダクト目標の未達成
　プロジェクトは、組織の価値およびベネフィットを生み出す重要な方法である。今日のビジネス環境においては、組織のリーダーは、より厳しい予算、より短いスケジュール、資源の不足、および急速に変化する技術を適切にマネジメントできなければならない。ビジネス環境は、加速度的に変化してダイナミックである。世界経済の中で競争力を維持するために、企業は一貫して事業価値を提供できるようにプロジェクトマネジメントを採用する。
　効果的かつ効率的なプロジェクトマネジメントでは、組織内の戦略的コンピテンシーを考慮すべきである。そのことによって組織は次のことが可能になる。
●プロジェクトの結果をビジネス目標に結びつける。
●市場でより効果的に競争する。
●組織を維持する。
●プロジェクトマネジメント計画書を適切に調整することによって、ビジネス環境の変化がプロジェクトに及ぼす影響に対応する。

【語彙】
1. マネジメント【Management】
「経営管理」などの意味を持つ言葉で、組織の目標を設定し、その目標を達成するために組織の経営資源を効率的に活用したり、リスク管理などを実施する事。
2. 統合【とうごう】
二つ以上のものを一つに合せること。統一。
3. 応える【こたえる】
他からの作用に対して満足の得られるだけの十分な反応をする。応ずる。
4. タイムリー【timely】
時宜にかなったさま。好時機。適時。
5. 最適【さいてき】
最も適していること。
6. スコープ【scope】
①（視野・見識・作用などの）範囲。領域。②カリキュラムを編成する際，あらかじめ設定される教育内容の範囲。また，それを決定する基準や観点。
7. 欠如【けつじょ】
欠けていること。足りないこと。
8. 納期【のうき】
金や品物を納入する時期、または期限。
9. 遅延【ちえん】
物事が予定の期日・時刻より遅れて、のびること。長びくこと。
10. 野放図【のほうず】
①ずうずうしいさま。横柄なさま。②際限のないさま。しまりがないさま。

11. 喪失【そうしつ】
なくすこと。失うこと。

12. ベネフィット【Benefit】
製品やサービスを利用することで消費者が得られる有形、無形の価値のことをいう。

13. ダイナミック【dynamic】
躍動的で力強さを感じさせるさま。動的。

14. 一貫【いっかん】
一筋に貫くこと。一つの考え方ややり方で貫き通すこと。

15. コンピテンシー【competency】
企業などで人材の活用に用いられる手法で、高業績者の行動特性などという。

第二課　　マネジメント要素

　マネジメント要素とは、組織において一般的なマネジメントの主要な機能や原則を構成する要素である。一般的なマネジメント要素は、ガバナンスの枠組と、選択された組織構造のタイプにしたがって組織内で割り当てられる。

　マネジメントの主要な機能または原則には次が含まれるが、これらに限定されるものではない。

●作業に必要な専門的スキルと可用性に基づく作業の分割

●作業を実行するために与えられた権限

●スキルや経験などの属性に基づいて適切に割り当てられた作業を実行する責任

●行動規範（例：権限、要因、規則へ敬意を払う）

●命令系統の一本化（例：個々の人に行動や活動の命令を下すのは一人だけ）

●指示の一本化（例：同じ目標をもつ活動に対してひとつの計画、一人の長）

●組織の共通の目的は個々の目的に優先する

●実行された作業に対する公正な支払い

●資源の最適な使用

●明確なコミュニケーション・チャネル

●適切な仕事に対する適切な人への適切なタイミングでの適切な資材の提供

●職場での公正かつ平等な要員の処遇

●地位の保全

●職場での要員の安全

●ひとりひとりによる計画および実行への自由な貢献

●最適な士気

　これらのマネジメント要素のパフォーマンスは、組織内で指定された個人に割り当てられる。これらの個人は、様々な組織構造の中で、指定された機能を実行することがある。例えば、階層構造の組織には水平方向および垂直方向のレベルがある。この

階層レベルは、中間管理職のレベルから経営層のレベルにまでわたる。階層レベルに割り当てられる責任、説明責任、および権限は、組織構造の中で要員がどのように所定の機能を実行することができるかを示している。

【語彙】

1. 枠組【わくぐみ】
①枠を組むこと。また、その枠。②物事の仕組み。

2. 分割【ぶんかつ】
いくつかに分けること。分けて別々にすること。

3. 属性【ぞくせい】
(attribute) ①事物の有する特徴・性質。②〔哲〕偶然的な性質とは区別され、物がそれなしには考えられないような本質的な性質。

4. 一本化【いっぽんか】
分れている組織や意見をまとめて一つにすること。

5. 下す【くだす】
最終的な意志をうちだす。命令・判決などを申し渡す。

6. 長【ちょう】
最高責任者。かしら。首領。

7. 処遇【しょぐう】
待遇のしかた。あつかい。

8. 貢献【こうけん】
①みつぎものを奉ること。②力を尽すこと。あずかって力あること。寄与。

9. 士気【しき】
兵士の意気ごみ。また転じて、集団で事を行う時の意気ごみ。

10. 水平【すいへい】

11. 垂直【すいちょく】

12. 中間管理職【ちゅうかんかんりそう】
管理職の中でも、自身より更に上位の管理職 の指揮下に配属されている管理職の事を言う。

【問題】

プロジェクトの成功を判断するためには、組織の戦略やビジネスにおける成果の実現につながる基準も追加されることもあります。追加され得るものとして最適なものを 1 つ選びなさい。

A. プロジェクト・ベネフィット・マネジメント計画書の達成

B. プロジェクト憲章の承認

C. プロジェクトマネジメント計画書の達成

D. 最終プロダクト、サービス、所産の移管

【解答】

　正解は A。プロジェクトの成功を判断するためには、組織の戦略やビジネスにおける成果の実現につながる基準も追加されることもある。追加され得るものとしては、以下のようなものがある。

●プロジェクト・ベネフィット・マネジメント計画書を達成する

●ビジネス・ケースに文書化されている財務指標を満たす

●ビジネス・ケースの非財務指標を満たす

●現在の状態から望ましい将来の状態への組織の移行を完了する

●契約条件を満たす

第三節　マネジメントの役割

第一課　　プロジェクト・マネジャーの役割

　プロジェクト・マネジャーは、プロジェクトの目標を達成するために、プロジェクト・チームのリーダーシップに重要な役割を果たす。この役割は、プロジェクト全体を通して明確化される。多くのプロジェクト・マネジャーは、立ち上げから終了まで一貫してプロジェクトに関与する。しかし、一部の組織では、プロジェクト・マネジャーはプロジェクトの立ち上げに先立って評価や分析に携わることもある。これらの活動には、戦略目標の推進、組織のパフォーマンスの改善、または顧客のニーズを満たすための提案について、経営陣や事業部門リーダーと相談することが含まれることがある。一部の組織では、プロジェクト・マネジャーは、ビジネスアナリシス、ビジネス・ケースの作成、およびプロジェクトのためのポートフォリオマネジメントの側面でマネジメントや支援を要請されることもある。プロジェクト・マネジャーは、プロジェクトから得られるビジネス上のベネフィットを実現することに関連する後続の活動に関与することもある。プロジェクト・マネジャーの役割は、組織ごとに異なることがある。プロジェクトマネジメント・プロセスがプロジェクトに合わせてテーラリングされるのと同様に、最終的には、プロジェクトマネジメントの役割は組織に合わせてテーラリングされる。

　大規模プロジェクトに対するプロジェクト・マネジャーの役割を理解するには、大規模なオーケストラの指揮者の役割になぞらえた単純なアナロジーが役立つかもしれない。

●メンバーシップと役割：　大型プロジェクトとオーケストラはどちらも、異なる役割を演じる多数のメンバーから構成される。大規模なオーケストラともなれば、指揮者の下に 100 人以上もの音楽家がいる。これらの音楽家は、弦楽器、木管楽器、金管楽器、打楽器といった主要なセクションに配置された 25 種類もの異なる楽器を演奏することがある。同様に、大規模プロジェクトでは 100 人以上のプロジェクト・メンバーがいて、それぞれプロジェクト・マネジャーの管理下に入る。チーム・メンバーは、設計、製造、施設管理など異なる多くの役割を果たすことがある。オーケストラの主要なセクションと同様に、チーム・メンバーは複数の事業部門やグループから選出される。音楽家とプロジェクト・メンバーは、それぞれのリーダー配下のチームを構成する。

●チームに対する責任：　プロジェクト・マネジャーと指揮者は共に、そのチームが生み出すもの、すなわちプロジェクトの成果あるいはオーケストラのコンサートに

対してそれぞれ責任を有する。両リーダーは、チームのプロダクトを計画、調整、完了するためにその全体像を把握する必要がある。両リーダーは、それぞれの組織のビジョン、ミッションおよび目標を見直して、そのプロダクトとの整合性を確認することから始める。両リーダーは、プロダクトの完了を成功させるに至るビジョン、ミッションおよび目標を解釈する。両リーダーはその解釈をそれぞれのチームに伝達し、目標を問題なく完了できるようチームを動機づけるために使用する。

●知識とスキル：

指揮者は、オーケストラのすべての楽器を演奏できることを求められてはいないが、音楽の知識、理解、そして経験を有していなければならない。指揮者はオーケストラに、コミュニケーションを介してリーダーシップを発揮し、計画、調整を行う。指揮者は楽譜と練習スケジュールという形で、書面でのコミュニケーションを提供する。指揮者はまた、指揮棒や身振り手振りでリアルタイムにチームとコミュニケーションをとる。

プロジェクト・マネジャーは、プロジェクトのすべての役割を実行することを求められてはいないが、プロジェクトマネジメントの知識、技術的知識、理解、経験を有していなければならない。プロジェクト・マネジャーはプロジェクト・チームに、コミュニケーションを介してリーダーシップを発揮し、計画、調整を行う。プロジェクト・マネジャーは書面でのコミュニケーション（計画書やスケジュールなど）を提供し、会議や口頭または非言語による指示によってリアルタイムでチームとコミュニケーションをとる。

調査によると、成功するプロジェクト・マネジャーはある種の本質的に重要なスキルを一貫して効果的に発揮する。調査によると、プロジェクト・マネジャーの上位2%が上司およびチーム・メンバーから指名され、ポジティブな姿勢を示しながら優れた関係とコミュニケーション能力を実証することにより自身を際立たせていることが明らかになっている。

プロジェクトの複数の側面にわたって適用される、チームやスポンサーを含むステークホルダーとコミュニケーションをとる能力には次が含まれるが、これらに限定されるものではない。

●複数の方法（口頭、書面、非言語など）を使って細かく調整されたスキルを開発すること。

●コミュニケーション計画とスケジュールをすること。

●プロジェクト・ステークホルダーのコミュニケーション・ニーズを理解しようとすること（プロジェクトのプロダクトやサービスが完了するまで、コミュニケーションは一部のステークホルダーが受け取る唯一の成果物であり得る）。

●コミュニケーションを簡潔で明瞭、完全、シンプル、かつ関連性があり、テーラリングされたものにすること。

●重要な良い知らせと悪い知らせを含むこと。

●フィードバック・チャネルを組み込むこと。

　プロジェクト・マネジャーの影響が及ぶ範囲全体を通して要員がネットワークを広げることを含む関係構築スキル。このネットワークには、組織の階層のような正式なネットワークが含まれる。しかし、プロジェクト・マネジャーが構築し、維持し、育成する非正式なネットワークの方がより重要である。略式のネットワークは、当該分野専門家や影響力のあるリーダーを使用することで、プロジェクト・マネジャーは、問題を解決したりプロジェクトで遭遇する官僚主義の中でプロジェクトを進めたりする際に、複数の人を関与させることができる。

【語彙】

1. ビジネスアナリシス【Business Analysis】
ニーズを定義し、ステークホルダーに価値を提供するソリューションを推奨することにより、エンタープライズにチェンジを引き起こすことを可能にする専門活動である。

2. ビジネス・ケース
投資やプロジェクトを実施するか否かの最終投資決定を行うために必要 な戦略上、財務上、商業上、技術上、操業上およびその他の情報や分析を提供する。

3. ポートフォリオ【Portfolio】
紙ばさみ、書類入れのこと。 転じて、個人や企業が所有する金融資産の組み合わせのことを指す。

4. オーケストラ【orchestra】
①管弦楽。②管弦楽団。

5. なぞらえる
①仮にそうだと考える。同類とみなす。擬する。見立てる。②まねる。似せる。

6. アナロジー【analogy】
類推。類比。

7. メンバーシップ【membership】
団体の構成員であること。また、その地位・資格。

8. 弦楽器【げんがっき】
箏・琵琶・三味線・ハープ・バイオリン・ギターなどのように弦を張って弾奏する楽器。弾奏楽器。

9. 木管楽器【もっかんがっき】
木製の管楽器の総称。また、構造・発音原理が等しい金属製その他の同類楽器の呼称。フルート・オーボエ・クラリネット・サキソフォンの類。

10. 金管楽器【きんかんがっき】
金属製の管楽器。トランペット・トロンボーン・コルネット・ホルンの類。広義には唇簧しんこう管楽器の総称。ブラス。

11. 打楽器【だがっき】
打って音を発する楽器の総称。木・金属・皮膜などで製する。単にリズムを有するバスドラム・カスタネットの類と、明確な音程を有するティンパニ・シロフォンの類と

がある。また体鳴楽器と膜鳴楽器とに分類する。パーカッション。

12. 見直す【みなおす】

①改めて見る。もう一度見て誤りを正す。②それまでの見方を改める。前に気づかなかった価値を認める。

13. 動機づける【どうきづける】

人間やその他の動物に、目的志向的行動を喚起させ、それを維持し、さらにその活動のパターンを統制していく。

14. 身振り手振り【みぶりてぶり】

意思の疎通を図るために、言葉ではなく体全体や手の動作で意志や感情を表現すること。

15. リアルタイム【real time】

即時。同時。実時間。

16. 口頭【こうとう】

文書によらず、口で述べること。口さき。

17. ポジティブ【positive】

積極的。肯定的。

18. 際立つ【きわだつ】

他との区別がはっきりとして目立つ。顕著である。

19. スポンサー【sponsor】

①資金を出してくれる人。後援者。②放送番組の提供者。広告主。

20. フィードバック【feedback】

電気回路で出力の一部が入力側にもどり、それによって出力が増大または減少すること。また一般に、結果に含まれる情報を原因に反映させ、調節をはかること。帰還。餽還。

21. 遭遇【そうぐう】

思わぬ場面であうこと。不意に出会うこと。

22. 官僚主義【かんりょうしゅぎ】

第二課　リーダーシップ・スキル

　リーダーシップ・スキルとは、チームを統率し、モチベーションを与えながら導いていく能力を言う。こうしたスキルには、交渉力、レジリエンス（精神的回復力）、コミュニケーション力、問題解決力、クリティカル・シンキング、および人間関係のスキルなど、不可欠な能力の発揮が含まれることがある。プロジェクトを通して戦略を実行する事業が増えるなか、プロジェクトはますます複雑になってきている。プロジェクトマネジメントとは、単なる数字やテンプレート、図表、グラフ、コンピューティング・システムでの作業を超えたものである。あらゆるプロジェクトに共通する

のは人である。人は数えられるが、数字ではない。

（1）人への対処

　プロジェクト・マネジャーの役割の大部分は対人的なものである。プロジェクト・マネジャーは、人の行動と意欲を探る必要がある。リーダーシップは組織におけるプロジェクトの成功に不可欠であるため、プロジェクト・マネジャーは、プロジェクト・チーム、運営チーム、およびプロジェクト・スポンサーを含むすべてのプロジェクト・ステークホルダーと協働する際に、リーダーシップ・スキルや資質を適用する。

（2）リーダーの資質とスキル

　明確なビジョンを持っていること（例：プロジェクトのプロダクト、目的、目標の説明に役立つ。理想を抱くことができ、その理想を他の人にわかりやすく説明できる）

　　　●楽観的でポジティブであること
　　　●協調的であること
　次の事項を通して、関係やコンフリクトをマネジメントすること
　　　●信頼を構築する。
　　　●懸念を一掃する。
　　　●コンセンサスを追求する。
　　　●競合し相反する目的のバランスを取る。
　　　●説得、交渉、妥協、およびコンフリクト解消のスキルを適用する。
　　　●個人的および専門家としての人脈を構築し育成する。
　　　●人間関係はプロジェクトと同様に重要であるという長期的視点をもつ。
　　　●政治的洞察力を継続的に育成し適用する。
　次の方法でコミュニケーションをとること。
　　　●コミュニケーションに十分な時間を費やす（研究によると、有能なプロジェクト・マネジャーは、プロジェクトでの時間のおよそ90%をコミュニケーションに費やしている）。
　　　●期待をマネジメントする。
　　　●フィードバックを快く受け入れる。
　　　●建設的なフィードバックを与える。
　　　●問いかけ、耳を傾ける。
　　　●他者を尊重し（他者の自立性保持を支援する）、礼儀正しく、親しみやすく、親切で、正直で、信頼でき、忠実で、かつ倫理的であること
　　　●誠実で高潔、文化的に敏感で、勇気があり、問題を解決でき、かつ決心が固いこと
　　　●認めるべき他者の功績は認めること
　　　●結果指向かつ行動指向の生涯学習者であること
　次を含む重要事項に重点的に取り組むこと
　　　●必要に応じて見直しと調整を加え、継続的に作業の優先順位をつける。

●自身とプロジェクトに合った優先順位付けの方法を見い出し活用する。

●ハイレベルの戦略的優先事項（特にプロジェクトに不可欠な成功要因に関連するもの）を差別化する。

●プロジェクトの主要な制約条件を継続的に監視する。

●戦術的優先事項に柔軟に対応する。

●不可欠な情報を取得するために膨大な量の情報を取捨選択できる。

●プロジェクトに対して全体的かつ体系的視点を持ち、内部的要因と外部的要因を同等に考慮すること

●クリティカル・シンキング（決定に至る分析方法の適用など）を適用し、地震を変更の起爆剤とすること

●効果的なチームを構築し、サービス指向で、ユーモアがあり、チーム・メンバーと効果的に情報を交換できること

（3）政治、権威、業務の遂行

リーダーシップおよびマネジメントとは、最終的には物事を成し遂げることができることを言う。上述のスキルと資質は、プロジェクト・マネジャーがプロジェクトの目的と目標を達成するのに役立つ。これらのスキルと資質の多くの根底にあるのは、政治的に対応する能力である。政治とは、影響、交渉、自律性、および権威に関わるものである。

政治とその関連要素は、「良い」か「悪い」か、「正」か「負」だけに留まらない。組織がどう機能するかをよく理解すればするほど、プロジェクト・マネジャーが成功する可能性は高まる。プロジェクト・マネジャーは、プロジェクトおよび組織の情勢を吟味してデータを収集する。そしてデータは、プロジェクト、関係者、組織、および環境を考慮して全体的にレビューされなければならない。このレビューは、プロジェクト・マネジャーが最も適切な行動を計画し、実施するために必要な情報と知識を生み出す。プロジェクト・マネジャーの行動は、他者に影響を及ぼし交渉する上で適正な権威を選択した結果である。一方、権威の行使は他の人の感情に敏感であり、他の人を尊重する責任が伴う。プロジェクト・マネジャーの効果的行動は、関係者の自律性を維持する。プロジェクト・マネジャーがとる行動は、プロジェクトの目標を達成するために必要な活動を適切な要員が実行するという結果を導く。

権威は、個人または組織にみられる資質と言える。権威は、他の要因によるリーダーの捉え方に依存することが多い。プロジェクト・マネジャーが他の要員との関係を認識することは必要不可欠である。人間関係によってプロジェクト・マネジャーはプロジェクトで物事を成し遂げることができる。プロジェクト・マネジャーが自由に使える権威には様々な形態がある。プロジェクトにおいて、その特質と様々な要因が絡み合うことで、権威そのものと権威を行使することは複雑になり得る。

●職位による（例：組織またはチーム内で与えられた正式な職位）

●情報による（例：収集や配信のコントロール）

●後ろ盾による（例：個人に対して他者が抱く敬意や賞賛、得られた信頼性）

●状況による（例：特定の危機など固有の状況に起因する）

●人格またはカリスマ性による（例：魅力、引き付ける力）

●関係性による（例：ネットワーキング、人脈、提携への参加）

●専門性による（例：スキル、保有情報、経験、トレーニング、教育、資格認定など）

●報酬による（例：賞賛、金銭、その他望むものを与える能力）

●罰を与えるまたは強制による（例：懲罰や否定的な結果を行使する能力）

●愛想の良い態度による（例：好意や協力を引き出すためのお世辞やその他共通な要素の活用）

●圧力による（例：望ましい行動に従わせる目的で選択や移動の自由を制限する）

●罪悪感による（例：責任や義務感の強制）

●説得する（例：人を望ましい一連の行動へと動かすための論拠を提供する能力）

●回避する（例：参加を拒否する）

　有能なプロジェクト・マネジャーは、積極的かつ意図的に権威を行使する。これらのプロジェクト・マネジャーは、組織の方針、取決め、手続きの内で、与えられるのを待つのではなく、むしろ必要とする権威や権力を積極的に獲得しようと努める。

【語彙】

1. 協働【きょうどう】

(cooperation; collaboration) 協力して働くこと。

2. コンフリクト【conflict】

意見や利害の衝突、葛藤、対立。

3. 懸念【けねん】

気にかかって不安に思うこと。心配。

4. 一掃【いっそう】

①一度に払い去ること。②残らず払いのけること。

5. コンセンサス【consensus】

意見の一致。合意。特に、国家の政策についていう。

6. 洞察【どうさつ】

よく見通すこと。見抜くこと。

7. 費やす【ついやす】

財物などを、つかってなくする。消費する。また、浪費する。

8. 快い【こころよい】

気持がよい。心中にわだかまるものがない。愉快である。

9. 高潔【こうけつ】

精神がけだかくいさぎよいこと。高尚で潔白なこと。

10. 生涯学習【しょうがいがくしゅう】

一般には、人々が生涯に行うあらゆる学習、すなわち、学校教育、社会教育、文化活

動、スポーツ活動、レクリエーション活動、ボランティア活動、企業内教育、趣味など様々な場や機会において行う学習の意味で用いられる。

11. 見い出す【みいだす】

①外の方を見る。見やる。眺めやる。②尋ね出す。見つけ出す。発見する。

12. 柔軟【じゅうなん】

やわらかなこと。しなやかなこと。

13. 取捨選択【しゅしゃせんたく】

悪いものや不用なものを捨て、良いものや入用なものだけを選び取ること。

14. 成し遂げる【なしとげる】

物事をしとげる。完成する。

15. 吟味【ぎんみ】

①詩歌を吟じ、そのおもむきを味わうこと。②物事を詳しく調べて選ぶこと。

16. 伴う【ともなう】

①つれだつ。つれそう。いっしょに行く。つれて行く。②同時に生ずる。同時に生じさせる。つきまとう。

17. 捉え方【とらえかた】

ものの認識のし方、把握方法などを意味する表現。

18. 絡み合う【からみあう】

①互いにまきつく。②複雑に関係し合う。

19. 後ろ盾【うしろだて】

①背後を防ぐために楯となるもの。②かげにいて助けること。また、その人。うしろみ。後援。

20. カリスマ【charisma】

（神の賜物の意）超人間的・非日常的な資質。英雄・預言者などに見られる。カリスマ的資質をもつものと、それに帰依するものとの結合を、M. ウェーバーはカリスマ的支配と呼び、指導者による支配類型の一つとした。

21. 報酬【ほうしゅう】

労働・骨折りや物の使用の対価として給付される金銭・物品。

22. 賞賛【しょうさん】

ほめたたえること。称賛。

23. 愛想【あいそ】

人に接して示す好意や愛らしさ。人あしらいのよさ。

24. 引き出す【ひきだす】

①中にあるものを引っ張って外へ出す。②隠れているものを取り出してわかるようにする。

25. 拒否【きょひ】

要求・希望などを承諾せず、はねつけること。拒絶。

【表現】

一、〜に留まらない
　　一定範囲内に収まるものではないさま。

§　例文　§

1. 不登校現象は70年代を通して大都市にとどまらず、地方にまで波及していった。
2. ビートルズの音楽は世間を驚かせたにとどまらず、若者に与えた影響には大変なものがある。
3. 単なる訳者にとどまらない鴎外の審美学は、坪内逍遥との没理想論争にも現れており、田山花袋にも影響を与えた。
4. 既存の製薬の枠にとどまらず、幅広い分野の専門家と協業していきたい。

二、〜ほど
　　「〜ば〜ほど〜」は「〜に比例して、更に〜」という比例変化を表す文型ですが、「〜ば」が省略されることも、例文1のように「名詞＋ほど」の形もあります。

§　例文　§

1. 弱い犬ほどよく吠える。＜ことわざ＞
2. 誤りを正すのは、早ければ早いほどいい。
3. 青年よ、大志を抱け！夢は大きいほどいい。

三、〜そのもの
　　「そのもの」は名詞と接続するときは、前に来る語を強調して「他の何物でもなく、正しくそれ自身」という意味を表す名詞になります。「〜以外の何ものでもない」はそのもっと強調した表現になります。

　　また、ナ形容詞につくときは、「真剣そのもの・元気そのもの・窮屈そのもの・幸せそのもの・正直そのもの・熱心そのもの…」のように、「非常に〜だ」という程度強調の表現になります。

§　例文　§

1. 彼は真面目そのものだ。ただ、ちょっと融通が利かないところがあるけれど。
2. 彼は金八先生顔負けの熱血教師そのものだ。
3. コンピューターそのものは、使う人がいなければ、何も生み出さない。
4. 「若いときの苦労は買ってでもせよ」と言われるが、苦労そのものに価値はない。
5. あの二人の関係は純愛以外の何ものでもない。

【問題】

1. チーム憲章に記述すべき内容として正しいものはどれでしょうか。1つ選びなさい。

A. チーム・メンバー名
B. チーム内の役割分担
C. プロジェクト組織図

D. 意思決定の基準およびプロセス

2. プロジェクト・マネジャーには、リーダーシップとマネジメントの両方が必要です。リーダーシップの内容として正しいものを 1 つ選びなさい。

A. 人との関係に重点をおく
B. システムと構造に重点をおく
C. 利益に重点をおく
D. 定常業務の課題と解決に重点をおく

【解答】

1. 正解は D。チーム憲章は、チームの価値観、合意、業務のためのガイドラインを明確にする文書である。次のような項目が含まれる。
　●チームの価値観
　●コミュニケーションのガイドライン
　●意思決定の基準およびプロセス
　●コンフリクトの解決プロセス
　●会議のガイドライン
　●チーム合意
　チーム憲章の一部の内容を作成し、チーム・メンバーと共有するロールプレイを行う。チームを活性化することは、プロジェクト・マネジャーの重要な役割のひとつである。

2. 正解は A。マネジメントという用語は、期待される既知の行動を通して他者をある地点から別の地点へ到達するように導くことと密接に関連している。これとは対照的に、リーダーシップとは、他者をある地点から別の地点へと導くために議論や討議を通して他者と共に物事を進めることである。

第四節　総合マネジメント

第一課　　プロジェクト統合マネジメント

　プロジェクト統合マネジメントは、プロジェクトマネジメント・プロセス群内の各種プロセスとプロジェクトマネジメント活動の特定、定義、結合、統一、調整などを行うために必要なプロセスおよび活動からなる。プロジェクトマネジメントの観点から、統合には、統一、集約、コミュニケーション、および相互関係の特性が含まれる。これらの活動は、プロジェクトの最初から最後まで適用されなければならない。
　プロジェクト統合マネジメントには、次のような事項が含まれる。
●資源の配分
●競合する要求のバランスをとること
●代替手法の検討
●プロジェクト目標を達成するためのプロセスのテーラリング
●プロジェクトマネジメント知識エリアにまたがる相互依存関係のマネジメント
　プロジェクト総合マネジメント・プロセスは次の通りである。
　1. プロジェクト憲章の作成—プロジェクトの存在を正式に認可し、プロジェクト・アクティビティに組織の資源を適用する権限をプロジェクト・マネジャーに与えるための文書を作成するプロセス。
　2. プロジェクトマネジメント計画書の作成—すべての計画書構成要素を定義、作成、調整し、これらを統合っされたプロジェクトマネジメント計画書へ集約するプロセス。
　3. プロジェクト作業の指揮・マネジメント—プロジェクト目標を達成するために、プロジェクトマネジメント計画書で定義された作業をリードし、遂行し、また承認済み変更を実施するプロセス。
　4. プロジェクト知識のマネジメント—プロジェクトの目標を達成して組織としての学習に貢献するために、既存の知識を使用し、新しい知識を創造するプロセス。
　5. プロジェクト作業の監視・コントロール—プロジェクトマネジメント計画書に定義されたパフォーマンス目標を達成するために、全体的な進捗状況を追跡し、レビューし、報告するプロセス。
　6. 総合変更管理—すべての変更要求をレビューし、変更を承認して、成果物、組織のプロセス資産、プロジェクト文書、プロジェクトマネジメント計画書などへの変更をマネジメントし、決定事項を伝達するプロセス。
　7. プロジェクトやフェーズの終結—プロジェクト、フェーズ、または契約上のすべての活動を完結するプロセス。

【語彙】

1. 結合【けつごう】
結び合うこと。結び合せて一つにすること。その結びつき。

2. 集約【しゅうやく】
あつめてまとめること。

3. 相互関係【そうごかんけい】
おたがいの関係。相関関係。

4. 配分【はいぶん】
くばり分けること。わりあてくばること。

5. 代替【だいたい】
他のもので代えること。だいがえ。

6. またがる
①股を開いて乗る。②一方から他方へかかる。わたる。

7. エリア【area】
地域。区域。

8. アクティビティ【activity】
活動。行動。

9. 憲章【けんしょう】
①重要なおきて。原則的なおきて。②憲法の典章。

10. リード【lead】
指導。先導。

11. 進捗【しんちょく】
物事が進みはかどること。

12. 終結【しゅうけつ】
①物事が終りになること。しまい。おわり。②論理学や数学で、仮設から推論によって得られる結論。帰結。

13. 完結【かんけつ】
①完全に終ること。②それ自体でまとまった形にととのっていること。

第二課　　プロジェクトマネジメント計画書の作成

　プロジェクトマネジメント計画書は、プロジェクトを実行、監視、コントロール、および終結する方法を記述した文書である。それは、補助マネジメント計画書およびベースラインのすべてと、プロジェクトをマネジメントすために必要なその他の情報を統合し集約する。プロジェクトのニーズは、プロジェクトマネジメント計画書のどの構成要素が必要なのかを決める。

　構成要素：

●スコープ・マネジメント計画書：スコープの定義、開発、監視、コントロール、憲章の方法を確立する。

●要求事項マネジメント計画書：要求事項の分析、文書化、およびマネジメント方法を確立する。

●スケジュール・マネジメント計画書：スケジュールの開発、監視、コントロールのための基準とアクティビティを確立する。

●コスト・マネジメント計画書：コストの計画、構造化、およびコントロール方法を確立する。

●品質マネジメント計画書：プロジェクトにおける組織の品質方針、方法論、および標準の実施方法を確立する。

●資源マネジメント計画書：プロジェクト資源が分類、配賦、マネジメントおよびリリースされる方法についてのガイダンスを提供する。

●コミュニケーション・マネジメント計画書：プロジェクトに関する情報をいつ、誰が、どのように管理し、普及させるかを確立する。

●リスト・マネジメント計画書：リスク・マネジメント活動を構造化し実施する方法を確立する。

●調達マネジメント計画書：プロジェクト・チームがものおよびサービスを母体組織の外部から取得する方法を確立する。

●ステークホルダー・エンゲージメント計画書：ニーズ、興味、影響度に応じてステークホルダーがプロジェクトの決定および実施に関与する方法を確立する。

【語彙】
1.監視【かんし】
（悪事が起らないように）見張ること。
2.補助【ほじょ】
おぎない助けること。また、その助けになるもの。
3.ベースライン【baseline】
野球で、塁と塁とを結ぶ線。またテニスで、コートの限界線。
4.記述【きじゅつ】
①文章にかきしるすこと。また、書きしるしたもの。②(description) 対象や過程の特質をありのままに秩序正しく記載すること。説明や論証の前段階として必要な手続。
5.分類【ぶんるい】
①種類によって分けること。類別。②〔論〕(classification) 区分を徹底的に行い、事物またはその認識を整頓し、体系づけること。
6.配賦【はいふ】
わりあてること。配分。
7.普及【ふきゅう】
広く一般に行きわたること、また、行きわたらせること。

第三課　　プロジェクト知識のマネジメント

　プロジェクト知識のマネジメントは、プロジェクトの目標を達成し組織としての学習に貢献するために、既存の知識を使用し、新しい知識を創造するプロセスである。このプロセスの主な利点は、プロジェクトの成果を生み出したり改善したりするために組織の既存知識が活用されること、そして、プロジェクトによって創造された知識を組織の業務や将来のプロジェクトやフェーズを支援するために利用できることにある。このプロセスは、プロジェクト全体を通して実行される。

　知識は、一般的に「形式知」（単語、絵、数字を使って容易に文書化できる知識）と「暗黙知」（信条、洞察、経験、「ノウハウ」など、個人的で表現するのが困難な知識）に分かれる。知識マネジメントは、既存の知識を再利用することと新しい知識を創成するというふたつの目的のために「形式知」と「暗黙知」の両方をマネジメントすることに関連している。これら両方の目的を支える重要な活動は、（異なる領域からの知識、文脈的知識、プロジェクトマネジメント知識の）知識共有と知識統合である。

　知識のマネジメントに関わるよくある誤解は、共用するためだけに文書化することだけだということである。別の良くある誤解は、知識のマネジメントは将来のプロジェクトで利用するために教訓を得ることにもっぱら関与するということである。このような方法で共有できるのは、文書化された形式知だけである。しかし、文書化された形式知にはコンテキストが欠けているため、異なる解釈が可能であり、そのため容易に共用できたとしても、必ずしも適切に理解または適用されるとは限らない。暗黙知には組み込まれたコンテキストがあるが、文書化することは非常に難しい。それは個々の専門家の心の中、または社会的集団や状況の下にあり、通常は人々の会話や相互作用を通して共用される。

　組織の観点からいえば、知識マネジメントとは、プロジェクト・チームやその他のステークホルダーのスキル、経験、専門知識がプロジェクトの前後およびその期間中に確実に使用されるようにすることである。知識は人々の心に内在しており、人々に知っていることを共有する（または他者の知識に注意を払う）よう強制することはできないので、知識マネジメントで最も重要な点は、信頼の雰囲気を育んで人々に知識を共有するよう動機付けることである。人々が知っていることを共用したり、他の人が知っていることに注目したりするように動機付けられていなければ、たとえ最高の知識マネジメント・ツールや技法があっても機能しない。実際、知識は、知識マネジメントのツールや技法（人と人との相互作用）と、情報マネジメントのツールと技法（人々がその形式知の一部を文書化することによって共有できるようになる）を織り交ぜて使用することによって共有される。

　知識マネジメントのツールおよび技法は、新しい知識を創出し、暗黙知を共有し、

多様なチーム・メンバーの知識を統合するために、人々を提携する。

　●略式の社会的交流やオンラインのソーシャル・ネットワーキングなどのネットワーキング、人々がオープンに質問することができるオンライン・フォーラム（「誰が何について何を知っているのか」）は、専門家と知識共有の会話を開始するのに役立つ

　●実務慣行のコミュニティ（時には共通の興味を持つコミュニティまたは単にコミュニティと呼ばれる）および分科会

　●参加者がコミュニケーション技術を使用して交流できるバーチャル会議を含めた会議

　●作業シャドーイングと逆シャドーイング

　●フォーカス・グループなどのディスカッション・フォーラム

　●セミナーや会議などの知識共有イベント

　●教訓を識別するように設計された問題解決セッションや学習レビューを含むワークショップ

　●ストーリーテリング

　●創造性とアイデアのマネジメント技法

　●知識フェアとカフェ

　●学習者間の相互作用を伴うトレーニング

　これらのツールと技法はすべて、対面、バーチャル、あるいはその両方で適用できる。対面での対話は、通常、知識をマネジメントするために必要な信頼関係を構築する最も効果的な方法である。関係がいったん確立されると、バーチャルな対話を使用して関係を維持することができる。

【語彙】

1. 暗黙【あんもく】
意思を外面に表さないこと。だまって言わないこと。

2. ノウハウ【know-how】
技術的知識・情報。物事のやり方。こつ。

3. もっぱら
その事ばかり。それを主として。まったく。

4. 欠ける【かける】
①一部分こわれる。損じる。なくなる。②あるべきものが無い。

5. 組み込む【くみこむ】
①組んで中に入れる。編みこむ。②仲間に入れる。編入する。組み入れる。

6. 育む【はぐくむ】
養い育てる。成長発展をねがって育成する。

7. 織り交ぜる【おりまぜる】
①模様などを交ぜて織り込む。②ある物事の中に他の物事を組み入れる。

8. 略式【りゃくしき】
正式の手続や様式を省略して簡単にした方式。略儀。

9. ソーシャル【social】
①社会的。②社交的。

10. オープン【open】
①開くこと。開始。開店。開業。②開いてあるさま。規制のないさま。開放。公開。
③おおわれていないこと。④態度があけっぴろげなさま。隠しごとのないさま。

11. フォーラム【forum】
①古代ローマ時代の公共広場。特に、ローマ市の中心にあった広場。市民生活の中心
で、商取引または政治など公事のための集会所。②フォーラム - ディスカッションの
略。公開討論会。

12. コミュニティ【community】
一定の地域に居住し、共属感情を持つ人々の集団。地域社会。共同体。

13. 分科会【ぶんかかい】
全体を専門分野ごとに細かく分けて開く会合。

14. シャドーイング
音声を聞いた後、即座に復唱する実験技術である 。転じて、先輩の後を 影のように
付いて回り、業務について学ぶことを言う。

15. フォーカス・グループ【Focus group】
マーケティング調査手法の１つ。市場セグメントを代表する人を会議室などに 複数
集めて、互いに意見を出したり議論してもらうことで、情報やフィードバックを得る
手法。

16. ディスカッション【discussion】
討議。討論。

17. セミナー【seminar】
①大学の教育方法の一。教員の指導の下に少数の学生が集まって研究し、発表・討論
などを行うもの。演習。ゼミ。セミナー。②一般に、講習会。

18. イベントイベント【event】
①催し。行事。
②（運動競技・試合の）種目。試合。エベント。

19. 識別【しきべつ】
みわけること。

20. セッション【session】
①会期。学期。②軽音楽で、演奏者が集まること。

21. ストーリーテリング
伝えたい思いやコンセプトを、それを想起させる印象的な体験 談やエピソードなど
の "物語" を引用することによって、聞き手に強く印象付ける手法の ことである。

22. いったん
①一朝。一日。②ひとたび。一度。③しばらくの間。一時。当座。一応。

【表現】

一、～よう

　様態の「～ようだ」の連用形が「～よう（に）」で、願望や要請を表す場合に使われます。「神様、どうぞ合格しますように」のように自分の願望を表すときにも使われますし、例文1のように手紙の文末でもよく使われる表現です。この「～ように」が相手に対して使われたときは、「～ようにしてください」の省略形と考えていいでしょう。

§　例文　§

1. 先生にはいつまでも御健勝であられますように。敬具
2. 部長、ただ今社長から、至急来るようにとのお電話がございました。
3. 来日の際は是非とも私どもの宅にお立ち寄りくださいますよう、家族一同、首を長くしてお待ちしております。

【問題】

1. プロジェクト憲章に記述すべき内容として、正しいものを1つ選びなさい。
A. プロジェクトの目的、スケジュールと実績、品質評価基準と品質評価結果
B. 任命されたプロジェクト・マネジャーの名前、そのプロジェクトに稼働実績を残した全メンバーの名前
C. プロジェクトの目的、要約マイルストーン・スケジュール、ハイレベルのリスク、要約予算
D. プロジェクトの目的、特定した全ステークホルダーの一覧

2. 暗黙知の共有策として有効な策はどれでしょうか。1つ選びなさい。
A. 文書化しデータベースに格納する
B. 教訓登録簿に記録し、プロジェクトやフェーズの終わりに、教訓登録簿の内容を教訓リポジトリと呼ばれる組織のプロセス資産に移す
C. 暗黙知なので共有は不可能
D. 人々の会話や相互作用

【解答】

1. 正解は C。プロジェクト憲章は、プロジェクトのビジネス・ニーズや顧客のニーズについてのプロジェクトないしフェーズ立上げ時における理解等を文書化したものである。プロジェクトの実行に伴って生成される情報は記載されない。

　また、ステークホルダーの一覧は、ステークホルダー登録簿と呼ばれる文書にまとめる。プロジェクト憲章には、一般的には次のような内容が含まれる。

●プロジェクトの目的や妥当性

●測定可能なプロジェクト目標や関連する成功基準

●ハイレベルの要求事項

●ハイレベルのプロジェクト記述

●ハイレベルのリスク、要約マイルストーン・スケジュール

●要約予算、プロジェクトの承認要件

●任命されたプロジェクト・マネジャーやその責任、権限のレベル

●スポンサーやその他のプロジェクト憲章を認可する人の名前や地位

2. 正解は D。暗黙知はコンテキストを含んでいるため文書化が困難である。暗黙知は専門家個人の心の中や、状況の中に潜んでいる。通常は会話や人々の相互作用により共有される。

第五節　プロジェクト・スコープ・マネジメント

第一課　　プロジェクト・スコープ・マネジメント

　プロジェクト・スコープ・マネジメントは、プロジェクトを成功裏に完了するために必要なすべての作業を、かつ必要な作業のみをプロジェクトが含むことを確認するために必要なプロセスからなる。プロジェクト・スコープのマネジメントでは、プロジェクトに何が含まれ、何が含まれないかを定義し、コントロールすることに主眼を置いている。

　要求事項はプロジェクトマネジメントにおいて常に懸念事項であり、引き続きプロフェッションにおいて注目を集めている。世界の環境がますます複雑になるのに伴い、組織は、要求事項に関する活動を定義し、マネジメントし、およびコントロールすることによって、ビジネスアナリシスを競争上の優位性にどう活用するかを認識するようになっている。

　ステークホルダーの要求事項を引き出し、文書化し、マネジメントすることは、プロジェクト・スコープ・マネジメントのプロセス内で行われる。プロジェクト・スコープ・マネジメントの傾向と新たな実務慣行は、ビジネスアナリシス専門家と次のような協業に焦点があてられる。

　●問題を決定し、ビジネス・ニーズを特定する。

　●これらのニーズを満たすための実行可能なソリューションを特定し、推奨する。

　●ビジネスおよびプロジェクトの目標を達成するためにステークホルダーの要求事項を引き出し、文書化し、マネジメントする。

　●プログラムやプロジェクトのプロダクト、サービス、または最終所産についての実行がうまく進むように促進する。

　プロジェクト・マネジャーとビジネスアナリシスとの関係は、協力的なパートナーシップがなければならない。プロジェクト目標を成功のうちに達成するためにプロジェクト・マネジャーとビジネスアナリシスが互いの役割と責任を十分に理解しあうことによって、プロジェクトが成功する可能性はより高まる。

【語彙】
1.成功裏【せいこうり】
成功といえる状態のうち。
2.主眼【しゅがん】
物事の最も重要な点。かなめ。眼目。

3. 引き続き【ひきつづき】
それまで行われていたものに続けること。続いていること。副詞的にも用いる。
4. プロフェッション【profession】
職業。
5. 優位性【ゆういせい】
別のものを比較して、優れている点や性質のこと。
6. 傾向【けいこう】
性質・状態などが一定の方向にかたむくこと。また、その具合。かたむき。
7. 新た【あらた】
新しいこと。改めて始まること。
8. 協業【きょうぎょう】
(co-operation) 一連の生産工程を多くの労働者が分担して協同的・組織的に働くこと。
9. 焦点【しょうてん】【focus】
転じて、人々の注意や興味の集まるところ。また、問題の中心点。
10. ソリューション【solution】
①溶解。溶液。液体。②問題を解決すること。
11. 推奨【すいしょう】
良いものであるとして、人にすすめること。ほめてひきたてること。
12. 促進【そくしん】
物事がはかどるように、うながしすすめること。
13. パートナーシップ【partnership】
協力関係。提携。

第二課　　要求事項の収集

　要求事項の収集は、目標を達成するために、ステークホルダーのニーズや要求事項を決定し、文書化し、かつマネジメントするプロセスである。このプロセスの主な利点は、プロジェクト・スコープを定義する根拠を提供することにある。

　このプロセスに使用できるデータ収集技法には次に含まれるが、これらに限定されるものではない。

　●ブレーンストーミング：ブレーンストーミングは、プロジェクト要求事項に関する複数のアイデアを考え出し、収集するための技法である。

　●インタビュー：インタビューは、ステークホルダーと直接会話をすることによって必要な情報を引き出すという正式または略式の手法である。通常、準備した質問と話しの展開に応じた質問を行い、それに対する回答を記録するという手法が使われる。インタビューは一人の質問者と一人の回答者の間で個別に行われることが多いが、質問者や回答者が複数の場合もある。経験のあるプロジェクトの参加者、スポンサーやその他の役員、および当該分野専門家にインタビューを行うことは、望まれるプロダクト成果物のフィーチャーや機能を特定し、定義することに役立つ。また、インタビューは機密情報を取得するのにも有用である。

●フォーカス・グループ：フォーカス・グループは、一定の条件を満たしたステークホルダーと当該分野専門家を一堂に集めて、提案されているプロダクト、サービス、または所産への期待や意見の聞き取り調査を行う。トレーニングを受けた司会役のモデレーターが、一対一のインタビューよりも会話が弾むようにデザインされた対話型のディスカッションを通して、グループを導いていく。

●アンケートと調査：アンケートと調査は、多数の回答者からの情報を迅速に収集するために考えられた、書面による一連の質問のことである。アンケートと調査は、迅速に結果を得る必要がある場合と回答者が地理的に分散している場合、および統計的分析が使えるときに、さまざまな人を対象とすることに最も適している。

●ベンチマーキング：ベンチマーキングでは、ベストプラクティスを特定し、改善のアイディアを生み出し、パフォーマンス測定基準を提供するために、実施中または計画中のプロダクト、プロセスおよび実務慣行が比較対象組織のものと比較する。ベンチマーキングで比較対象とするのは、内部組織でも外部組織でもよい。

【語彙】

1. ブレーンストーミング【Brainstorming】
新たなアイディアを生み出すための方法の一つ。集団思考、集団発想法、課題抽出ともいう。

2. 当該【とうがい】
そのことに関係のあること。当の，それにあたるなどの意で連体詞的に用いる。

3. フィーチャー【feature】
本来、「顔立ち」とか「容貌」といった意味の英単語。そして特に、顔の中で目立つ場所を指すために使われる。

4. フォーカス・グループ【Focus group】
マーケティング調査手法の1つ。市場セグメントを代表する人を会議室などに複数集めて、互いに意見を出したり議論してもらうことで、情報やフィードバックを得る手法。通常は司会役を立てて進める。

5. 一堂【いちどう】
一つの部屋（建物）。

6. モデレーター【moderator】
司会、議長、仲裁者、仲介者、調停者、調整者などの意味を持つ。

7. 弾む【はずむ】
①物に当る勢いではね返る。はね上がる。②息づかいが激しくなる。③調子づく。形勢が良くなる。

8. 迅速【じんそく】
すみやかなこと。きわめてはやいこと。

9. 一連【いちれん】
ひとつながりになっていること。
10. ベストプラクティス【best practice】
ある結果を得るのに最も効率のよい技法、 手法、プロセス、活動などのこと。最善慣行、最良慣行と訳されることもある。

【問題】

　品質コントロールプロセスとスコープ妥当性確認プロセスとの違いについての説明で、正しいものを、1つ選びなさい。

　A. 品質コントロールはプロジェクトが要求事項を満足させるために必要なすべてのプロセスを確実に用いているか否かに関心があり、スコープ妥当性確認は成果物が公式に受け入れ可能であるかどうかに関心がある
　B. 品質コントロールは成果物に規定されている品質要求事項を満たしているかに関心があり、スコープ妥当性確認は成果物が公式に受け入れ可能であるかどうかに関心がある
　C. 品質コントロールはどの品質規格がそのプロジェクトに関連するかを特定し、どのような計画でそれを満足させるかに関心があり、スコープ妥当性確認は成果物が公式に受け入れ可能であるかどうかに関心がある
　D. 品質コントロールは成果物に規定されている品質要求事項を満たしているかに関心があり、スコープ妥当性確認はプロジェクト・スコープの変更をもたらす要因に働きかけること、変更からの影響をコントロールすることに関心がある

【解答】
　正解は B。スコープ妥当性確認と品質コントロールの違いに関する設問である。

　品質コントロールプロセスでは、プロセスやプロダクトの品質不良の原因を特定し、それらを除去する処置を推奨し、実行する。最終的な目標は、成果物の正確さを決定することである。結果として得られるものは、検証済み成果物である。この検証済み成果物は、公式な受入れのためにスコープ妥当性確認プロセスのインプットとなる。
　スコープ妥当性確認プロセスには、顧客やスポンサーとともに成果物をレビューし、それが満足のいくような形で完成したことを確認し、顧客やスポンサーから成果物の公式な受入れを得ることが含まれる。

　「プロジェクトが要求事項を満足させるために必要なすべてのプロセスを確実に用いているか否かに関心があり…」とは、品質保証プロセスの説明である。「どの品質規格がそのプロジェクトに関連するかを特定し、どのような計画でそれを満足させるかに関心があり…」とは、品質計画プロセスの説明である。「プロジェクト・スコープの変更をもたらす要因に働きかけること、変更からの影響をコントロールすること」とは、スコープコントロールの説明である。

第六節　プロジェクト・スケジュール・マネジメント

　プロジェクト・スケジュール・マネジメントは、プロジェクトを所定の時期に完了するようにマネジメントする上で必要なプロセスからなる。プロジェクト・スケジュール・マネジメント・プロセスは次のとおりである。

　1. スケジュール・マネジメントの計画—プロジェクト・スケジュールの計画、策定、マネジメント、実行およびコントロールをするための方針、手続きおよび文書化を確立するプロセス。

　2. アクティビティの定義—プロジェクト成果物を生成するために遂行すべき具体的な行動を特定し、文書化するプロセス。

　3. アクティビティの順序設定—プロジェクト・アクティビティ間の関係を特定し、文書化するプロセス。

　4. アクティビティ所要期間の見積もり—想定した資源をもって個々のアクティビティを完了するために必要な作業期間を見積もるプロセス。

　5. スケジュールの作成—プロジェクトの実行と監視・コントロールのために、プロジェクト・スケジュール・モデルを作成し、アクティビティの順序、所要期間、資源への要求事項、スケジュールの制約条件などを分析するプロセ。

　6. スケジュールのコントロール—プロジェクト・スケジュールを更新するためにプロジェクトの状況を監視し、スケジュール・ベースラインへの変更をマネジメントするプロセス。

【語彙】

1. アクティビティ【activity】
活動。行動。

2. 見積もる【みつもる】
①目で見て大体をはかる。目分量ではかる。②物事のあらましを考え、それに要する費用・人員・時間などを計算して予測を立てる。つもる。概算する。

3. モデル【model】
①型。型式かたしき。②模型。雛型。③模範。手本。④美術家が制作の対象にする人。⑤小説・戯曲などの題材とされた実在の人物。

4. ベースライン【baseline】
野球で、塁と塁とを結ぶ線。またテニスで、コートの限界線。

【問題】

　進捗報告のフォーマットは、プロジェクトの計画プロセス群で定めるべきことですが、どの文書に含まれるものでしょうか。正しいものを１つ選びなさい。
　A. スケジュール・ベースライン
　B. コミュニケーション・マネジメント計画書
　C. スケジュール・マネジメント計画書
　D. 品質マネジメント計画書

【解答】

　正解はC。スケジュール・マネジメント計画プロセスでは、「スケジュールを計画し、実行し、管理するための方針、手順、文書化の方法」を確立する。そのアウトプットが、スケジュール・マネジメント計画書である。
　進捗報告を通じてプロジェクトの正しい状況を把握することは非常に大切である。ところが、進捗会議を定期的に実施しているにもかかわらず、正しい事実が把握できていないという話を良く聞く。

第七節　プロジェクト・コスト・マネジメント

第一課　プロジェクト・コスト・マネジメント

　プロジェクト・コスト・マネジメントは、プロジェクトを承認済みの予算内で完了するための、計画、見積もり、予算化、資金調達、財源確保、マネジメント、およびコントロールのプロセスからなる。
　1. コスト・マネジメントの計画——プロジェクト・コストを見積もり、予算化し、マネジメントし、監視し、そしてコントロールする方法を定義するプロセスである。
　2. コストの見積もり—プロジェクト作業を完了するために必要な金額の概算を得るプロセスである。
　3. 予算の設定—コスト・ベースラインを作成し認可を得るために、個々のアクティビティやワーク・パッケージのコスト見積もりを集約するプロセス。
　4. コストのコントロール—プロジェクト・コストを更新するためにプロジェクトの状況を監視し、コスト・ベースラインの変更をマネジメントするプロセス。

【語彙】
1. 済み【ずみ】
名詞の下に付いて複合語をつくり、それがもう終わっていること、すでにすんでしまったことを表す。
2. 個々【ここ】
一つ一つ。ひとりひとり。
3. ワーク・パッケージ【work package】
プロジェクト管理の計画手法の一つ、作業分割構成（WBS）における作業要素。「ワークパッケージ」はプロジェクトマネージメントにおけるタスク管理の基本単位の１つであり、個々のワークパッケージに対して、必要な工数や日程スケジュールが割り当てられ、プロジェクトの作業の枠組みが形作られる。
4. コスト・ベースライン【cost baselin】
コストの予算化プロセスで作成され、プロジェクトの予測コストを示す。予算に対応するコスト実績の測定と監視のために用いられる時系列の予算配分である。

第二課　　コストの見積もり

　コストの見積もりは、プロジェクト作業を完了するために必要な資源コストを概算するプロセスである。このプロセスの主な利点は、プロジェクトに必要な資源の概算金額を算出することにある。

　コスト見積もりとは、アクティビティを完了するために必要な資源に対する妥当なコストを定量的に評価することである。それは、ある時点で判明している情報に基づいて行う予測である。コスト見積もりは、プロジェクトを開始してから完了するまでのコストの代替案を特定し、検討する。また、プロジェクトにとって最適なコストを得るために、内製か外製か、買取りかリリースかという判断や、資源共有の方策など、コストのトレードオフやリスクを考慮に入れるべきである。

　コスト見積もりは通常、通貨単位（例：ドル、ユーロ、円など）で表すが、為替変動の影響を受けないように比較をするために、労働時間数、労働日数などの他の測定単位が使用される場合もある。

　プロジェクトの進展にともない、追加の詳細情報が得られ、前提条件が確かめられるのに合わせて、コスト見積もりをレビューし正確さを高めていくべきである。プロジェクトの見積もりの正確さは、プロジェクト・ライフサイクルを通してプロジェクトが進展するにつれて向上する。例えば、プロジェクトの立ち上げフェーズでは、－25%～＋75%の範囲での概算見積もりである。より多くの情報がわかってくるプロジェクト後半では、確定見積もりを－5%～＋10%の正確さの範囲に狭めることができる。見積もりの見直し時期と求められる信頼度または正確さに関するガイドラインを備えている組織もある。

　コストは、プロジェクトに投入されるすべての資源について見積もる。コストには、労力、資材、装置、サービス、施設のほか、インフレーション引当金、資金調達コスト、コンティンジェンシー・コストなどといった特別カテゴリーが含まれるが、これらに限定されるものではない。

【語彙】

1. 算出【さんしゅつ】
計算して求める数値を出すこと。
2. 買取り【かいとり】
買い取ること。買って自分の所有とする。
3. 方策【ほうさく】
はかりごと。てだて。策略。
4. トレードオフ【trade-off】
物価安定と完全雇用のように、同時には成立しない二律背反の経済的関係。

5. ユーロ【Euro】
欧州連合における経済通貨同盟で用いられている通貨である。

6. 為替【かわせ】
手形や小切手によって貸借を決済する方法。離れた地域にいる債権者と債務者の間で貸借を決済する場合，遠隔地に現金を輸送する危険や不便を避けるために使われる。

7. 後半【こうはん】
ひとつながりのものを二つに分けた、あとの半分。

8. 狭める【せまめる】
①せまくする。②人を苦しめる。迫害する。

9. 備える【そなえる】
①物事に対する必要な準備をととのえる。用意する。②物を不足なくそろえておく。設備として持つ。③欠ける所なく身につける。自身のものとして保持している。

10. インフレーション【inflation】
(通貨膨張の意) 通貨の量が財貨の流通量に比して膨張し物価水準が騰貴してゆく過程。その原因により需要インフレ・コスト‐インフレなどに分類される。↔デフレーション。

11. 引当金【ひきあてきん】
企業会計上、特定の費用または損失で、いまだ支出がなされず、その発生原因が当期にあり、しかもその発生の可能性がきわめて高く金額も合理的に見積りうるものを、当期の費用または損失として計上した場合の貸方項目。また、その金額。貸倒引当金・修繕引当金・退職給与引当金など。

12. コンティンジェンシー【contingency】
現にあるがままである必然性がなく，他のようでもありうること。偶発性。不確定性。カテゴリー。

【表現】
一、〜に合わせて
　他動詞「合わせる」から発生したのが「〜に合わせて」で、「〜に調和させて／〜に一致させて」という意味を表します。
§　例文　§
1. カラオケの伴奏に合わせて歌うのは、慣れないうちはうまくいかないものだ。
2. 料理の取り合わせも各種ございまして、御予算に合わせて、お好きなコースをお選びいただけます。
3. 君はいつも上司の意見に合わせて、それに付和雷同しているが、今日はもっと本音で話し合おうじゃないか。

【問題】

1. コスト・マネジメントで行うべき活動として、正しいものを１つ選びなさい。

　A．プロジェクトの成功のためには、不必要な要求事項がプロジェクトのスコープに紛れ込まないようにする

　B．重要なステークホルダーの意見を引出すために、経営者を含めた会合の場を設定する

　C．プロジェクトのコストに対して意見を持っているステークホルダーを特定する

　D．プロジェクトのデザイン・レビューの回数の減少が、プロダクトの運用作業に与える影響を考慮する

2．コスト・マネジメント計画プロセスに含まれる活動として、正しいものを１つ選びなさい。

　A．プロジェクトの資金として、自己資金を使う、株式を発行する、借金でまかなうなどの選択肢を検討する

　B．要求事項の優先順位づけの方法を検討する

　C．コスト見積りの正確性を向上させるために、デルファイ法を実施する

　D．アクティビティ・コスト見積りとスケジュールを考慮して、コスト・ベースラインを策定する

【解答】

正解は D。

　「プロジェクトの成功のためには、不必要な要求事項がプロジェクトのスコープに紛れ込まないようにする」は、スコープ・マネジメントの活動です。

　「重要なステークホルダーの意見を引出すために、経営者を含めた会合の場を設定する」は、ステークホルダー・マネジメントの活動です。

　「プロジェクトのコストに対して意見を持っているステークホルダーを特定する」も、ステークホルダー・マネジメントの活動です。

　「プロジェクトのデザイン・レビューの回数の減少が、プロダクトの運用作業に与える影響を考慮する」は、プロジェクト期間中のコストが、プロジェクトの成果物を活用する定常業務のコストと関連がある。

2. 正解はA。

　「要求事項の優先順位づけの方法を検討する」は、スコープ・マネジメント計画で行います。

　「コスト見積りの正確性を向上させるために、デルファイ法を実施する」は、コスト見積りで行います。

　「アクティビティ・コスト見積りとスケジュールを考慮して、コスト・ベースラインを策定する」は、予算設定の作業内容です。

　「プロジェクトの資金として、自己資金を使う、株式を発行する、借金でまかなうなどの選択肢を検討する」は、コスト・マネジメント計画に含まれます。

第八節　プロジェクト品質マネジメント

　プロジェクト品質マネジメントでは、プロジェクトのマネジメントと成果物のマネジメントを取り扱う。プロジェクト品質マネジメントは、成果物の性質に関わらず、すべてのプロジェクトに適用される。品質要求事項が満たされない場合、一部またはすべてのステークホルダーにとって、深刻なマイナスの結果をもたらす可能性がある。例としては次の事項がある。

　●顧客の要求事項を満たすためプロジェクト・チームに過度の労働を強いることは、利益の減少を招くだけでなく、プロジェクトの全体リスク、従業員の退職、エラー、または手直しを増加させることになる。

　●計画した品質検査を急いでプロジェクトのスケジュール目標を達成しようとすると、エラーの見逃し、利益の減少、実施後のリスク増大を招くことがある。

　検査よりも予防を行う方が望ましい。検査で品質上の課題を見つけるよりも、成果物の品質設計を行う方がよい。一般に、誤りを予防するコストは、検査時または使用中に発見された誤りを是正するコストよりはるかに少ない。

　品質マネジメントは次の五つのレベルで有効性が増加する。

　●通常、顧客が欠陥を見つけてしまうような事態において最も費用がかかってしまう。この場合は、保証上の問題、評判の喪失、手直しコストにつながる可能性がある。

　●品質のコントロール・プロセスの一部として、顧客に成果物を送付する前に欠陥を検出して修正する。品質のコントロール・プロセスに関連するコストがあり、それは主に評価コストと内部不良コストである。

　●品質保証を利用して、個々の欠陥だけでなくプロセス自体を点検し、修正する。

　●プロジェクトとプロダクトの計画や設計に品質を組み込む。

　●プロセスとプロダクトにおける品質への認識と品質への責任を果たすような文化を組織全体で醸成する。

　現代の品質マネジメント手法では、バラつきを最小限に抑え、定義されたステークホルダーの要求事項を満たす結果を実現するように努めている。

　●顧客満足：要求事項を理解し、評価し、明確化し、マネジメントすることによって、顧客の季題を満たす。顧客満足には、要求事項への適合（プロジェクトは所定のものを確実に生み出さなければならない）と、使用適合性（プロダクトやサービスは、真のニーズを満足させる必要がある）の両方が必要である。アジャイル型の環境では、ステークホルダーがチームと深くかかわりあうことによって、プロジェクト全体を通して顧客満足を確実に維持する。

　●継続的な改善：PDCA(plan-do-check-act)サイクルは、シューハートが定義し、デミングが修正してできた品質改善の基本である。加えて、総合的品質マネジメントやミックスシグマ、リーン・ミックスシグマなどの品質改善運動は、最終的なプロダ

クトやサービス、または所産の品質を改善するとともにプロジェクトマネジメントの品質も改善するものである。

　●経営者の責任：プロジェクトの成功にはプロジェクト・チームのメンバー全員の参加が必要である。経営者には品質の確保のために適切な資源を十分に提供する責任がある。

　●サプライヤーとの互恵的なパートナーシップ：組織とそのサプライヤーは相互依存している。サプライヤーとのパートナーシップと協力に基づく関係は、従来のサプライヤー・マネジメントよりも組織とサプライヤーにとってより有益である。組織は短期的な利益よりも長期的な関係を優先すべきである。互恵的な関係によって、組織とサプライヤーの両者相互にとっての価値が生まれ、顧客のニーズと期待に対する協力体制が強化され、コストと資源を最適化する能力が高まる。

【語彙】

1. 過度【かど】
度をすごすこと。程度をこえていること。なみはずれ。

2. 強いる【しいる】
相手の意志を無視して、自分の意のままに物事をおしつける。強制する。

3. 招く【まねく】
人を誘ってよびよせる。礼をつくして呼ぶ。

4. エラー【error】
①誤り。過失。②野球で、失策。③誤差。

5. 見逃す【みのがす】
①見ても気づかずにすごす。ある機会に対応せずにすます。見おとす。②気がついていながらそのままにしておく。大目に見る。

6. 是正【ぜせい】
悪い点を改めただすこと。

7. 送付【そうふ】
おくりとどけること。おくりわたすこと。

8. 点検【てんけん】
一つ一つ検査すること。

9. 組み込む【くみこむ】
①組んで中に入れる。編みこむ。②仲間に入れる。編入する。組み入れる。

10. 醸成【じょうせい】
①発酵作用を応用して酒・醤油などを造ること。醸造。②機運・雰囲気などを次第に作り出すこと。かもし出すこと。

11. バラつき
測定した数値などが平均値や標準値の前後に不規則に分布すること。また、ふぞろいの程度。

12. アジャイル【agile】

アジャイルとは『すばやい』『俊敏な』という意味で、反復（イテレーション）と呼ばれる短い開発期間単位を採用することで、リスクを最小化しようとする開発手法の一つである。

13. シューハート【Walter Andrew Shewhart、1891 年 3 月 18 日 – 1967 年 3 月 11 日】

アメリカ合衆国の物理学者、技術者、統計学者。「統計的品質 管理の父」とも呼ばれる。

14. シックスシグマ、リーン・シックスシグマ【Six Sigma, Lean Six Sigma】

シックスシグマとは、1990 年代後半米国モトローラ社が自社製品の品質レベルと日本企業の品質の高さの差の原因を追究する中から、体系化された手法で、一言で定義すると「事業経営の中で起こるミスやエラー、欠陥品の発生確率を 100 万分の 3.4 のレベルにすることを目標に推進する継続的な経営品質改革活動」と言える。ここで経営品質と言うのは、「顧客に提供する個別の製品・サービスだけでなく、それらを作り出すプロセス、組織、人、システム及びそれらの組み合わせまで含めた経営の全領域における活動の質」を意味する。

15. サプライヤー【supplier】

原料・商品を供給する人や国。売り手。

16. 互恵【ごけい】

互いに相手に利益や恩恵を与え合うこと。

【問題】

あなたの所属する組織では、様々なプロジェクトを実施しています。それぞれのプロジェクトで品質マネジメントに取組んでいるのですが、多くのプロジェクトで十分な品質が実現できていません。

次の活動は、既に実行しています。

1. 品質を向上させるためのメンバーのスキルアップを図るトレーニングを実施する
2. 品質確保のために必要な作業時間を確保する
3. 作業手順の計画や設計などの上流の工程にコストや時間を割く

しかし、プロジェクト・マネジャーとプロジェクト・スポンサー、プロジェクト・メンバー、作業委託先などとの間で、試験項目数や不具合の発生数の評価を巡って論争が起きており、結果として品質が不十分な事態となっています。

品質マネジメントのどんな点が不足しているのでしょうか。最適なものを 1 つ選びなさい。

A. 品質マネジメント責任者の選定と合意
B. 検査より予防という品質マネジメントの基本理念の周知徹底

C. QC 七つ道具の活用
D. 品質基準の策定と合意

【解答】

正解はD。「試験項目数や不具合の発生数の評価を巡って論争が起きている」ということは、「品質基準の策定と合意」ができていないということを意味する。プロジェクトでどんな品質を目指すのかを内容とする「品質基準」あるいは品質目標が不明確なままでは、どんな取組みをしても、十分な成果を得ることは期待できない。

第九節　プロジェクト資源マネジメント

　プロジェクト・チームは、共有するプロジェクト目標を達成するために共同で働く、役割と責任が割り当てられた複数の個人で構成される。プロジェクト・マネジャーは、プロジェクト・チームの獲得、マネジメント、動機づけ、および権限移譲に適切な努力を払うべきである。プロジェクト・チーム・メンバーには特定の役割と責任が割り当てられるが、プロジェクトの計画と意思決定にはチーム・メンバー全員が関与することが望ましい。計画策定のプロセスにチーム・メンバーが参加することにより、専門知識が取り込まれ、プロジェクトへの参加意欲が高まる。

　チームの育成は、プロジェクトのパフォーマンスを高めるために、コンピテンシー、チーム・メンバー間の交流、およびチーム環境全体を改善するプロセスである。このプロセスの主な利点は、チームワークの改善、人間関係のスキルとコンピテンシーの向上、従業員の士気高揚、離職率の低減、およびプロジェクトのパフォーマンス全体の改善につながることにある。

　プロジェクト・マネジャーは、チームとして高い成果を上げ、プロジェクト目標を達成するために、プロジェクト・チームを特定し、形成し、維持し、動機づけし、リードするほか、奮起させるようなスキルを身に着ける必要がある。チームワークは、プロジェクトを成功させるために不可欠な要因であり、効果を生むプロジェクト・チームの育成はプロジェクト・マネジャーが担う主な責任のひとつである。プロジェクト・マネジャーは、チームワークを育む環境を育成し、チームに挑戦の場や機会を提供し、必要に応じてタイムリーにフィードバックや支援を与え、優れた業績への表彰や報奨を行うことにより、チームの動機づけを継続して行う必要がある。高いチーム・パフォーマンスは、次のような振る舞いを採用することによって達成することができる。

- ●オープンで効果的なコミュニケーションを行うこと
- ●チーム形成の機会を創出すること
- ●チーム・メンバー間の信頼関係を構築すること
- ●コンフリクトを建設的にマネジメントすること
- ●協業的な問題解決を奨励すること
- ●協業的な意思決定を奨励すること

　プロジェクト・マネジャーはグローバルな環境で活動し、文化的な多様性を特徴とするプロジェクトに従事している。チーム・メンバーは、しばしば多様な業界経験を持ち、複数の言語でコミュニケーションし、時には「チーム言語」や、現地の住民とは異なる文化規範で業務に取り組むことがある。プロジェクトマネジメント・チームは、文化的な違いを生かし、プロジェクト・ライフサイクルを通してプロジェクト・チームの育成と維持を行うことに注力し、そして相互信頼できる環境の中でお互いに協

力しあえる土壌作りをすべきである。プロジェクト・チームを育成することで、人間関係のスキル、技術的コンピテンシー、全体的なチーム環境とプロジェクト・パフォーマンスなどが改善する。そのためにいはプロジェクト期間全体を通して、チーム・メンバー間の明確、タイムリー、効果的、そして効率的なコミュニケーションを行う必要がある。プロジェクト・チーム育成の目標には次が含まれるが、これらに限定されるものではない。

●コストを抑え、スケジュールを短縮し、品質を向上させながら、プロジェクト成果物を完成させる能力を高めるために、チーム・メンバーの知識とスキルを向上させること。

●士気を高め、コンフリクトを抑え、チームワークを向上させるために、チーム・メンバー間の信頼と合意の意識を改善すること。

●ダイナミックで結束した協業的なチーム文化を創り出すこと。すなわち（1）個人とチームの両方の生産性、チーム意識、協力関係などを改善し、（2）知識や専門性の共有を目的として、チーム・メンバー間における相互のトレーニングやメンタリングを行えるようにする。

●チームが意思決定に参加し、提供されたソリューションに責任をもつように権限委譲すること。それによってチームの生産性が向上し、より効果的かつ効率的な結果を得られる。

チーム育成モデルのひとつであるタックマン・モデルによると、チームは五つの発展段階を経過していくという。通常、これらの段階を順次に経ていくが、特定の段階で停滞してしまったり、以前の段階に逆戻りしてしまったりすることも珍しくはない。過去に一緒に働いたことのあるチーム・メンバーがいるプロジェクトでは、ある段階を飛ばしてしまうこともある。

●成立期：この段階では、チーム・メンバーが顔を合わせ、プロジェクトの内容とメンバーの正式な役割と責任について学ぶ。この段階では、チーム・メンバーは、個々に独立しており、閉鎖的になりやすい。

●動乱期：このフェーズになると、チームはプロジェクト作業、技法の決定、プロジェクトマネジメント手法に取り組み始める。チーム・メンバーが協業的でなかったり、異なる考えや観点に対して閉鎖的になったりする場合に、チーム環境は非生産的なものになる。

●安定期：このフェーズでは、チーム・メンバーが一緒に作業を始め、所属するチームを支援するために自らの習慣や行動を調整し始める。ここでチーム・メンバーの間に信頼関係が築かれていく。

●遂行期：遂行期に到達したチームは、よく編成されたグループとして機能する。相互に依存関係を保ち、課題に円滑かつ効果的に対処できる。

●解散期：このフェーズでは、チームは作業を完了して、プロジェクトから転出していく。これは、成果物が完了したので、あるいはプロジェクトやフェーズの終結のプロセスの一環として、要員がプロジェクトから離任するといった一般的な段階であ

る。
　各段階の所要期間は、チームのダイナミックス、チームの規模、およびチームのリーダーシップによって異なる。プロジェクト・マネジャーは、チーム・メンバーがすべての段階を効果的に経過していくために、チームのダイナミックスをよく理解しておく必要がある。

【語彙】

1. 注力【ちゅうりょく】
ある目標達成のために、持っている力を注ぎこむこと。

2. 抑える【おさえる】
①手などをあてがって圧力を加える。おしつける。②出入口などに手などをおしあてる。おおう。③動いたり出たりしないようにおしとどめる。くいとめる。④ある限度をこえないようにとめる。封じる。くいとめる。⑤願望・意図・感情などを抑制する。こらえ忍ぶ。⑥大切なところをしっかりつかまえる。

3. 短縮【たんしゅく】
みじかくちぢまること。みじかくちぢめること。

4. 結束【けっそく】
①むすびたばねること。②同志の者が互いに団結すること。

5. メンタリング【mentoring】
人材育成の手法の一つで、「メンター」(mentor)と呼ばれる経験豊かな年長者が、組織内の若年者や未熟練者と定期的・継続的に交流し、対話や助言によって本人の自発的な成長を支援すること。メンターは「師匠、信頼のおける助言者」の意味。

6. 停滞【ていたい】
物事がはかどらないで、たまりとどこおること。

7. 逆戻り【ぎゃくもどり】
進むべき方向と反対の、もといた場所・状態にもどること。

8. 飛ばす【とばす】
①飛ぶようにする。空に上げる。空中を移動させる。②空中を移動させ、間はどこにも下りさせず離れた所まで行かせる。遠くまで届くよう強い力で放つ。③移動する際に、順序を経ず間にあるものを抜いてゆく。④急いで行かせる。早く走らせる。⑤左遷する。

9. 閉鎖【へいさ】
とざすこと。とじること。活動をやめること。

10. 築く【きずく】
①土石でつき固めて積みつくる。②城砦を建設する。③基礎から堅固に作り上げる。

11. 円滑【えんかつ】
①かどだたず、なめらかなこと。②物事がさしさわりなく行われること。

12.転出【てんしゅつ】

①今まで住んでいた地から他の地へ移住し去ること。②今までの職場・任地を出て他に移ること。

13.離任【りにん】

任務・任地から離れること。

【問題】

　ネットワーキングは、どんな点で有効なのでしょうか。最適なものを1つ選びなさい。

A. 良いコンピューター・ネットワークの設計が可能となる

B. 顧客との信頼関係を強化する

C. チーム・メンバーのモチベーションを向上させる

D. 優れたコンピテンシーや特別な経験を持った人財に関する情報を入手できる

【解答】

　正解はD。ネットワーキングは人的資源マネジメント計画プロセスのツールと技法のひとつである。組織、業界、あるいは専門分野にいる人たちと、公式あるいは非公式な交流を行うことである。優れたコンピテンシー、特別な経験などを持った人財から知識を得たり、プロジェクトへの参画を得たりといったことにつながる。

第十節　プロジェクト・コミュニケーション・マネジメント

　プロジェクト・コミュニケーション・マネジメントには、プロジェクトとステークホルダーの情報ニーズが、資料の作成と、効果的な情報交換を達成するために意図された活動を通して満たされていることを確実にするために必要なプロセスが含まれる。

　コミュニケーションとは、意図されたものか否かにかかわらず、情報の交換を意味する。交換される情報は、アイデア、教示、または感情という形態をとることができる。情報が交換される仕組みを次に示す。

●書面　物理的また電子的
●口頭　対面またはリモート
●正式または略式（正式書類またはソーシャルメディアなど）
●身振り　口調や顔の表情
●メディア　写真、行動、簡潔な言葉の選択
●言葉の選択　ひとつのアイデアにはひとつ以上の表現方法があるが、そこでの単語や語句の間には微妙な違いがある。

　伝達事項とは、会議やプレゼンテーションのようなコミュニケーション活動、あるいは電子メールやソーシャルメディア、プロジェクト報告書、プロジェクト文書などの中間生成物のいずれかを使用して、情報を送受信できる手段と解釈される。

　プロジェクト・マネジャーは、組織の内部であれ外部であれ、チーム・メンバーやその他のプロジェクト・ステークホルダーとのコミュニケーションに時間の大部分を費やす。効果的なコミュニケーションは、さまざまなレベルの専門知識、視点、および利益だけでなく、異なる文化的背景や組織的背景を持ちうる多様なステークホルダーの間の橋渡しとなる。

　コミュニケーション活動が持つさまざまな側面を次に示すが、これらに限定されるものではない。

●内部　プロジェクト内および組織内のステークホルダーに焦点を当てること
●外部　顧客、ベンダー、その他のプロジェクトや組織、政府、一般大衆、環境保護団体など、外部ステークホルダーに焦点を当てること。
●正式　報告書、正式な会議（定例および臨時）、会議の議題と議事録、ステークホルダー向け説明、プレゼンテーション
●略式　電子メール、ソーシャルメディア、ウェブサイト、および臨時で簡略な議論を使用した一般的なコミュニケーション活動
●階層への焦点　プロジェクト・チームでのステークホルダーまたはグループの立場は、次の方法でメッセージの形式や内容に影響を及ぼす。

（1）上方　上級経営層のステークホルダー
（2）下方　プロジェクト作業に貢献するチームなど
（3）水平　プロジェクト・マネジャーやチームの同僚

　コミュニケーションは、プロジェクトの成功に必要なチーム内の関係性を発展させる。電子メールやちょっとした会話から、正式な会議や定期的なプロジェクト報告に至るまで、コミュニケーションを支えるためのコミュニケーション活動や生成物は幅広く多様である。情報を送受信する行為は、言葉や顔の表情、身振り、その他の行為を通して意識的または無意識に行われる。ステークホルダーとのプロジェクト上の関係をうまくマネジメントするという背景において、コミュニケーションには、ステークホルダー・コミュニケーションとの適切なコミュニケーションの生成物や活動のための戦略と計画を策定すること、および計画された伝達事項やその他臨機応変なコミュニケーションの有効性を高めるスキルを適用することが含まれる。

　書面または口頭のメッセージを作成する際に、書面によるコミュニケーションにおける次の五つの項目に注意することによって誤解を減らすことはできても、なくすことはできない。

　●正しい文法と正しい記述　文法の誤りや記述の誤りは、注意をそらしたり、メッセージを歪曲したりして、信頼性を低下する恐れがある。

　●簡潔な表現と過剰な言葉の排除　簡潔でよく練られたメッセージは、メッセージの意図を誤解する可能性を減らす。

　●明確な目的と読み手のニーズに合った表現　メッセージには、受け手のニーズと関心を確実に取り込むようにする。

　●アイデアの分かりやすく論理的な流れ　文書全体を通して「マーカー（キーワードやキー・フレーズ）」を使用したアイデアの導入や要約。

　●言葉とアイデアの流れのコントロール　その方法には、グラフィックスや単純な要約などがある。

　以上の五つの項目は、次のようなコミュニケーション・スキルによって支援される。

　●積極的傾聴　話し手に関わり続け、会話を要約するなどして効果的な情報交換を確実にする。

　●文化的および個人的な違いの認識　誤解を減らし、コミュニケーション能力を高めるために、文化的および個人的な違いをチームに気付かせる。

　●ステークホルダーの期待の特定、設定、およびマネジメント　ステークホルダーとの交渉は、ステークホルダー・コミュニティ間の期待のコンフリクトを減らす。

　●スキルの向上　次のような活動においてすべてのチーム・メンバーのスキルを向上させる。

（1）行動を起こすように、チーム、個人または組織を説得すること
（2）人々を動機づけし、励まし、あるいは安心させること
（3）パフォーマンスを改善し、求める結果を達成するためにコーチングすること
（4）当事者間で相互に受け入れ可能な合意を達成し、承認や決定の遅延を減少さ

せるために交渉すること

（5）深刻な影響が生じないように、コンフリクトを解消すること

効果的なコミュニケーション活動の基本的な属性と、効果的なコミュニケーション生成物を次に示す。

●コミュニケーションの目的の明確さ。その目的を定義すること

●コミュニケーションの受け手、会議のニーズ、好みを最大限を理解すること

●コミュニケーションの有効性を監視し測定すること

【語彙】

1. 意図【いと】

①考えていること。おもわく。つもり。②行おうとめざしていること。また、その目的。

2. 仕組み【しくみ】

①ものごとのくみたてられ方。構造。機構。②くわだて。計画。

3. リモート【remote】

遠隔の意。

4. 口調【くちょう】

ことばの調子。文句の言いまわし。

5. 微妙【びみょう】

①美しさや味わいが何ともいえずすぐれているさま。みょう。玄妙。②細かい所に複雑な意味や味が含まれていて、何とも言い表しようのないさま。

6. いずれか（連語）

疑問を表す。どちらが…か。どれが…か。

7. 橋渡し【はしわたし】

①橋をわたすこと。橋をかけること。②なかだちをすること。また、その人。仲介。ベンダー。

8. 一般大衆【いっぱんたいしゅう】

特別の地位や権力があるわけでもない普通の人々。民衆。一般の人々。

9. 定例【ていれい】

①一定の事例。既定の例。②いつもきまって行われること。しきたり。

10. 臨時【りんじ】

①定期のものでなく、その時その時の必要によって行うこと。定まった時でないこと。不時。②一時的であること。その場限り。

11. プレゼンテーション【presentation】

提示。発表。特に、広告会社が広告主に対して行う宣伝計画の提案。プレゼン。

12. 上方【じょうほう】

13. 下方【かほう】

14. 水平【すいへい】

15. ちょっとした
①わずかの。少しの。②かなりの。相当な。

16. 幅広い【はばひろい】
幅が広い。また、関係している範囲が広い。

17. 臨機応変【りんきおうへん】
機に臨み変に応じて適宜な手段を施すこと。

18. そらす【逸らす】
①のがす。にがす。②ねらうところに当らないよう他の方向に向かわせる。ねらいをはずす。③他の方へ向ける。④(多く否定を伴う)人の機嫌をそこなう。

19. 歪曲【わいきょく】
事柄を意図的にゆがめ曲げること。

20. 低下【ていか】
ひくくなること。程度・度合などがさがること。

21. 練る【ねる】
①こねまぜて、ねばらせる。②革かわ類を撓たわめ作る。なめす。③鉄などに焼きを入れ硬度を調える。精錬する。④学問・技芸をみがく。心身を鍛える。修養をつむ。⑤推敲すいこうする。何度も考えて一層よくする。

22. マーカー【marker】
①しるしをつける人。②しるしをつけるための筆記具。③目印。標識。④得点記録係。

23. キー・フレーズ【key phrase】
複数のキーワードを組み合わせもの。キーとなるフレーズ。

24. グラフィックス【graphic】
出版・広告・印刷・映像・ゲームなどの媒体・コンテンツ における視覚表現のこと。

25. 傾聴【けいちょう】
真剣に聞くこと。

26. 励ます【はげます】
①はげむようにする。ふるいたたせる。気持をそそる。②はげしくする。強める。

27. コーチング【coaching】
コーチングとは、対話を重ねることでクライアント(コーチングの対象者)の目標達成に必要な視点や考え方、スキルなどへの気づきを促し、自発的な行動を支援することである。

28. 好み【このみ】
①好むこと。嗜好。②注文。希望。

【表現】

一、〜か否か
　「〜か否か」は文語表現で、口語の「〜かどうか」と同義です。また「(〜かどうか／〜か否か／〜如何)にかかっている」の形もよく使われますが、この「〜にかか

っている」は「〜によって決まる」を意味します。

§　例文　§

1. 賛成か否か、自分の意見をはっきり言いなさい。どっちつかずは卑怯です。
2. 原発を存続させるか否かをめぐって、国論は真っ二つに割れている。
3. やるか否かは、状況如何にかかっている。

【問題】

　あなたは、顧客から受注したプロジェクトのプロジェクト・マネジャーです。以下のような状況を想定してください。

　顧客のオフィスの1室をプロジェクト専用の部屋としており、顧客のプロジェクト担当者とあなたのプロジェクトのメンバーがその部屋で毎日働いている。

　プロジェクトは非常に忙しい状況で、顧客もあなたのプロジェクトのメンバーもそれぞれの仕事に没頭し、顧客の担当者とあなたのところのメンバーとの間の会話はほとんどない。

　お互いの仕事がどのような状況にあるかも認識できていない。

　このようなとき、プロジェクト・マネジャーとしてのあなたの取るべき行動として、正しいものを1つ選びなさい。

A. 飲み会を実施し、お互いを知る機会とする

B. その部屋で仕事をする全員が参加する朝会を開催し、各メンバーの仕事の状況などを簡潔に報告する場を設ける

C. 全メンバーがそれぞれの仕事に没頭しているので、かえって邪魔になるような行動は起こさない。静かに見守る

D. お互いの仕事の状況が分からないのままでは困る。役割を交代するなどしてどんな仕事なのかを実体験する仕組みを作る

【解答】

　正解はB。このまま放置するのは好ましくない。 朝会を開催して少しずつお互いのことを知るようにし、雑談の話題提供を計るのが最適である。

　A. 飲み会を実施し、お互いを知る機会とする。飲み会も場合によっては効果的だが、「お互いの仕事を知らない」という状況を考えると、まず仕事の場での交流を図ることから開始するのが好ましいといえる。

　C. 全メンバーがそれぞれの仕事に没頭しているので、かえって邪魔になるような行動は起こさない。静かに見守る。ただひたすら自らの仕事に没頭するだけでは、様々な問題発生の温床となる。雑談も含めた交流のない職場での仕事は、仕事自体に向かうモチベーションも下げてしまう。また、お互いの仕事の内容が分からないのでは、いざ問題が起きた場合の対処が困難になる。

D. お互いの仕事の状況が分からないのままでは困る。役割を交代するなどしてどんな仕事なのかを実体験する仕組みを作る。忙しい状況ですから仕事の交換などは、他の問題を引き起こしかねない。

第十一節　プロジェクト・リスク・マネジメント

すべてのプロジェクトには、ベネフィットの実現を目的とし、複雑さの程度がさまざまに異なる独自の取り組みであるため、リスクがつきものである。これは、対立したり変化したりするステークホルダーの期待に応えながら、制約条件と前提条件の状況の中で行われる。組織は、リスクと報奨のバランスを保ちながら価値を創出するために、制御された意図的な方法でプロジェクトのリスクをとることを選択すべきである。

プロジェクト・リスク・マネジメントは、プロジェクトマネジメントの他のプロセスで対処されていないリスクの特定とマネジメントを目的としている。マネジメントされていない場合、これらのリスクはプロジェクトを計画から逸脱させ、定義されたプロジェクト目標を達成できない可能性がある。したがって、プロジェクト・リスク・マネジメントの有効性は、プロジェクトの成功に直接関係している。

効果的で適切なリスク対応策は、個々の脅威を最小化し、個々の好機を最大化して、プロジェクトの全体リスク・エクスポージャーを軽減することができる。不適切なリスク対応策は、逆の効果をもたらす可能性がある。リスクが特定され、分析さあれ、優先順位づけされた後、それがプロジェクト目標をもたらす脅威か、それとも提供する好機のいずれかを理由として、計画は、プロジェクト・チームが十分に重要であると考えるすべてのプロジェクトの個別リスクに対処するため、指名されたり、リスク・オーナーによって開発される必要がある。

リスク対応策は、そのリスクの重要度に相応したものであり、コスト効率よく問題を解決するものであり、プロジェクトが置かれている状況において現実的であるとともに、関係者全員が合意し、責任者が明確になっているべきである。多くの場合、数ある選択肢の中から最適な対応策を選定する作業を行うことが必要になる。

脅威への戦略

脅威に対処するために考慮され得る五つの代替戦略を次に示す。

●エスカレーション：プロジェクト・チームまたはプロジェクトのスポンサーが、脅威はプロジェクト・スコープの外部にあるか、または提案された対応策がプロジェクト・マネジャーの権限を越えていることに同意する場合、エスカレーションが適切である。エスカレーションされたリスクは、プロジェクト・レベルではなく、プログラム・レベル、ポートフォリオ・レベル、または組織の他の関連部分でマネジメントされる。プロジェクト・マネジャーは、脅威を誰に通知するべきかを判断し、詳細を当人または組織の一部に伝達する。エスカレーションされた脅威のオーナーシップが、組織の関連当事者により受け入れられることが重要である。脅威は、通常、脅威が発生した場合に影響を受けるであろう目標に合致するレベルにエスカレーションされ

る。

　●回避：リスク回避とは、プロジェクト・チームが脅威を除去する、または脅威の影響からプロジェクトを保護することである。発生確率が高くてマイナス影響が大きい、優先度の高い脅威に適している。回避には、脅威を完全に排除して発生確立をゼロにするために、プロジェクトマネジメント計画書の一部を変更したり、リスクに曝されている目標を変更したアリすることが含まれる。リスク・オーナーは、それが発生しそうな場合にプロジェクトの目標をリスクの影響から分離する処置をとることもある。回避行動の例には、脅威の原因の除去、スケジュールの延長、プロジェクト戦略の変更、スコープの縮小などが含まれる。一部のリスクは、要求事項の明確化、必要情報の入手、コミュニケーションの改善、専門技術者の獲得などによって回避できる。

　●転嫁：転嫁には、リスクをマネジメントし、脅威が発生した場合にその影響に耐えるために、脅威のオーナーシップを第三者に移転することが含まれる。リスクの転嫁には、多くの場合、脅威を引き受ける側へのリスク・プレミアムの支払いを伴う。転嫁は、保険、契約履行保証、担保、保証などを含むが、これらに限定されず、これらの処置によって達成することができる。合意は、特定のリスクに対するオーナーシップおよび負担を他者に移転するために使用される。

　●軽減：リスク軽減では、発生確率や脅威の影響度を軽減するための処置が講じられる。早期段階での軽減処置は、脅威が発生した後で損害を修復しようとするよりも通常、より効果的である。より簡潔なプロセスの採用、より多くのテストの実施、より安定した納入者の選択などが軽減処置の例である。発生確率を減少できない場合でも、重大性の要因に焦点を絞ることで、軽減対応策が影響度を低減する可能性がある。例えば、システムに冗長性をもたせた設計をすることで、元の構成要素に障害が発生した場合の影響を減少させることができる。

　●受容：リスク受容は、脅威の存在を認めるが、いかなる積極的な行動もとらない。この戦略は、優先度の低い脅威に適しており、ほかの方法では脅威への対処が不可能な時や、コスト効率が妥当でない場合に採用する。受容は、能動的でも受動的でもあり得る。最も一般的で能動的な受容の戦略は、発生した場合に脅威に対処するために、時間、資金、資源の量などに関してコンティンジェンシー予備を設けることである。受動的受容には、脅威が大幅に変化しないことを確実にするための脅威の定期的なレビュー以外には、能動的な行動は含まれない。

【語彙】
1.つきもの
①ある物に当然付属しているはずのもの。また，ある物事の属性と考えられていて離しがたいもの。②書籍や雑誌に綴じ込み，またははさみ込まれた付属の印刷物。
2.制御【せいぎょ】
①相手が自由勝手にするのをおさえて自分の思うように支配すること。統御。②機械や設備が目的通り作動するように操作すること。

3. 脅威【きょうい】
威力によっておびやかしおどすこと。

4. 好機【こうき】
よい機会。チャンス。

5. 軽減【けいげん】
（負担や苦痛を）減らして軽くすること。また、それが少なくなること。

6. 数ある【かずある】
数多いさま。数多ある様子。

7. 選定【せんてい】
えらび定めること。

8. エスカレーション【escalation】
段階的に拡大していくこと。度合を激しくすること。

9. ポートフォリオ【portfolio】
経済主体（企業・個人）が所有する各種の金融資産の組み合わせ。オーナーシップ。

10. 合致【がっち】
ぴったり合うこと。一致。

11. 回避【かいひ】
①身をかわしてさけること。まぬかれようとして避けること。②〔法〕訴訟事件で、裁判官または裁判所書記官が除斥または忌避の原因があると考える場合に、自発的にその事件で職務の執行から退くこと。

12. 除去【じょきょ】
とりのぞくこと。

13. 排除【はいじょ】
おしのけ取りのぞくこと。

14. 曝す【さらす】
①日光や雨風のあたるままにしておく。②日光にあててほす。③布などを水で洗い、日にあてて白くする。また、料理で、材料を水などにつけて、あくを抜く。④広く人々の目に触れるようにする。また、晒しの刑に処する。⑤危険な状態に身を置く。

15. 転嫁【てんか】
①再度のよめいり。再嫁。②自分の罪過・責任などを他人になすりつけること。③〔心〕感情が他の対象にも及んでゆくこと。恋人の持物を見て恋人に対するような感情をいだく類。

16. 耐える【たえる】
①力いっぱいこらえる。じっと我慢をする。②持ちこたえる。③それをするだけの価値がある。

17. リスク・プレミアム【risk premium】
投資家がリスクのある商品（危険資産）に投資する際、リスクのほとんどない商品（安全資産）に比べて期待する上乗せ分のリターン（収益、運用利回り）のこと。

18. 担保【たんぽ】
①債務の履行を確保するため債権者に提供されるもの。抵当権や保証の類。②しちぐさ。抵当。ひきあて。

19. 講じる【こうじる】
①書物や学説の意味を説く。講義をする。②詩歌の会で、よみあげる。披講する。③

考えをめぐらせて行う。方法・手段を考える。④とりきめる。協議する。

20. 絞る【しぼる】
①しめつけたり、押しつけたりして中の水分を出す。②無理に出すようにする。③きびしく訓練する。きたえる。④拡散したものを小さくまとめる。

21. 冗長【じょうちょう】
くだくだしく長いこと。

22. 受容【じゅよう】
①受けいれて取りこむこと。②（芸術などの）鑑賞・享受。

23. いかなる【如何なる】
どのような。どういう。

24. 能動的【のうどうてき】
自ら働きかけるさま。

25. 受動的【じゅどうてき】
他から働きかけられて行動するさま。

26. 大幅【おおはば】
数量・規模などの変動・開きが大きいこと。

【問題】

　あるプロジェクトで、発生するとコスト削減が可能となるリスクを特定しました。このリスクに適用できる戦略として、正しいものを 1 つ選びなさい。

A. 受容、活用、転嫁、強化

B. 受容、活用、共有、強化

C. 受容、利用、共有、強化

D. 受容、回避、転嫁、軽減

【解答】

　正解は B。リスクを「もし発生すれば、プロジェクト目標にプラスあるいはマイナスの影響を及ぼす、不確実な事象あるいは状態」と定義している。問題文を見ると、「発生するとコスト削減が可能となるリスク」となっているので、プラスのリスクである。プラスのリスクに適用できる戦略は、活用、共有、強化、受容である。

第十二節　プロジェクト調達マネジメント

　プロジェクト調達マネジメントは、プロダクト、サービス、所産をプロジェクト・チームの外部から購入または取得するプロセスからなる。プロジェクト調達マネジメントには、契約、発注書、契約覚書、または内部サービス・レベル・アグリーメントなどの合意書を作成し、管理するのに必要なマネジメントおよびコントロール・プロセスが含まれる。プロジェクトに必要な物資やサービスを調達する許可を得た担当者は、プロジェクト・チーム、上層部、または該当する場合は組織の購買部門の一部のメンバーであり得る。

　他のほとんどのプロジェクトマネジメント・プロセスよりも、調達プロセスに関連する重要な法的義務および罰則が重要となり得る。プロジェクト・マネジャーは、調達マネジメントの法律や規制に熟練した専門家である必要はないが、契約や契約上の関係について賢明な決定を下すために調達プロセスに十分な知識が必要である。

　契約書には、納入者から購入者への知識の移転を含む成果物および期待される結果が明記されるものとする。契約書に含まれていないものは法的に強制することはできない。作業が国際的である場合、プロジェクト・マネジャーは、契約書がどれほど明確に書かれているかに関わらず、文化や地域の法律が契約とその強制力へ及ぼす影響に留意する必要がある。

　購買契約書には、契約条件が含まれており、納入者が実行または提供するものについて購入者の仕様が組み入れられる場合がある。購買部門と協力して組織の調達方針を確実に順守する一方、すべての調達がプロジェクトの特定ニーズを満たしていることを確認するのは、プロジェクトマネジメント・チームの責任である。

　ほとんどの組織では、調達の規則を規定し、誰が組織を代表して合意書に署名したり、それを誰が管理したりするかを特定する方針書や手順書を文書化している。どの国においても、組織の、購入、契約、調達、または買収などの調達を扱う部門または部署の名称は異なるものの、その責任はほとんど同じである。

（１）調達の達成方法

　達成方法には、専門的サービス対建設プロジェクトのような違いがある。

●専門的サービスの場合、達成方法には、サブコントラクターのないバイヤーあるいはサービス・プロバイダー、サブコンとラクダーを許可したバイヤーあるいはサービス・プロバイダー、バイヤーとサービス・プロバイダー間の合併会社、バイヤーあるいはサービス・プロバイダーが代理人として機能するなどの方法が含まれる。

●工業建設または商業建設では、プロジェクトの達成方式には、ターンキー、デザイン・ビルド(DB)、デザイン・ビッド・ビルド(DBB)、デザイン・ビルド・オペレーション(DBO)、ビルド・オウン・オペレーター・トランスファー(BOOT)などが含まれるが、これらに限定されるものではない。

（2）契約支払いタイプ

契約支払タイプは、プロジェクト達成方法とは別であり、購入側組織の内部財務システムとの調整が行われる。それには、これらの契約タイプおよび種類には次が含まれるが、これらに限定されるものではない。一括払い、完全定額契約、コスト・プラス・アワード・フィー、コスト・プラス・インセンティブ・フィー、タイム・アンド・マテリアル契約、目標コスト。

●定額契約は、作業内容が予測可能であり、要求事項が明確に定義され、変更される可能性が低い場合に適している。

●コスト・プラス契約は、作業が進化しているとき、変化しそうなとき、またはあまり明確に定義されていないときに適している。

●インセンティブとアワードは、購入者と納入者の目標を一致させるために使用される。

【語彙】

1. 上層部【じょうそうぶ】
①重なっているものの上のほうの部分。②組織 の上位を占める階級。また、その人たち。

2. 購買【こうばい】
買うこと。買い入れること。購入。購求。

3. 法的【ほうてき】
法律の立場に立っているさま。法律的。

4. 罰則【ばっそく】
法規に対する違背行為の処罰を定めた規定。

5. 賢明【けんめい】
賢くて道理に明らかなこと。適切な判断や処置が下せるさま。

6. 順守【じゅんしゅ】
きまり・法律・道理などにしたがい、よく守ること。

7. 合意書【ごういしょ】
双方の合意の内容を書いた書面のことをさす。

8. 署名【しょめい】
文書に自分の姓名を書きしるすこと。また、その書きしるしたもの。サイン。法律上は、自署または自署捺印を原則とするが、商法中署名すべき場合は記名捺印で代えることもできる。

9. サブコントラクター【subcontractor】
請負業者から専門工事を請け負う工事業者。下請業者。サブコン。

10. ターンキー【turnkey】
設計から機器・資材・役務の調達、建設及び試運転までの全業務を単一のコントラクターが一括して定額で、納期、保証、性能保証責任を負って請け負う契約で、キー（か

ぎ）を回しさえすれば稼働できる状態でオーナーに引き渡すことから、この名前が生まれた。

11. タイプ【type】

型。類型。典型。

12. 一括払い【いっかつばらい】

完全定額契約。

13. 一致【いっち】

1　つ以上のものが、くいちがいなく一つになること。合一。②心を同じくすること。合同すること。

【表現】

一、〜ものの

「AもののB」は「確かにAであることはAですが、しかし（100％そうだと言えない問題が残っている）」という意味を表す逆接表現で、消極的にAであることは認めながら、それと矛盾したことBを後件で述べます。多くは「〜は〜ものの」の形で使われます。不満・不足・不完全なことをつけ加える「〜が／〜けれども」に相当すると考えていいでしょうが、語感としては「〜が／〜けれども」よりも柔らかくなります。

§　例文　§

1. 大学は出たものの、就職難で仕事が見つからない。

2. その手紙は読んではみたもんの、回りくどくて、何が言いたいのか、さっぱり要領を得なかったよ。

3. カンニングの現場を見られなかったからよかったものの、もし先生に見つかっていたら大変なことになっていた。

【問題】

購入者、納入者双方が合意するために交渉をすることがあります。交渉の成功に役立つ行動として正しいものを1つ選びなさい。

A. 勝利する意思が重要である

B. 利害ではなく、立場に焦点をあてる

C. 立場ではなく、利害に焦点をあてる

D. 譲歩するときは、価値のないものを譲るように振る舞う

【解答】

正解はC。交渉の成功に役立つスキルと行動は次のようである。

●状況を分析する

●立場ではなく、利害と課題に焦点をあてる

●譲歩するときには、単に折れるのではなく、価値のあるものを譲るように振る舞う

●当事者双方が利を得たように感じさせる。

●相手の話によく耳を傾け、明確にコミュニケーションする

第四章　IT の仕組み

第一節　パソコン

第一課　パソコンの基本

1. パソコンとは

　パソコンとは、「PC（personal computer）」とも略される。もとは個人用の低価格のコンピュータ全般を指していたが、現在では PC・AT 互換機の意味で使われることが多い。

　さらにパソコンには大きく分けてハード面では二種類あり、デスクトップ型とノート型に分けられる。デスクトップ型は、モニターと本体が別になっていて、それなりのスペースが必要であるが、拡張性に優れていて、なにかパーツが壊れても、ノート型よりもパーツの交換が容易することが可能である。ノート型は、持ち運びに便利な程、薄く、軽く、小さく、場所を選ばないが、拡張と性能の面では、どうしてもデスクトップには劣る。

　パソコンに基本ソフトウェアと言われているオペレーティングシステム（OS，Operating System）、WORD、EXCEL などのアプリケーションソフトをインストールすることにより、パソコンは素晴らしい機能を発揮する。

　OS とは、キーボードからの入力やディスプレイ、プリンタへの出力といった入出力機能、ディスクやメモリの管理などパソコン全体を管理するソフトウェアで、基本ソフトウェアとも呼ばれておる。大きく分けると、MS-DOS、Windows、Macintosh、Unix、Linux などが存在しておる。最もポピュラーな OS は、Windows である。家電量販店でパソコンをご購入される時にも、Windows がインストールされたパソコンをご購入される方が大半だと考えられる。

2. パソコンの仕組み

　パソコン本体の中は、CPU、マザーボード、メモリ、ハードディスク、CD-ROM、フロッピーディスクで構成されておる。フロッピーディスクについては、現在販売されているパソコンにはほとんどついていない。

●CPU：パソコンが物を考える箇所（計算する）

●マザーボード：CPU やメモリを取り付ける基板

●メモリ：パソコンが情報を覚えておくための箇所

●ハードディスク：データを保存する箇所

●CD-ROM：ソフトをインストールしたり、音楽を聞くことができる。

　パソコン本体には、マザーボードと呼ばれる基板が入っており、CPU やメモリなどが装着されている。ハードディスクや CD-ROM、本体裏側にあるコネクタ類などもマザーボードに接続されている。また、ディスプレイでの表示処理を行う、ビデオボード、音についての処理を行う、サウンドボード、インターネットをするための LAN カードなどはマザーボード上スロットに差し込んで装着する。ちなみにビデオボード、サウンドボード、LAN ボードについては、マザーボード上にはじめから装着されているものもある。そのことをオンボードと言う。

　そして、入力装置としては、キーボード、マウスがあり、出力装置としては、ディスプレイ、プリンタがある。

　コンピュータの基本的な要素は、「入力」「記憶」「計算」「出力」のいづれかに分類することができ、これらが連携することにより入力→記憶→計算→出力の仕組みが成り立っている。

　まず、「計算」部分にあたるのが CPU である。CPU はキーボードなどから入力された命令を受けて、物事を考え、計算するハードウェアである。さらにメールを書いたり、マウスでクリックしたりする操作などの命令に関しても CPU に送られている。そして命令を与えられた CPU が答えることにより他の様々な機能を実現させる。

　「記憶」部分に当たるのがメモリである。メモリは、パソコンが扱うデータを記憶しておくためのハードウェアである。CPU が必要とするときに使う、一時的な作業スペースと考えていただければよいでしょう。

　メモリはパソコンの電源が切れると記憶が消えてしまう。そこで、パソコンの電源を切った後もデータを保存しておくため、ハードディスクなどが使われる。

　「入力」部分に当たるのが、パソコンに命令を与えるキーボード、マウスで、「出力」部分にあたるのが、CPU の計算結果を表示するディスプレイ、プリンタなどのことを指す。

　例えば、パソコンに「1＋1＝？」という計算問題を解かす場合について考えていく。

　パソコンにこの計算問題を解かせるためには、まずユーザーが問題を「入力」する必要がある。ユーザーが入力した「1＋1＝？」の計算問題分は、データとしてパソコンのメモリに送られる。そしてメモリにデータ「1＋1＝？」が「記憶」される。この時点では、キーボードの「1」「＋」「1」「＝」「？」という五つのキーを押したという意味の単なるデータでしかない。

　メモリに記憶されたデータ「1＋1＝？」は CPU へ送られる。ここで初めて、文字だったデータがまとめて扱われ、これは足し算の「1＋1＝？」であると判断される。CPU は問題「1＋1＝？」を解こうと、「1＋1＝2」という答えを導きだすわけである。これが「計算」である。

　最後に CPU の導き出した答えは「1＋1＝2」をユーザーに伝えるために、CPU はディスプレイに「計算した答えを表示して」という指示を送る。指示を受けたディスプレイには答え「1＋1＝2」が伝えられ、ディスプレイの画面に表示される。これによりユーザーは最初に入力した問題「1＋1＝？」の答えを見ることができるわけである。

これが「出力」となる。

　よって情報を扱う流れはキーボード（入力装置）→メモリ（記憶）→CPU（計算）→ディスプレイ（出力装置）という流れで、データの計算結果を表示するということになる。

【語彙】

1. オペレーティング - システム【operating system】
コンピューターで、利用者とハードウェアの間にあって、利用者がコンピューター - システムをできるだけ容易に使うことができるようにするための基本的なソフトウェア。OS とも言われる。

2. インストール【install】
オペレーティング - システムやアプリケーションをコンピューターで使えるようにするために、記録し設定すること。プログラム - ファイルやデータ - ファイルをハード - ディスクやフロッピー - ディスクに適切な状態でコピーし、関連ファイルを書き換えるなどの一連の作業を指す。組込み。導入。

3. 戸惑う【とまどう】
予想外の事に、どう対処していいかわからずにまごつく。

4. デスク-トップ【desktop】
机上用。また、特に机上用パーソナル-コンピューターのこと。

5. パーツ【parts】
機械・器具などの部品。部分品。

6. ポピュラー【英 popular】
世間一般に広く受け入れられ、人気があるさま。また、大衆的、通俗的などの意で複合語をつくる。

7. 箇所【かしょ】
その物のある所。場所。個所。

8. きばん【基板】
電子部品を組み込むプリント板。また、集積回路を配線するシリコンの結晶板。

9. ボード【board】
板。特に、加工して強化した板。

10. スロット【slot】
コンピューターの基板を差し込む口。

11. 一時【いちじ】
その時かぎり。臨時。当座。

12. 足し算【たしざん】
二つ以上の数を加える計算。寄せ算。くわえ算。加法。⇔引き算

13. ユーザー【user】
使用者。利用者。自動車・機器などを買って使う人にいう。⇔メーカー。

【問題】

1. パソコンとは何であるか？
2. パソコンの仕組みは何であるか？

第二課　パソコンの種類

コンピューターは、その性能や役割に応じていくつかに分類される。

PC（パーソナルコンピューター）

PC（パーソナルコンピューター）は、個人向けの安価なコンピューターである。

近年、性能面ではサーバや汎用コンピューター並の処理が可能になりましたので、ユーザーが個人であること、利用する OS やソフトウェアが個人向けであることなどを前提に PC とサーバを区別している。PC は形によって次のように分類される。

デスクトップ PC

机に据え置きの状態で利用する PC で、本体とモニタやキーボードは外部接続の形式をとる。メンテナンス性が高く、比較的安価であることが特徴である。本体にはタワー型、スリム型などの種類がある。

本体とモニタが一つになっていて省スペースの一型 PC も増えている。

ノートブック PC

ノート状の形態、本体、キーボード、モニタが一つなっている PC である。一般的にモニタと本体、キーボードで半分に折り畳むことができる。

画面が大きいが重量の重いデスクトップ PC、小さく持ち運びがしやすいモバイル PC などノートブックの中にもさらに分類が存在する。

サーバ

サーバは、ユーザーからの要求に対してサービスを提供するシステムのこと、またそのシステムをどう導入し実行するためのコンピューターを指する。

前述のクライアントサーバシステムにあるサーバという用語がそのまま、その役割を果たすコンピューターの総称としても使われている。これに対し、サーバに接続する PC をクライアントとも呼ぶ。

サーバは、複数のユーザからの要求に答えなければならないため、CPU 性能やメモリ容量、HDD 容量などの基本的な性能が PC に比べて優れているのが一般的である。

タワー型のもののほかに、一つの筐体に複数の薄型の本体を差し込んで利用するブレードサーバと呼ばれる形も存在する。

汎用コンピュータ（メインフレーム）

PC も汎用のコンピュータといえるが、ここで PC と区別される汎用コンピュータは、科学技術計算など、一度に大量のデータを扱えるコンピュータを指する。メインフレームやホストコンピュータとも呼ばれる。なお、スーパーコンピュータは高度な科学

技術計算に特化した高速処理を行えるコンピュータを指し、汎用コンピュータとは区別される。

携帯情報端末

　小型で持ち運びができ、OSなどコンピュータの機能を内蔵したものを、携帯情報端末と呼ぶ。最近では、携帯電話にコンピュータ機能を含んだスマートフォンなども普及してきている。

　以前は、ネットワーク接続環境の敷居が高く、主に電子手帳のような使われ方をしていたが、最近ではインターネット接続を利用した情報検索やGPSを活用した地図など、利用の幅は広くなっている。

　また、高性能化が進んだことで、カメラ機能、テレビ機能、ビデオ再生、音楽再生などのエンターテイメント機能の充実が図られているのも近年の特徴である。

タブレット端末

　タブレットコンピュータとも呼ばれる、板状のコンピュータで、タッチパネルをディスプレイとして備えたオールインワン型のコンピュータである。近年、急速に普及し、PCと携帯電話やスマートフォンの中間に位置する情報端末として人気を獲得している。

【語彙】

1. 汎用【はんよう】
一つのものを広く諸種の方面に用いること。

2. デスク‐トップ【desktop】
①机の上。机上用。特に、卓上型のワープロやコンピューターにいう。
②ＧＵＩを採用したオペレーション‐システムで、ファイルの操作やアプリケーション‐ソフトの起動などを行う画面。書類や書類を入れるフォルダー、鉛筆、電卓、時計、カレンダーなどが配置される。

3. メンテナンス【maintenance】
機械・建物などの維持。管理。保守。

4. スリム【slim】
細いさま。ほっそりしたさま。

5. クライアント【client】
ネット‐ワーク上で他のコンピューターからサービスを受けるコンピューター。

6. 端末【たんまつ】
端末装置の略。

7. 再生【さいせい】
音声・映像を録音・録画しておいて再びもとのまま出すこと。

8. タブレット【tablet】
ペンでなぞって図形データを入力する装置。

9. タッチパネル【touch panel】

ディスプレーパネルに表示されたメニューを指やペンで押すことによってコンピューターを操作する入力装置。デジタイザーの一種。タッチ - スクリーン。

第三課　入出力装置

コンピュータは、様々な入出力装置に接続して、処理の指示や処理結果の表示を行う。それぞれの装置の特徴についてまとめる。

キーボード

キーボードは、主に文字入力に利用される入力装置である。

長方形の板状の筐体に約 100 個のキーが設置されていて、キーには文字、記号や機能などが印字されている。

キーを押すことで、割り当てられた文字や機能がコンピュータに入力される。また、特殊機能が割り当てられたキーと組み合わせて他のキーを押すことで、文字入力方式の切替や特殊な処理を行うこともできる。

以前は PS2 と呼ばれるインタフェースで接続されているものがほとんどだが、現在は USB、Bluetooth などの無線通信での接続に対応しているものが多くなっている。

マウス

マウスは、形状がネズミに似ていることからその名がついた、主にカーソルを操作するために利用される入力装置である。

マウスを手元で動かすことで、その働きに応じて画面上のカーソル（矢印）も動く。カーソルが動いた先のアイコンを指定するには、マウスにあるボタンを押する。この操作をクリックといる。必要に応じて、二回クリックするダブルクリック、主にサブメニューを表示する右クリックなど使い分ける。

元々、左右二つのボタンが搭載されるが、最近では三つ以上のボタンやホイールと呼ばれる前後に回転できるボタンを搭載したマウスが多くなっている。

タブレット

タブレットは、板状の筐体の上で、付属の特殊ペンを動かすことで、カーソルやソフトウェアの動作を行う入力装置である。

イラストやプレゼンテーションなどでよく利用されている。最近では、タブレットにモニタ機能を搭載したものも出てきている。

イメージスキャナ

イメージスキャナは、文書や画像をディジタル静止画像にしてコンピュータに送る入力装置である。ガラス板の上にディジタル化する対象を置き、外光を遮断するカバーを閉めて、光をつかって対象を画像として読み込む。

読み込んだ画像は USB または IEEE1394 などで接続されたコンピュータに送られて、画像ファイルとして処理される。

　　また、画像からテキスト情報を読み込んで、コンピュータ上で編集可能なテキスト情報として変換する OCR という機能を搭載したものも存在する。

タッチパネル

　　タッチパネルとは、ユーザーが直接モニタを指やタッチペンと呼ばれる特殊なペンで触り、コンピュータの操作を行うことができる入力装置である。画面上にあるアイコンなどに直接触ることで、マウスのクリックと同じ処理を行う。

　　以前は、タッチパネルに対応したシステムやモニタが非常に高価で、一般家庭にはなかなか普及しなかったが、近年では Windows をはじめとする OS がタッチパネルに標準対応、モニタも安価になってきたこともあり、徐々に家庭に広がってきている。

　　また、PC に先駆けて、携帯情報端末では、タッチパネルを採用したコンピュータが既に数多く販売されている。

バーコードリーダー

　　バーコードリーダーは、JAN コードなどのバーコードから情報を読み取ってコンピュータに送る入力装置である。

　　在庫管理を行うコンピュータのほか、POS システムと連動した会計レジでの処理などにも利用されている。

　　また、QR コードのバーコードリーダーは携帯電話のカメラ機能を利用したものが多く、モバイルサイト（携帯電話向けの WEB サイト）への誘導などに利用されている。

WEB カメラ

　　PC と接続、あるいは PC に内蔵された小型のビデオカメラである。

　　撮影された映像はほぼリアルタイムで保存、送信が可能なため、ビデオチャットなどで利用されている。

ディスプレイ（モニタ）

　　出力装置の代表的なもので、一台のコンピュータに対し一つのディスプレイを利用するのが一般的であるが、二台のディスプレイを繋いで作業領域を広くするデュアルディスプレイや、逆にサーバなどでは複数台のコンピュータで一台の監視用モニタを利用する場合もある。

　　以前は、ブラウン管式の CRT ディスプレイが広く使われていたが、現在は液晶ディスプレイの利用が広がっている。

　　ディスプレイのサイズも拡大しており、数年前まで 15 インチが一般的だったが、現在では 19 インチ以上のモニタが安価に手に入るようになっている。

　　画面で表示できる情報量（画素数）を表す画面解像度も大きくなっている。画面解像度は、縦横それぞれに表示できる画素という最小単位がいくつ表示できるかを表したもので、大きければ大きい程、より広く画面を利用することができる。

　　テレビの CM などでよく耳にする HDTV、フル HD（フルハイビジョン）も画面の解像度を表す言葉である。

　　HDTV は 1280*720、フル HD は 1920*1080 解像度を表している。

プロジェクタ

　出力装置の一つで、画像や映像を大型スクリーンなどに投影することにより表示する。コンピュータとは、VGA 端子や HDMI などディスプレイで利用するインタフェースを利用する。

プリンタ

　プリンタは、ディスプレイと並んで代表的な出力装置である。コンピュータ上のデータを紙に印刷出力する。

　白黒印刷しか行えないプリンタをモノクロプリンタ、カラー印刷を行うプリンタをカラープリンタと呼ぶ。

　また、印刷方式によっても分類がある。

【語彙】

1. カーソル【cursor】

コンピューターなどのＣＲＴ画面上で、文字・図形を入力・表示する位置を指し示す下線や記号。

2. ホイール【wheel】

輪。車輪。

3. プレゼンテーション【presentation】

提示。発表。特に、広告会社が広告主に対して行う宣伝計画の提案。プレゼン。

4. イメージ - スキャナー【image scanner】

図形・写真などを直接読み取る装置。単にスキャナーともいう。紙に書かれたり印刷されたりした図形・写真などに光を当て、その反射光をＣＣＤなどで読み取る。

5. バーコード【bar code】

太さの違う線とその間隔の並びで、英字・数字などを表現した符号。各種の製品に印刷または貼付される。機械による読み取りを前提に開発され、POS システムで多用されている。

6. プロジェクター【projector】

映写機。投影機。

【問題】

1. 移動方向と距離を検出し、画面上のカーソル移動に反映させる入力装置はどれか。

　A. キーボード　　　　　B. タッチパネル

　C. バーコード　　　　　D. マウス

2. 2Mバイトのビデオメモリを持つ pc で、24 ビットのカラー情報（約 1670 万色）を表示させる場合、表示可能な最大サイズ（水平方向画素数＊垂直方向画素数）はどれか。

　A. 600*400　　B. 800＊600　　C. 1000*800　　D. 1300*1000

3.業務上、カーボン紙による二枚複写印刷が必要な場合、選択すべきプリンタはどれか。

   A.インクジェットプリンタ　　B.インパクトプリンタ

   C.感熱式プリンタ　　　　　　C.レーザープリンタ

4.入力装置のうち、ポインティングディバイスに分類され、CAD システムの図形入力などに使用されるものはどれか。

   A. OCR　　　B. OMR　　　C.イメージスキャナ　　　D.タブレット

5.電圧を加えると自ら発光するのでバックライトが不要であり、低電圧駆動、低消費電力を特徴とするものはどれか。

   A. CRT　　　　B. PDP　　　C. TFT 液晶　　　D. 有機

6.入力装置に関する記述のうち、適切なものはどれか。

  A.ジョイスティックは、画面上に透明なセンサを取り付けたものであり、画面に指などを押し付けて座標を指示する。

  B.タブレットは、ペンのような装置と板状の装置を組み合わせた入力機器であり、ペンのような装置を押し付けて座標を指示する。

  C.ディジタイザは、人間の持つ静電気を利用して指の位置を検出するポインティングディバイスであり、操作面を指して座標を指示する。

  D.トラックパッドは、球の一部分が装置の上面に出ているポインティングディバイスであり、球を指で直接回転させて、その変化量で座標を指示する。

【解答】

1. A.主に文字入力に使用する入力装置である。

  B.画面に表示されているアイコンをペンや指で直接触って操作する入力装置である。

  C.バーコードを読み取りコンピュータに情報転送する入力装置である。

  D.正解である。

2. ビデオ RAM の必要なバイト数は次の式で求められる。

  必要なバイト数＝（横のドット数*縦のドット数*発色に必要なびビット数）

  A. 600*400*24＝5760000（ビット）＝720000（バイト）

  B. 800*600*24＝11520000（ビット）＝1440000（バイト）

  C. 1000*800*24＝19200000（ビット）＝2400000（バイト）

  D. 1300*1000*24＝31200000（ビット）＝3900000（バイト）

  表示可能な最大サイズは、2M バイトを超えない最大サイズなので B が正解となる。

3. B は正解である。カーボン紙による複写を利用するにはインパクトプリンタが適している。A、C、D のプリンタでは、カーボン紙を使った複写は不可能である。

4. A. OCR は、紙に書かれた文字を読み取って、文字データに変換する装置である。

　　B. OMR は、マークシートを読み取るための装置である。

　　C. イメージスキャナは、紙面を画像として読み取る装置である。

　　D. 正解である。板状の装置と特殊なペンを組み合わせ利用し、図形描画などを行う。

5. A. CRT は、ブラウン管を利用したディスプレイである。

　　B. PDP は、プラズマディスプレイのことで、ガス放電の光を利用して表示する。

　　C. TFT 液晶は、自らが発光しないのでバックライトが必要である。

　　D. 正解である。有機 EL は自ら発光するのでバックライトは必要ありません。

6. A. 画面に指などを押し付けて座標を指示するのはタッチパネルである。

　　B. 正解である。タブレットは、板状の装置に、ペン型の装置を押し付けて座標を指示する。

　　C. 静電気を利用して指の位置を検出するポインティングデバイスはトラックパッドである。

　　D. 球の一部分が装置の上面に出ているポインティングデバイスはトラックボールである。

第四課　ハードウェア

1. CPU

　これからハードウェアについて基本的な知識をじっくりと説明していく。

　さて、CPU って何でしょうか。CPU とは「中央演算処理装置」といい、パソコンの性能にもっとも影響を与えるもので、パソコンの中で、データの計算処理や各装置の制御を行っている。メモリからデータを読み込んで、ユーザーがアプリケーションソフトなどを通じて出した命令を解釈して、演算を実行する。このように CPU はパソコン内のほぼすべてのデータ処理を行っており、CPU の性能がパソコンの速さに大きく影響する。しかしユーザーが実際に体感する速さは、メモリと各装置とのデータ転送速度や、画面描画の速度なども関係するので、「CPU の速さ＝パソコンの速さ」というわけではない。

　メール書いて送受信したり、「マイコンピュータ」などをクリックする操作で、さまざまな命令が CPU に送られ、CPU が与えられた命令に答えることで、コンピュータはさまざまな機能を実現するのである。パソコンの機能のほどんどが CPU によって実現されているため、CPU は「パソコンの心臓」とも言われている。

2. メモリ

　メモリとはデータなどを記憶する装置のことをいう。通常メモリという場合には、CPU が直接読み書きできる半導体記憶装置を指す。パソコンのデータは、ハードディスクに保存されている。パソコンを起動すると、必要なデータがまずメモリに呼び出

されて、そこからCPUに送られて計算や処理が行われる。

　USBメモリはフラッシュメモリが使用されている。従来のフラッシュメモリは、保存と消去を繰り返しているうちに少しずつ劣化するため、書き換え回数が約一万回に限られていた。しかし、現在では約100万回以上の書き換えが可能となっている。

3. ハードディスク

　パソコンは、ソフトウェアやデータをメインメモリ上に置いて動作する。しかしメインメモリは電源を切ると中身が消えてしまうため、電源を切ってもデータを消えないように保存しておく必要がある。このための装置がハードディスクで、現在ではほとんどのパソコンに内蔵されている。ハードディスクの内部ではプラッタを一定の間隔で何枚も重ね合わせた構造になっており、これをモーターで高速に回転させて磁気ヘッドを近づけてデータを読み書きする仕組みとなる。ハードディスクへの保存では、WindowsなどのOSやアプリケーションソフトなどのインストール、このようなアプリケーションソフトで作成したデータの保存、画像、動画データなどが考えられる。

4. マザーボード

　パソコン本体の内部いっぱいに広がっているマザーボードは、その一端がパソコン本体の背面にまで届いているのであるが、そこにはなんと、今までキーボードやマウス、プリンタなどをつないでいた端子がある。つまり、CPUからキーボードやプリンタにいたるまで、パソコンのハードウェアはどれも全てマザーボードに繋げることで、ひとつのパソコンとして動作していた、ということになる。例えば、マウスやキーボード、ハードディスクといったハードウェアからは、さまざまなデータが送り出されていくが、それらのデータもすべてマザーボード上を通ってメモリに記憶され、そこからCPUへと送られていくのである。

　ハードウェア間でデータのやり取りを行う場合は、まずマザーボードにデータを送ってから、別のハードウェアにデータを届けるという形になる。しかし、すべてのハードウェアが勝手気ままにデータを送り続けていると、まるで交通渋滞になってしまい、マザーボードはデータで溢れてしまう。そこであるべてのハードウェアを統括してデータの流れを交通整理する機能が必要になる。その役目を果たすのが、マザーボード上の「チップセット」という部品になる。チップセットはCPUによく似たLSIチップで、さまざまなハードウェアとデータをやり取りする機能を持っている。昔は、ハードウェアごとに個別のチップがデータのやり取りを担当していましたが、それらの機能が一つのチップに統合されたため、「複数の機能をセットにしたもの」という意味で、チップセットと呼ばれるようになった。さまざまなハードウェアから送られたデータは、まずチップセットに送られる。データを送るタイミングや送り先を判断して、データを送り出していくのである。データの「入力」→「記憶」→「計算」→「出力」というパソコンの基本的な仕組みも、チップセットがデータの流れを管理しているからこそ可能となる。

　現在のチップセットは、2個1組で使われるのが一般的である。ここでは、二つのチップにどのような機能があるのかを見ていく。チップセットには、大小ふたつのチ

ップがある。大きいチップは「ノースブリッジ」、小さい方のチップは「サウスブリッジ」と呼ばれている。ハードウェア間でのデータのやり取りを管理するという機能はどちらも同じであるが、どのハードウェアとデータをやり取りするか、という点が大きく異なる。ノースブリッジは、CPU、メモリ、AGP という、動作スピードの早いハードウェアを担当するチップである。一方のサウスブリッジは、キーボードやハードディスク、USB 接続機器に拡張ボードなど、動作スピードが比較的遅いハードウェアを担当している。二つのチップの間には、データをやりとりする専用通路が用意されているため、CPU とハードディスクのように、それぞれ違うチップにつながっているハードウェアの間でも、データのやり取りが行えるのである。

【語彙】
1. じっくり
落ち着いて時間をかけて念入りに行うさま。
2. 制御【せいぎょ】
機械や設備が目的通り作動するように操作すること。
3. 劣化【れっか】
品質が低下すること。
4. 磁気ヘッド【じきヘッド】
磁気ドラム・磁気ディスク・磁気テープなどの磁性面に対し、データの読み取り・書き込み・消去を行う部分。
5. チップ【chip】
一組の集積回路の乗った半導体基板の単位。通常、1 辺の最大長が十数ミリメートル。
6. 遣り取り【やりとり】
物をとりかわすこと。交換。贈答。

【問題】
1. CPU って何でしょうか？
2. CPU の速さはパソコンの速さと同じですか？
3. 「パソコンの心臓」って何ですか？

第五課　記録媒体

1. 記録媒体の特徴
ハードディスク（HDD：Hard Disk）
　磁性体を塗布した円盤（ディスク）に、磁気によって記録を行う。最も大容量化が進み、最近では数百 MB〜数 TB のものまで流通している。

SSD

　磁気ではなく電気信号でデータの読み書きを行う EEPROM の補助記憶装置の一つである。大容量化が進み、ハードディスクと同様に利用できるようになり、普及が進んでいる。

　内部にプラッタや磁気ヘッドが存在しないため、静音で低発熱であり、非常に高速なデータの読み書きを実現する。

フロッピーディスク (FD:Floppy Disk)

　ハードディスクと同様、磁性体を塗布したディスクに磁気によってデータを記録する。ディスクはプラスチック製の保護ケースに内蔵され、ディスクドライブに差し込んで利用する。それによって持ち運びが可能である。保存容量が小さくあまり利用されなくなっている。

CD(Compact Disk)

　レーザー光の照射によってデータを読み書きするディスクである。640 MB〜70 MB 程度の容量がある。

CD-ROM	予めデータが書き込まれ、ユーザーは書き込みできない。
CD-R	データの書き込みが 1 度可能な CD である。
CD-RW	データの書き込みが複数回可能な CD である。

DVD(Digital Versatile Disk)

　レーザー光の照射によってデータを読み書きするディスクである。片面一層型は 4.7GB、片面二層型は 8.54GB の容量がある。

DVD-ROM	予めデータが書き込まれ、ユーザーは書き込みできない。
DVD-R	データの書き込みが 1 回のみ可能な DVD である。
DVD-RW	データの書き込みが複数回可能な DVD である。
DVD-RAM	FD のようなディスクへの保存が可能な DVD である。

ブルーレイ　Blu-ray Disc

　次世代光ディスク規格で、青紫色半導体レーザーを使用しデータの読み書きをする。データ容量は片面 1 層で 7.5GB、片面 2 層式で 15GB と非常に大きく、最大で 128GB の容量を持つ 4 層型のものも存在する。
高精細な動画の保存・視聴に利用されている。

フラッシュメモリ

　電気操作でデータ書き換えができる EEPROM である。

USB メモリ	コンピュータの USB ポートに差し込んで利用するフラッシュメモリである。
SD カード	カード型の記録媒体で、携帯電話やデジタルカメラなどの電子端末で利用されている。

2. 記憶階層

　記憶階層とは、記憶装置のアクセス速度と記憶容量によって生じる、様々な記憶装置の位置づけを表すピラミッド型の階層図のことを指す。

　最も CPU に近くアクセス時間が速い領域をレジスタと呼び、次いでキャッシュメモリ、メインメモリ（主記憶装置）、磁気・光ディスク（補助記憶装置）、ネットワークサーバと階層分けされる。階層が下がるほどアクセス時間が遅く、反面、容量は大きくなる。

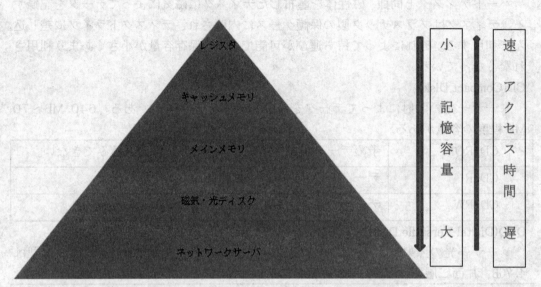

キャッシュメモリ

元々、CPU の処理速度とメモリの読み書きの速度には大きな差がある。
CPU の処理能力をなるべく発揮させるため、事前にメインメモリにあるデータを移しておき、データをメモリから呼び出すための CPU の待ち時間を減らす。
この事前にデータを移しておく領域をキャッシュメモリと呼ぶ。

【語彙】

1. 塗布【とふ】
1 面に塗りつけること。
2. レーザー【laser】
(light amplification by stimulated emission of radiation)
メーザーと同じ原理によってマイクロ波よりも波長の短い可視光線・近赤外線などの光の増幅・発振をする装置。その発生する光は普通の光と異なって、位相がよく揃い収束性もよいので、狭い面積にきわめて高密度の光エネルギーを集中させうる。光通信・機械的加工・医療などに応用。
3. 書き込む【かきこむ】
コンピューターで、情報を記憶装置に蓄える。

4. 複数【ふくすう】
二つ以上の数。

5. 片面【かたおもて】
一方の面。半面。

6. 予め【あらかじめ】
結果を見越して、その事がおこる前から。まえもって。かねて。

7. サーバー【server】
ネットワーク上で他のコンピューターやソフト、すなわちクライアントにサービスを
提供するコンピューター。

8. レジスター【register】
コンピューターで、中央処理装置内に置かれる高速の一時記憶装置。

9. キャッシュ‐メモリー【cache memory】
データ転送を高速に行うために、ＣＰＵ（中央処理装置）と主記憶装置との間などに
用意した記憶装置。主記憶装置より速くアクセスできる。

【問題】
SD カードに使われているメモリは、どれに属するか。
　A. CD-ROM　　B. DROM　　C. SRAM　　　D. フラッシュメモリ

【解答】
　A. レーザー光の照射によってデータを読み書きする円盤状の補助記憶媒体である。
　B. 主記憶装置として使われる低速なものの容量が大きい RAM である。
　C. 主記憶装置として使われる容量が小さく高速な RAM である。
　D. 正解である。電気操作でデータ書き換えができる ROM で SD カードに使われてい
る。

第六課　ウェブサイト

1. Web ブラウザー

　Web ページを閲覧するためのアプリケーションである web ブラウザは、インターネ
ットを利用する中で最も使用頻度の高いものと言える。Web ブラウザや URL の仕組
みを理解しておくことは、インターネットの利用には欠かせないことである。Web ブ
ラウザとは、web ページを見るために必要なアプリケーションである。単なるブラウ
ザと呼ばれることもある。Web ブラウザが蓄えられた web サーバーにアクセスして、
web ページのコンテンツを送信するよう要求を出す。Web サーバーはその要求に応え
て HTML ファイルや映像データを送信してくる。それらを web ブラウザが受信して、
テキストや画像の配置などの情報を解釈して表示すると、パソコンに web ページが現

れる。

2. URL について

　Web ブラウザを起動して目的の web ページを閲覧するには、そのアドレスを入力する必要がある。一般的にはホームページやウェブアドレスと呼ばれているが、正しくは URL といいる。URL とは、インターネット上における情報の住所である。

　例えば、http://www.cisisu.edu.cn/、最初の http はプロトコル名で、通信手順を示し、データのやり取りをどのような方法で行うのかを指定する。通常の web ページでは http が、ファイル転送の場合は flp となる。次の www.cisisu.edu.cn はホスト名で、アクセスする先のコンピュータ名を示す。

　URL はインターネット上での情報の住所と言えるものであるが、当然のことながら処理は全てコンピュータが行うため、一文字でも間違えると目的の web ページにはアクセルできない。

　また web ページをはじめとしてインターネット上のコンピュータでは UNIX、Linux が使われていることが多く、これらの OS ではアルファベット大文字、小文字が区別される。つまり index.html と INDEX.HTML は別のファイルとみなされる。この点が大文字、小文字が区別されないものとは異なるので注意が必要である。

3. ファイル

　普段何気なくパソコンを使っているが、実はどの作業もファイルを操作している。そしてそのファイルを管理しているのが OS である。

　ファイルの正体は、「0」と「1」のデータが組み合わさった信号のかたまりである。パソコンは「0」か「1」のデジタルな状態で置き換えることができる電気信号、すなわち「データ」を扱う機能である。そしてデータで一番重要なことは、どのような順番で並んでいるかということである。「0」と「1」の順番が入れ替わったり、他のデータと混ざり合うことは絶対にない。

　ファイルは「プログラムファイル」と「データファイル」の二つに大きく分けられる。プログラムファイルはアプリケーションの実行に使われるファイル、データファイルはアプリケーションで作成したワープロ文書や画像データなどのファイルである。

　データファイルは単独では何も出来ない。ただデスクの中でじっとしているだけである。データファイルは開かなくてはどのような作業も行えないので、これを開いてやるファイルが必要となる。それがプログラムファイルである。プログラムファイルは様々なコマンドを実行するデータが収められていて、ユーザの命令に従ってデータファイルを開く役目を持っている。つまりデータファイルとプログラムファイルの両者がそろってはじめて力を発揮できるのである。どちらが欠けてもパソコンでの作業は出来ない。例えば、「Word」でつくった文書ファイルはパソコンに Word のプログラムファイルがインストールされていなければ開けない、ということになる。

【語彙】

1. ブラウザー【browser】

データ・ファイルの中身に目を通すためのソフトウェア。編集や加工はできない。特に、インターネットのワールド・ワイド・ウェッブ（WWW）ブラウザーをいう。

2. 仕組み【しくみ】

ものごとのくみたてられ方。構造。機構。

3. アクセス【access】

情報に対する操作の総称。特にコンピューターで、記憶装置や周辺装置にデータの読み出しや書き込みをすること。

4. コンテンツ【contents】

中身。内容。特に、書籍の目次。

5. プロトコル【protocol】

コンピューター - システムで、データ通信を行うために定められた規約。情報フォーマット、交信手順、誤り検出法などを定める。

6. 手順【てじゅん】

手をつける順序。物事をする順序。だんどり。

7. ホスト【host】

ホストコンピューターの略。

【問題】

1. ブラウザとはなんである。

2. 現在もっとも多く使用されているブラウザはなんであるか。

3. ファイルは大きく分けられて何種類あるか。

第七課　OS システム

　OS は、私たちがコンピュータを扱う上で必須である基本ソフトウェアである。様々なソフトウェア、システムやハードウェアはこの OS を介して利用されている。

1. OS の必要性

　オペレーティングシステム(OS：Operating System)は、ユーザーや応用ソフトウェア（アプリケーションソフトウェア）に対して、ハードウェアやソフトウェアなど、そのコンピュータが持つ資源を効率的に提供するための制御機能、管理機能をもっている基本ソフトウェアである。

　OS によってコンピュータの基本的な仕様や機能が定められ、ソフトウェアやハードウェアは OS にあった形式で利用することができる。その点でコンピュータ全体を管理するソフトウェアが OS であるといえる。

2. OS の機能

OS には様々なハードウェアやソフトウェアなどの資産管理の他にも様々な機能が用意されている。

ユーザー管理

コンピュータの利用者が利用するユーザー ID の登録、抹消の管理を行う機能である。

利用者は割り当てられたアカウント（ユーザー ID とパスワード）によって OS にログオンし、コンピュータを利用することができる。また、ユーザーごとにプロファイル（個人情報）があり、アクセス権（利用できる機能やソフトウェアの制限）を設定できる。

記憶管理

メモリ（記憶装置）上でいかに効率的にデータを扱うか管理する機能である。

一般的には、HDD などの磁気ディスクに保存されたプログラムや入力装置からの命令はメインメモリに読み込んでおき、CPU が順次読み出し実行する。実行完了後に読み込まれたプログラムは解放される。

メインメモリ（実記憶）は不足した際には、ハードディスクなどの補助記憶装置の一部をメインメモリのように利用できるようにする仮想記憶を利用する。

ファイル管理

アプリケーションソフトウェアで作成されたファイルの管理をする機能である。ユーザー別にファイルへのアクセス権を設定することもできる。

なお、ファイルは OS に対応したファイルフォーマット（ファイル形式）で保存する必要がある。

ファイルの指定した補助記憶装置からの呼び出し、指定した補助記憶装置に保存、ファイルのコピーや削除なども OS の機能である。

入出力管理

キーボード、マウス、モニターなどの入出力装置を管理する機能である。入出力インタフェースに接続されたデバイスのドライバを導入し、正常に動作するように管理する。

資源管理

コンピュータに接続された CPU、メモリ、補助記憶装置（ハードディスクなど）のハードウェア資源やアプリケーションソフトウェア資源を管理する機能である。

3. OS の種類

一口に OS といっても様々な種類がある。代表的な OS は以下の通りである。

MS-DOS

Microsoft 社によって開発された OS である。実行できる処理が 1 つだけのシングルタスク方式で、メモリのアドレスとして直接指定できるのが 64KB(2^{16})である 16 ビット OS である。命令文や処理結果を文字で表示する CUI(Character User Interface)で操作を行う。

Windows

Microsoft 社が GUI(Graphical User Interface)の 32 ビット OS として開発した。

Windows は GUI の名の通り、アイコンなどの視覚的な表現を利用して命令や処理を実行することができる。また、同時に複数の処理を行うマルチタスク方式である。

Windows はバージョンアップを繰り返しており、Windows 3.1、Windows 95、Windows NT、 Windows 98、Windows Me、Windows 2000、Windows XP、Windows Vista、Windows 7、Windows 10 などが存在する。

Windows95 は、パーソナルコンピュータ(PC)が爆発的に社会に普及するきっかけになった OS といえる。また Windows XP 以降は 64 ビット版も登場している。

Mac－OS

Apple 社が開発し、Apple 社のパーソナルコンピュータ Macintosh に搭載される GUI の OS である。

GUI を最初に搭載した OS であり、特にクリエイティブ分野で多く利用されている OS である。Mac-OS の名称はバージョン 8.0 から始まり、現在は Mac-OS X(バージョン 10)が広く利用されている。

UNIX

AT&T ベル研究所が開発した OS である。安定性が評価され、主にワークステーションと呼ばれる高性能なコンピュータなどで利用されている。CUI での操作になるが、マルチユーザーやマルチタスクに対応している。

Linux

UNIX と互換のある OS である。ベースは CUI であるが、ソフトウェアを組み込むことにより、CUI で動作する特徴がある。

CUI を可能にするソフトウェアを含む様々なソフトウェアや機能の組み込んだディストリビューションと呼ばれる派生 OS が多数存在する。

また、無償で利用できるオープンソースソフトウェアである点も大きな特徴である。コンピュータだけでなく様々な機器に組込みシステムとして採用されている。

【語彙】

1.抹消【まっしょう】

塗り消すこと。消して除くこと。

2.ロゴ【LOGO】

コンピューターのプログラム言語の一。記号処理や画像表現が容易で、分野で広く使われる。

3.ディスク【disc; disk イギリス・ disque フランス】

フロッピーディスク・ハードディスクなどの略。

4.メーン【main】

主要なこと。主要なもの。

5. デバイス【device】

電気回路を構成する基本的な素子。トランジスター・ＩＣなど。また、コンピューター‐システムで、特定の機能を果す装置。

6. 割り当てる【わりあてる】

全体をいくつかに分けて配分する。分けてあてがう。割りふる。割り付ける。

7. フォーマット【format】

コンピューターの記憶媒体の記録形式。また、特定の記録形式を設定するための初期化。

8. シングル【single】

一。一人用。

9. タスク【task】

コンピューターで、プログラムの下での中央処理装置の動作に基づいた制御の最小単位。

10. アイコン【icon】

コンピューターに与える指示・命令や文書・ファイルなどを分りやすく記号化した図形。絵文字。

11. マルチ【multi】

(接頭語として)「多数の」「複数の」「多面的」の意を表す。

12. クリエーティブ【creative】

創造的。独創的。

13. ワークステーション【work station】

個人用の高性能のコンピューター。通常、コンピューター‐ネットワークを経由して、他のコンピューターと有機的に結合されている。

【問題】

PC の OS に関する記述として、適切なものはどれか。

  A. PC のハードウェアやアプリケーションなどを管理するソフトウェア

  B. Web ページを閲覧するためのソフトウェア

  C. 電子メールを送受信するためのソフトウェア

  D. 文書の作成や編集を行うソフトウェア

【解答】

  A は正解である。OS は、コンピュータの基本ソフトウェアで、接続されたハードウェアやインストールされたソフトウェアを管理する。他の選択肢については次項で解説する。

第二節　セキュリティ

第一課　情報セキュリティ

　情報が重要な価値を持つようになり、コンピュータなどのハードウェアだけでなく、情報資産へのセキュリティにもこれまで以上に注意をしなければいけなくなっている。ここでは、情報セキュリティについて学習する。

1.情報セキュリティの概念

　情報セキュリティとは、企業や個人で管理されている資産価値のある情報に対する危機管理のことである。

　情報が外部へ流出した場合、そこに含まれる情報を不正に利用されたり、悪意を持って扱われたりするリスクが発生する。また、企業であれば、顧客情報の流出などが発生した場合、社会的な信用を失う、賠償金が発生するといったリスクにも直面することになる。

　情報を扱うすべての人がこれらのリスクを意識して対策を講じることが求められている。

2.情報資産

　情報資産とは、それ自体に資産価値のある情報やそれを扱う機器を指す。情報資産は、大きく有形資産と無形資産に分類される。

　有形資産は、手で触れられるものを指し、具体的にはコンピュータなどの機器、印刷した紙、データを収めたディスク（CD-ROM など）、広い意味では資産価値のある知識や経験を持つ人間も含まれる。

　一方、無形資産は、顧客情報、個人情報など資産価値のあるデータを指する。

3.脅威と脆弱性

　情報セキュリティを考えるとき、危機の原因や手段である脅威と管理環境として危機にさらされる要因となりえる脆弱性について考える必要がある。これらは大きく人的、物理的、技術的という3つの側面から整理することができる。

人的脅威の種類と特徴

　人的脅威とは、人が原因となって起こる危機を指す。主な脅威は次の通りである。

種類	説明
漏えい	ユーザーが誤って情報を外部に公開、送付してしまう人的脅威である。メールの誤送信やサーバへの公開などがこれに当たる。
紛失・盗難	ユーザーがデータを保存した有形資産を紛失する人的脅威である。ディスクの置き忘れや盗難などもこれに当たる。
破損・誤操作	ユーザーデータの入った有形資産を破損してしまう、データを誤操作によって削除してしまうなどの人的脅威である。

盗み見	悪意のある人が操作画面を盗み見て情報を得る人的脅威である。
なりすまし	悪意のある人が社員や顧客の ID を不正に入手して、情報を引き出す人的脅威である。
クラッキング	悪意のある人が、システムの脆弱性を突いてシステムに不正侵入し情報の引き出しや破壊を行う人的脅威である。
そーしゃるエンジニアリング	ユーザーや管理者から、話術や盗み聞きなどの社会的な手段で、情報を入手する人的脅威である。なりすましの原因にもなる。

物理的脅威の種類と特徴

物理的脅威とは、有形資産が直接的に危機にさらされる脅威を指す。主な脅威は次の通りである。

種類	説明
災害	火事や地震によって有形資産が利用不可能になる脅威である。悪意のある行為ではないが、事前に対策を用意する必要がある。
破壊・妨害行為	第三者によって有形資産が破壊され、業務を妨害する行為である。

技術的脅威の種類と特徴

情報技術を悪用してユーザーに不利益な行為を行うことや、技術的に危機にさらされる危険性があるものを総称して技術的脅威と呼ぶ。主な脅威は次の通りである。

技術的脅威の種類
マルウェア
フィッシング詐欺
クロスサイトスクリプティング
DOS 攻撃
セキュリティホール
ファイル交換ソフトウェア
標的型攻撃
ガンブラー
キーロガー
ゼロディ攻撃
パスワードクラック
SQL インジェクション
バックドア

4. コンピュータウイルスの種類

コンピュータウイルスは特徴によっていくつかの種類に分類される。

ワーム

他のファイルに寄生せずに自己複製して破壊活動をする。狭義ではコンピュータウイルスと区別することもある。

トロイの木馬

正体を偽って侵入し、データ消去やファイルの外部流出、他のコンピュータの攻撃などの破壊活動を行う。ほかのファイルに寄生したりはせず、自分自身での増殖活動も行わない、一定期間後に発症するものも多くある。

マクロウイルス

Microsoft 社のオフィスソフトのプログラム機能（マクロ）を利用したコンピュータウイルスで、文書ファイルなどに感染して自己増殖や破壊活動を行う。

【語彙】

1. セキュリティー【security】
安全。保安。防犯。

2. ディスク【disc】
フロッピー - ディスク・ハード - ディスクなどの略。

3. 盗み見【ぬすみみ】
他人のものをひそかに見ること。気づかれないようにひそかに見ること。盗視。

4. フィッシング【fishing】
魚釣り。多く、趣味として行う釣りにいう。

5. コンピューターウイルス【computer virus】
コンピューターシステムに侵入してデータやプログラムなどを壊すソフトウェア。ふるまいがウイルスに似ているところからの名。ウイルスがコンピューターに侵入することを感染と呼ぶ。電子ウイルス。

【問題】

1. ソーシャルエンジニアリングに該当するものはどれか。

　A. Web サイトでアンケートをとることによって、利用者の個人情報を収集する

　B. オンラインショッピングの利用履歴を分析して、顧客に売れそうな商品を予測する

　C. 宣伝用の電子メールを多数の人に送信することを目的として、Web サイトで公表されている電子メールアドレスを収集する

　D. パスワードをメモした紙をゴミ箱から拾い出して利用者のパスワードを知り、その利用者になりすましてシステムを利用する

2. クロスサイトスクリプティングとは、Web サイトの脆弱性を利用した攻撃である。クロスサイトスクリプティングに関する記述として、適切なものはどれか。

A. Web ページに、ユーザの入力データをそのまま表示するフォーム又は処理があるとき、第三者が悪意あるスクリプトを埋め込むことでクッキーなどのデータを盗み出す。

B. サーバとクライアント間の正規のセッションに割り込んで、正規のクライアントに成りすますことで、サーバ内のデータを盗み出す。

C. データベースに連携している Web ページのユーザ入力領域に悪意ある SQL コマンドを埋め込み、サーバ内のデータを盗み出す。

D. 電子メールを介して偽の Web サイトに誘導し、個人情報を盗み出す。

【解答】

1. ソーシャルエンジニアリングは、「社会的な行為」によって情報資産に危機をもたらす手法のことである。ゴミ箱からメモ紙を広い不正に情報を得る行為は社会的な行為に当たるため、D が正解になる。

2. クロスサイトスクリプティングは、他人の Web サイト上に悪意のあるプロオグラムを埋め込む技術的脅威である。

A. 正解である。

B. セッションハイジャックの説明である。

C. SQL インジェクションの説明である。

D. フィッシングの説明である。

第二課　情報セキュリティ管理

企業において情報セキュリティを適切に実践するには、正しいマネジメントが重要である。

1. リスクマネジメント

リスクマネジメントとは、情報セキュリティを考える上で、どのようなリスクが存在するか、その確率や影響なども分析し、対策の準備を行う管理手法である。リスクマネジメントの流れは次の通りである。

リスクの特定

対象となる情報資産に対し、どのようなリスクが存在するかを特定する。

リスクの分析

特定したリスクが発生する確率、リスク発生による損失など影響の大きさを分析する。

リスクの評価

リスク発生時の影響の大きさや発生確率から、想定されるリスクに優先順位を付ける。

リスクの対策

対応マニュアルの整備や社員への教育、訓練などのリスクへの準備を整える。

2.情報セキュリティマネジメント

　情報セキュリティマネジメントでは、情報セキュリティを実現するための組織や仕組みの管理を指する。これらの情報セキュリティ体制を運用することをISMS(Information Security Management System：情報セキュリティマネジメントシステム）と呼ぶ。

　ISMSでは、情報の機密性、情報の完全性、情報の可用性を維持することが前提とされ、個人的独断で情報システムそのものやリスクに対応することがないよう、様々な規定を明文化することが重要である。明文化した規定を情報セキュリティポリシと呼び、情報セキュリティポリシは内容に応じて分類される。

基本方針	どの情報資産を、どの脅威から、なぜ保護しなければならないのかを明らかにし、組織の情報セキュリティに対する取組み姿勢を示する。
対策基準	基本方針を実現するための判断、行為の基準やルールを示する。
実施手順	対策基準の内容を情報システムや業務において、どのように実行していくのかを示すものである。厳密には情報セキュリティポリシに含まれない。

3.個人情報保護

　情報セキュリティの中でも、個人向けのサービスを提供する企業であれば、必ず意識しなければならないのが個人情報保護である。

個人情報保護の必要性

　企業における個人情報保護とは、顧客に関する情報の漏えいを防ぎ、悪用されないようにしなければならない義務であり、そのために法律や認定制度の整備も進められている。

　個人情報が万が一流出して悪意のある第三者に渡った場合、企業ではなく顧客自身が情報を元にした不当請求や情報そのものの不当な売買、不必要なダイレクトメールの送付などの被害に合うことになる。当然、その原因を作った漏えい元の企業は信用を失い、状況によっては法によって裁かれることになる。

プライバシーマーク

　個人情報保護の中心的な役割を担う法律は、第1章で取り扱った個人情報保護法であるが、その他に最も普及している認定制度としてプライバシーマーク制度がある。

　プライバシーマーク制度は、個人情報の取扱について、適切な保護措置を実行できる体制を整備している企業や組織に対して、財団法人日本情報処理開発協会（JIPDEC）が、プライバシーマーク（Pマーク）という認定証を付与する制度である。

　プライバシーマークは、日本工業規格の個人情報保護マネジメントシステム規格（JIS Q15001）をページに個人情報保護法、各省庁が作成した個人情報保護法に関するガイドラインや地方自治体による個人情報関連の条例などを取り込んだ認定基準を

設けている。

　企業はプライバシーマークを取得することによって、個人情報の保護意識が高い企業であると証明でき、消費者から信用を得ることができる。また、制度とロゴマークの普及により、消費者自身の個人情報保護意識を向上させる点も大きなメリットである。

個人情報取得時の注意事項

　ホームページからの問い合わせや商品アンケートなどによって個人情報を取得する際には、個人情報の定義、その目的と利用範囲などを明示した上で、許諾を得なければならない。

　例えば、ある会社で取得した個人情報は、関連会社や子会社であっても利用してはならず、取得した企業であっても事前に許諾を得た内容以上の案内を送るといった行為は認められていない。

【語彙】

1. リスク【RISC】

(reduced instruction set computer) 中央処理装置を制御する基本命令を簡素化し、直接ハードウェアで機械語の処理を行うコンピューター。CISC（シスク）に比べて高速で演算処理を行える。

2. マニュアル【manual】

「手の」「手動の」の意。特に自動車で、変速装置が手動式であること。↔オートマチック。

3. ポリシー【policy】

政策。政略。方針。

4. ダイレクトメール【direct mail】

商品などの宣伝のため、特定の顧客層に向けて郵送する手紙・カタログなどの印刷物。宛名広告。DM。

5. プライバシー【privacy】

他人の干渉を許さない、各個人の私生活上の自由。

【問題】

1. 企業の情報セキュリティポリシの策定に関する記述のうち、適切なものはどれか。

　　A. 業種ごとに共通であり、各企業で独自のものを策定する必要性は低い。

　　B. システム管理者が策定し、システム管理者以外に知られないよう注意を払う。

　　C. 情報セキュリティに対する企業の考え方や取組を明文化する。

　　D. ファイアウォールの認定内容を決定し、文書化する。

2. システム運用における利用者 ID とパスワードの管理に関する記述のうち、最も適切なものはどれか。

　　A. 業務システムごとに異なる利用者 ID とパスワードを使用させ、利用者は入力を

間違えないように、その一覧表を携帯する。

　B.パスワードは、会社が定期的に全社員に変更を促し、利用者自身が変更する。

　C.パスワードは、システムが辞書から無作為に選んだ単語を利用者に配布し、定期的な更新日まで使用させる。

　D.パスワードは、利用者自身の誕生日や電話番号などの、覚えやすくて使いやすい数字例を使用させる。

【解答】

1.A.業種が同じでも取り扱う情報資産は異なるため企業ごとに策定するべきである。

　B.セキュリティポリシは社員全体に周知するべきである。

　C.正解である。

　D.ファイアウォールの認定を文書化し周知する必要はない。

2.A.一覧表の携帯は情報の紛失につながるため控えるべきである。

　B.正解である。定期的な変更により安全性が高まる。

　C.パスワードは利用者自身が設定し、利用者以外が分からない状態にすべきである。

　D.推測されやすい誕生日や電話番号などはパスワードにすべきではない。

第三課　情報セキュリティ対策・実装技術

　今日の情報セキュリティは、多様化する脅威に対応するために様々な技術や体制を組み合わせて実施しなければならなくなっている。ここでは、情報セキュリティの具体的な対策について学習する。

　情報セキュリティ対策は、脅威と同様に人的、物理的、技術的の3つの側面から分類することができる。

1. 人的セキュリティ対策の種類

　人的セキュリティ対策は、人的な要素から情報セキュリティを実現するためにの対策を施すことを指す。

　情報セキュリティポリシ、各種社内規定、マニュアルの遵守、情報セキュリティに関する教育や訓練の実施などがこれにあたる。

　また、不正アクセスを防ぐために適切なアクセス権の管理を行うことも重要な人的セキュリティ対策の1つである。

2. 物理的セキュリティ対策の種類

　ハード面や環境面からセキュリティ対策を行うのが物理的セキュリティ対策である。特に、情報を扱うコンピュータが設置されている場所への出入りには細心の注意を払う必要がある。その具体的な策として監視カメラの設置や施錠管理、入退室管理などがある。

　入退室管理では、IDカードを用いた入退室の管理や生体認証（バイオメリクス認証）

などを取いれる組織も増えている。

3. 生体認証

　生体認証とは、人間の顔や網膜、指紋、手形、血管、声波など個人を特定できる情報によって行う認証システムである。人間の身体そのものが認証の対象となるため、なるしなどの不正侵入の危険性が低くなる。一方では、一部には双子の区別がつきにくいなど技術的な問題も残っているが、今後の発展、普及が期待されている。

4. 技術的セキュリティ対策の種類

技術的セキュリティ対策とは、IT 技術を用いて情報資源を守る対策を指す。

ID・バスワード	個人認証やアクセス許可に利用する。ID はユーザー自身または管理者が作成し、パスワードはユーザー自身で作成・管理する。パスワードは定期的に変更することが求められている。
暗号化	通信中に情報を抜き取られないために、送信する情報を暗号化し、解読のための鍵を別に用意する技術である。
コンテンツフィルタ	ネットワーク上の情報を監視し、コンテンツ(内容)に問題がある場合に接続を遮断する技術である。
コールバック（かけなおし）	クライアントサーバシステムなどでリモートアクセスに利用する場合に用いる技術で、クライアントからサーバに接続要求がある場合に、認証を経った上で、逆にサーバからクライアントに接続をしなおすことでリモートアクセスを行う。
アクセス制御	システムやファイルごとに読み取り、書き込みなどユーザーのアクセス権限を技術的に制御することである。
ファイアウォール	異なる外部ネットワークと内部ネットワークの間に設置され、外部ネットワークからの攻撃から内部を守る技術である。外部からのアクセスを許可する Web サーバなどは DMZ（非武装地帯）と呼ばれ、内部ネットワークとは別の領域に設置する。DMZ はファイアウォールによって外部ネットワークと内部ネットワークのどちらにも属さない領域として確保される。
ディジタル署名	ディジタル文書の正当性を保証するために付けられる暗号化技術を用いた情報である。データの改ざんなどを防ぐ。
検疫ネットワーク	外部から持ち込まれたコンピュータを組織内の LAN に接続する場合に、いったん検査専用のネットワークに接続して検査専用のネットワークに接続を行い、問題がないことを確認してから LAN への再接続を許可する仕組みのことを指する。

VPN(Virtual Private Network)	公衆回線をあたかも専用回線であるかのように利用することを指す。物理的に遠くに存在するコンピュータが同一のLAN 内にあるように見えるので、複数の拠点を持つ企業の LAN間の接続に広く利用されている。
電子透かし	コンテンツに情報を埋め込む形式の"透かし"で、見た目にはわからない状態で普段はコンテンツを利用できるが、検出用のソフトを利用することで埋め込まれた情報を確認することができる。著作権保護、不正コピー対策などに役立てられている。
ディジタルフォレンジックス	情報漏えいや特許侵害などコンピュータに関する犯罪や法的紛争などが生じた際に、法的な証拠になるデータや機器を調査し、情報を集めることを指す。
ペネトレーションテスト（侵入テスト）	実際に行われる可能性のある攻撃方法や侵入方法などをシステムに対して行うことで、コンピュータやネットワークのセキュリティ上の弱点を見つけるテスト手法である。
ウイルス対策ソフト	ウイルスの侵入を検知し隔離や削除を行うソフトウェアである。ウイルス定義ファイルを更新しないと、最新のウイルスに対応することができない。
ソフトのセキュリティ設定	WEB ブラウザや電子メールソフトウェアに用意されているセキュリティ設定を有効にすることで脅威から安全を確保する。
OS のアップデート	アップデートすることでセキュリティホールを修正する。

【語彙】
1. マニュアル【manual】
手引き。便覧。取扱い説明書。
2. 施錠【せじょう】
錠に鍵かぎをかけること。
3. 生体【せいたい】
生物の体。生活現象を強調していう語。
4. クライアント - サーバー - システム【client server system】
クライアントとサーバーによって構成されるコンピューター - システム。クライアントでも一部の処理を分担して行うため、ホスト - コンピューター - システムに比べて入力に対する応答が速い。

第四課　暗号技術

　暗号化とは、やり取りする情報のデータを交換することで、通信途中の不正傍受や不正侵入によってデータがコピーされたとしても、その情報を悪用されないようにする技術である。

　データは暗号鍵によって暗号化され単独で復元することはできず、復元用の暗号鍵を用いることで扱うことできるようになる。この暗号化されたデータを復元することを復号と呼ぶ。

　暗号化は方法には暗号鍵の取り扱いによって共通鍵暗号と公開鍵暗号の2種類が存在する。

1. 共通鍵暗号

　共通鍵暗号は、共通鍵と呼ばれる1つの暗号鍵を暗号化と復号に共通して利用する暗号化方式である。共通鍵は秘密を確保しなければならないため、秘密鍵とも呼ばれる。

　暗号鍵が共通しているので復元が早いというメリットがあるが、反面、安全性を確保するため複数の相手に対してはそれぞれに別の暗号鍵を用意しなければならない点や共通鍵を相手に渡す際に鍵そのものに流出のリクスが生じるというデメリットがある。

2. 公開鍵暗号

　公開鍵暗号は、異なる暗号化用の暗号鍵と復号用の暗号鍵を対で用意する暗号化方式である。暗号鍵の1つは公開鍵として認証局に預けて公開し、もう一方の鍵は秘密鍵として本人が厳重に管理する。公開鍵で暗号化しデータは対の秘密鍵でしか復号できない。

　データの送信者は認証局から受信者の公開鍵を受け取り、受信者の公開鍵でデータを暗号化し送信する。受信者はデータを自分の秘密鍵によって復号する。公開鍵暗号は、複数の送信者がいる場合でも、それぞれに暗号鍵を用意する必要がない点が大きな特徴である。また、相手に鍵を送信する必要がないため暗号鍵の流出というリスクもなくなる。

3. ディジタル署名

　ディジタル署名は、公開鍵暗号を応用し、文書の送信者を証明し、かつその文書が改ざんされていないことを確認するものである。

　送信者は文書からハッシュ関数と呼ばれる計算手順で算出したハッシュ値（短いデータ）を秘密鍵で暗号化したディジタル署名を作成し、文書とともに送信する。

　文書を受け取った受信者は、同時に受け取ったディジタル署名を送信者の公開鍵で復号し、同じハッシュ関数で算出したハッシュ値と比較する。

　これにより、送信者の本人証明や文書の改ざんがないか確認することができる。

4. PKI(Public Key Infrastructure：公開鍵基盤)

　公開鍵暗号を用いたセキュリティインフラ（技術・製品全般）を指す言葉である。電子メールの暗号化、デジタル証明書や証明書を発行する認証局（CA）、リポジトリ（データが保存しているWebサーバなど）など、公開鍵暗号を用いた情報基盤の総称である。

【語彙】

1. 改竄【かいざん】

（「竄」は改めかえる意）字句などを改めなおすこと。多く不当に改める場合に用いられる。

2. 復号【ふくごう】

符号化された情報を一定の規則に従って原情報に変換すること。

3. メリット【merit】

価値。利点。長所。功績。

4. インフラ【infrastructure】

インフラストラクチャーの略。

　（下部構造の意）道路・鉄道・港湾・ダムなど産業基盤の社会資本のこと。

【問題】

1. コンピュータウイルス対策に関する記述のうち、適切なものはどれか。

　A. PCが正常に作動している間は、ウイルスチェックは必要ない。

　B. ウイルス対策ソフトウェアのウイルス定義ファイルは、更新のものに更新する。

　C. プログラムにディジタル署名がついていれば、ウイルスチェックは必要ない。

　D. 友人からもらったソフトウェアについては、ウイルスチェックは必要ない。

2. 暗号化又は復号で使用する鍵a～cのうち、第三者に漏れないように管理すべき鍵だけを全て挙げたものはどれか。

　a 共通鍵暗号方式の共通鍵

　b 公開鍵暗号方式の公開鍵

　c 公開鍵暗号方式の秘密鍵

　A. a, b, c　　B. a, c　　　C. b, c　　　D. c

3. ワームに関する記述のうち、最も適切なものはどれか。

　A. OSのシステムファイルに感染し、ネットワーク経由でほかのコンピュータへの侵入を繰り返す。

　B. ある特定の期日や条件を満たしたときに、データファイルを破壊するなど不正な

機能が働く。

　　C. ネットワーク経由でコンピュータ間を自己複製しながら移動し増殖する。

　　D. ほかのプログラムに感染し、ネットワークを利用せずに単独で増殖する。

4. フィッシングの手口に該当するものはどれか。

　　A. Web ページに入力した内容をそのまま表示する部分がある場合、ページ内に悪意のスクリプトを埋め込み、ユーザとサーバに被害を与える。

　　B. ウイルスに感染したコンピュータを、インターネットワークを通じて外部から操る。

　　C. コンピュータ利用者の IP アドレスや Web の閲覧履歴などの個人情報を、ひそかに収集して外部へ送信する。

　　D. 電子メールを発信して受信者を誘導し、実在する会社などを装った偽の Web サイトにアクセスさせ、個人情報をだまし取る。

5. ISMS プロセクスの PDCA モデルにおいて、PLAN で実施するものはどれか。

　　A. 運用状況の管理　　　　　　　B. 改善策の実施

　　C. 実施状況に対するレビュー　　D. 情報資産のリスクアセスメント

6. 公開鍵暗号方式を用い、送信メッセージを暗号化して盗聴されないようにしたい。送信時にメッセージの暗号化に使用する鍵はどれか。

　　A. 受信者の公開鍵　　　　　　B. 受信者の秘密鍵

　　C. 送信者の公開鍵　　　　　　D. 送信者の秘密鍵

【解答】

1. A. 正常に動作しているように見えても、ウイルスが侵入している可能性はある。

　　B. 正解である。更新をしないと新しいウイルスの対策ができない。

　　C. ディジタル署名は暗号化技術による改ざん防止で、ウイルスチェックにはならない。

　　D. 悪意がなくてもウイルスが紛れ込む場合があるためにウイルスチェックは必要である。

2. B. は正解である。暗号化方式には大きく共通鍵暗号方式と公開鍵暗号方式がある。共通鍵暗号方式では、お互いに保持する暗号鍵を厳重に管理する必要がない。一方で公開鍵暗号では、公開鍵は公にされ、対となる暗号鍵は自身が厳重に管理する。このように第三者にもれないようにすべき暗号鍵を秘密鍵とも呼ぶ。

3. C. は正解である。ワームの特徴は、自身単独で増殖して破壊活動を行うことである。選択肢 A、B、D はコンピュータウイルスの説明になる。

4. A. クロスサイトスクリプティングの説明である。

　　B. ボットの説明である。

　　C. スパイウェアの説明である。

　　D. 正解である。金融機関などのサイトを装って個人情報をだまし取る。

5. PDCA モデルとは、PLAN→DO→Check→Action を繰り返して進める手法である。

Plan は計画にあたる。リスクアセスメントとは、りすくの大きさの評価、リスクの許容範囲について決定するぷろせすの意味なので、D が正解となる。

6. A. は正解である。公開鍵暗号方式は、暗号化用の鍵（公開鍵）と復号用の鍵（秘密鍵）を対で用意し、暗号化用の鍵を公開してりようにする。送信者は受信者の公開鍵を入手して送信するデータを暗号化して送信し、受信者は自身の秘密鍵で復号してデータを確認する。

第三節 システム

第一課　システムについて

　多くのシステムは複数のコンピュータから成り立っている。ここでは、このシステム内のコンピュータ同士はどのような関係性で連携しているのかを確認する。

1. 処理形態

集中処理

　集中処理は、ホストコンピュータと呼ばれるシステムの中心にあるコンピュータにすべての処理をさせる処理形態である。ホストコンピュータに資源を集中させやすく、管理対象も限られるため比較的運用しやすい処理形態とされている。

分散処理

　分散処理は、ネットワーク上の複数のコンピュータによって処理を分散して行う。

　メリットは、1台のコンピュータが停止してもシステム全体は停止しないで済む点、コンピュータを増やすことでシステムの規模や機能を拡張することができる点である。

　デメリットは、複数台のコンピュータの管理が必要になり、運用保守が複雑になる点である。また、システムの不具合が発生時の原因特定に時間がかかる場合がある。

並列処理

　並列処理は、接続した複数のコンピュータによって1つの処理を行う処理方法である。複数台の能力を集中させるので処理性能の向上が図れる。

仮想化

　コンピュータを構成する様々な要素（CPU・メモリ・HDDなど）を柔軟に分化したり統合したりすることで、用途に合った効率的な運用を可能にする技術のことである。

　1台のコンピュータをあたかも複数台のコンピュータであるかのように構成し、異なったOSやアプリケーションソフトウェアを動作させたり、逆に複数のHDDをあたかもひとつのHDDのように管理するといった使い方をする。

2. システム構成

デュアルシステム

　デュアルシステムは、同じ構成の2つのシステムで同じ処理を行うシステム構成である。

　2つのシステムが相互にチェックしつつ稼働するので、精度や効率の向上を図ることができる。また、片方のシステムが停止した際に、もう一方のシステムに切り替えて処理を続けることができるメリットもある。

デュプレックスシステム

　デュプレックスシステムは、同じ構成の2つのシステムを用意し、1つを稼働用（主

系）、もう1つを待機用（従系）とするシステム構成である。業務では稼働用のシステムを利用し、障害発生時には待機用のシステムに切り替えて処理を継続する。

3. 利用形態
対話型処理
　対話型処理は、ディスプレイ上に表示されるコンピュータからの要求に返答する形でユーザーが操作を行う利用形態である。

リアルタイム処理
　リアルタイム処理は、データが入力された時点で即時に処理を行う利用形態である。
　システムの自動処理が行われるので、ATMや予約システムなどで利用されており、処理結果が即座に反映される点が特徴である。

バッチ処理
　バッチ処理は、決められた期間やタイミングで蓄積したデータの一括処理をする利用形態である。複数の処理をまとめて1つの処理として登録し、一気に実行することもできる。
　1日、1週間などのようにデータの蓄積期間を設定することで、データの入力や確認のための時間的な余裕が生まれる点が特徴である。

4. クライアントサーバシステム
　様々な構成のシステムが存在する中で、現在、最も利用されているのがクライアントサーバシステムである。
　クライアントサーバシステムは、ユーザーが操作するクライアント側のコンピュータと、処理の中心的な役割を担うサーバが、互いに処理を分担しながら連携して動作するシステムのことを指す。サーバ側にデータベースやソフトウェア、周辺機器を用意し、クライアントがそれらを利用する。
クライアントサーバシステムは以下のいくつかの種類がある：
ファイルサーバ
　サーバに保存してあるファイルをクライアントが共有して利用する。
　ファイルを一元管理することで、情報資産の活用や安定したバックアップが行われる。

プリンタサーバ
　プリンタサーバに接続されたプリンタをクライアントが共有して利用する。複数台のコンピュータで1台のプリンタを共有する環境において有効である。

データベースサーバ
　サーバ内のデータベースに保存されたデータをクライアントが活用できる。データ入力もクライアントからサーバ内のデータベースに行う。
　なお、サーバ機能とデータベースを1台のコンピュータで担うものを2階層システム、サーバ機能とデータベース機能を分けたものを3階層システムとも呼ぶ。

シンクライアント
　シンクライアントは、システムの中心にあるサーバでソフトウェアやサービス、フ

ァイルなどを管理して、ユーザーが直接操作するクライアントからサーバにあるソフトウェアなどを操作するシステム構成である。クライアント側のコンピュータは極めて小さい構成で済むのが特徴である。

【語彙】

1. システム【system】
複数の要素が有機的に関係しあい、全体としてまとまった機能を発揮している要素の集合体。組織。系統。仕組み。

2. 不具合【ふぐあい】
（製品などの）具合がよくないこと。また、その箇所。多く、製造者の側から、「欠陥」の語を避けていう。

3. 稼働【かどう】
①せぎはたらくこと。生産に従事すること。②機械を動かすこと。

4. バッチ処理【batch】
(batch processing) コンピューターの処理方式の一。データを、一定時間または一定量まとめて、一括処理すること。一括処理。↔リアル - タイム処理。

第二課　システムの評価指標

　システムは性能、信頼性、経済性（費用対効果）によって評価される。ここでは、システムの評価指標について確認する。

システムの性能

レスポンスタイム

　レスポンスタイムは、システムの処理を行ったときの最初の反応が返ったくるまでの時間のことを指する。この速度が速いほど性能が高いと評価される。

ターンアラウンドタイム

　レスポンスタイムが最初の反応までの時間であるのに対し、ターンアラウンドタイムはすべての処理を終えて、その結果が返ってくるまでの時間を指する。レスポンスタイム同様、速いほど性能が良いとされる。

ベンチマーク

　ベンチマークは、特定のソフトウェアを実行し、実行時のレスポンスタイムや、CPUの稼働率やメモリの速度、ハードディスクの読み書き速度などを総合的に評価する。

システムの信頼性

　システムの信頼性は、システムが稼働する時間と停止してしまう時間との比率、すなわち稼働率によって評価される。

システムの信頼性を表す指標

　稼働率は、平均故障間隔(MTBF)と平均修復時間(MTTR)によって判断される。

平均故障間隔(MTBF:Mean Time Between Failures)

　システム稼働期間における故障が発生するまでの間隔の平均を指す。システムの連続稼働時間の平均と言い換えることもできる。

平均修復時間(MTTR:Mean Time to Repair)

　故障発生時から、システムが復旧するまでにかかる時間の平均を指する。MTTR が実際にシステムが停止している時間である。

直列システムと並列システムの稼働率

直列システムの稼働率の計算

全体の稼働率＝装置 a の稼働率×装置 b の稼働率

並列システムの稼働率の計算

全体の稼働率＝1－（装置 a の不稼働率）×（装置 b の不稼働率）
　　　　　　＝1－（1－装置 a の稼働率）×（1－装置 b の稼働率）

システムの経済性

システムの経済性とは、すなわち費用対効果に対する評価になる。

TCO(Total Cost of Ownership)

　システムには、導入時にかかる初期コスト、稼働後にかかる運用コスト、電気代、ハードウェアや消耗品の購入費など様々なコストがかかる。これらのコストを TCO(Total Cost of Ownership)と呼ぶ。システムの経済性は TCO によって評価される。

　以前は、システムの初期コストが非常に大きく、そこに注目が集まっていたが、最近では初期コストの低下やシステム故障時の損害額の増大に伴い TCO による評価が重要視されている。

【問題】

1. システムの信頼性向上のためには、障害が起きないようにする対策と、障害が起きてもシステムを動かし続ける対策がある。障害が起きてもシステムを動かし続けるための対策はどれか。

　A. 故障しにくい装置に置き換える。

　B. システムを構成する装置を二重化する。

　C. 操作手順書を作成して、オペレータが操作を誤らないようにする。

　D. 装置の定期保守を組み入れた運用を行う。

2. 同じ働きをする装置 a1 と a2 を並列に接続したシステムの MTBF と MTTR が表のとおりであるとき、このシステムの稼働率は何%か。

単位：時間

装置	MTBF	MTTR
a1	120	80
a2	180	20

【解答】

1. 「障害が起きてもシステムを動かし続ける」という問題文から、フォールトトレランスの設計に関する問題であると分かる。フォールトトレランスはシステムを多重化することでシステム稼働を継続する考え方であるから、正解は B になる。

2. a1 の稼働率=120/(120+80)=0.6、b の稼働率=180/(180+20)=0.9

並列の接続なので、1−(1−0.6)×(1−0.9)= 1−0.4×0.1=1−0.04=0.96=96%

第四節　ヒューマンインタフェース

第一課　ヒューマンインタフェース技術

インタフェース(interface)は、「異なる種類のものを結びつける時の共用部分」の意味である。ここでは、コンピュータと人間を結びつけるインタフェースについて学習する。

1. ヒューマンインタフェース

ヒューマンインタフェースとは、人とコンピュータシステムの接点となるインタフェースのことを指す。具体的には、ユーザーがコンピュータを操作する環境のことである。

ユーザーが理解しづらいヒューマンインタフェースでは操作が困難になり、非効率な状況での操作を強いることになる。結果として、誤操作などにもつながる。

2. GUI(Graphical User Interface)

GUIはグラフィック技術を活用したヒューマンインタフェースを指す。GUI技術は、ポインティングデバイスなどによる直観的な操作を可能にした。

GUIはウィンドウと呼ばれる表示領域に、特定の動作を実行するアイコンをはじめとするさまざまな要素を表示し、ポインティングデバイスなどでの操作を実現する。

ほとんどのウィンドウには、メニューバーと呼ばれる各機能を分類し、一覧表示する要素がある。選択対象が多い場合や補足が必要な場合などは、選択項目を垂れさがる形で一覧表示するプルダウンメニューや、情報や選択肢を別ウィンドウに表示するポップアップメニューなどを利用する。操作内容を確認できるヘルプ機能も重要な要素である。

ユーザーの情報や意思を伝えるための要素として、択一式の選択で利用されるラジオボタンやリストボックス、複数選択で利用されるチェックボックスなどが一般的である。

最近では、画像はアイコンの代わりにサムネイルという縮小画像も利用される。

【語彙】

1. ヒューマンインタフェース【human interface】

コンピューターとそれを使う人間の間にあって、人間の指示をコンピューターに伝えたり、コンピューターからの出力結果を人間に伝えるためのソフトウェアやハードウェアの総称。

2. グラフィック【graphic】
印刷物で、写真などを多く用いて、視覚に訴える面の強いさま。

3. ポインティングデバイス【pointing device】
コンピューターの入力装置の中で座標や位置的な動きなどの情報の入力に用いられるもの。

4. メニューバー【menu bar】
コンピューターの処理内容をアイコン化してコンパクトに並べたエリア。

5. プルダウンメニュー【pull-down menu】
メニューバーの項目を選んだときに、項目の下に表示されるコマンド一覧メニューのこと。

6. ポップアップメニュー【pop-up menu】
メニューの項目を指示すると、画面の適当な場所に現れる、その項目に関係するメニューのこと。

7. リストボックス【list box】
コンピューターでダイアログボックスの中などに表示される、複数の選択項目が一覧になった領域。

8. チェックボックス【check box】
コンピューターの GUI において、オンとオフの状態を選択するためのボタン。

9. サムネイル【thumbnail】
コンピューターで画像や文書ファイルのデータのイメージを小さく表示したもの。

【問題】

　複数の選択肢から一つを選ぶときに使う GUI 部品として、適切な物はどれか。
A. スクロールバー　　　　B. プッシュボタン
C. プログレスバー　　　　D. ラジオボタン

【解答】

A. スクロールバーは表示内容がウィンドウに収まらない場合に表示される。上下左右に表示領域を移動させる要素である。

B. プッシュボタンは、ボタン形のアイコンで、ポインティングデバイスを上に載せた状態でクリックすることで、指定の動作を実行する要素である。

C. プログレスバーは、ダウンロードやファイル転送などの進行状況を横棒形式でパーセント表現する要素である。

D. 正解である。択一式の選択を行う際に利用する。

第二課　インタフェース設計

　インタフェースには、ユーザーやシステムの目的に応じていくつかの分類があり、その分類ごとの特徴に合わせた設計をする必要がある。

1. 画面・帳票設計

　ユーザーによるデータ入力に関するインタフェース設計を画面設計、帳簿や伝票など取引の処理に関するインタフェース設計を帳票設計と呼ぶ。

画面設計：

　画面設計では、データ入力が自然な流れでできるように注意して設計する。

　複数の画面に渡っての入力が必要な場合は、その画面遷移や共通項目の設定にも注意が必要である。設計には、画面の順序や画面の関連性を示した画面遷移図や、画面の階層構造を示した画面階層図を利用する。

画面設計の主な考慮点：

・複数の画面にわたる入力画面の場合、表示項目やメニューの配置を共通化する

・色の使い方にルールを設ける

・操作ガイダンスを用意する

・元となるデータの表記順からスムーズに入力できるように入力欄を配置する

・類似項目の入力欄を近くに配置する

・ユーザーの能力にあう入力装置（マウスやキーボード）で操作可能にする

・特定の情報（商品コードや郵便番号など）から連携する情報を自動参照可能にする

帳票設計：

　帳簿や伝票など取引に関する情報を扱う帳票の場合、用途や出力（印刷）のサイズ、頻度、配布先、保存先、枚数、フォントなどに注意する必要がある。

　また、秘密区分、帳票の上端と下端にあたるヘッダとフッタの内容とデザイン、出力対象となる項目、出力するプリンタなどの設定も必要である。

　出力時には、帳票の見やすさを意識して、関連項目を隣接させる、余分な情報は除いて必要最小限の情報を盛り込む、ルールを決めて帳票に統一性を持たせるといったルールに基づく設計を行う。

2. Web デザイン

　Web デザインとは、Web サイト全体の色調やレイアウト、アイコンや画像、文章などを総合的にデザインすることを指す。

　デザインが異なるとまったく伝わる印象が異なるため、Web サイトの内容や想定される閲覧者などに合わせたデザインが必要である。

また、見た目だけでなく、ユーザビリティ（使いやすさ）にも考慮する必要がある。

Web デザインの主な考慮点：
・サイトの内容から著しく逸脱したデザインにならないように注意する
・1 ページの情報量が多い場合は、複数ページに分けてハイパーリンクを設置する
・ヘッダやフッタなど複数のページに共通する表示項目やメニューの配置を統一する
・ナビゲーション（ハイパーリンク、メニュー、ボタン）をわかりやすくする
・ページ数が多い場合は、内容によってグループ化や階層化を行う
・サイトマップと呼ばれるページの一覧を用意する
・更新のしやすさを考慮する
・複数種類の WWW ブラウザに対応する
・一般的な画面解像度に収まるようにする
・回線速度が遅い環境でもストレスを感じさせないようにする

カスケーディングスタイルシート(CSS)：
　カスケーディングスタイルシート(CSS)は、HTML ファイルの装飾を指示する仕様であるスタイルシートの具体的な仕様の一つで、多くの Web デザインに利用されている。
　CSS を利用することで、複数のページで使われるメニュー屋レイアウト、文字などに統一性を持たせることができ、ページ本体のファイルである HTML ファイル内に記述する方式と CSS 単独のファイルを作成し、HTML ページから参照する方式がある。
　また、複数の CSS ファイルを用意して、ユーザーが利用している WWW ブラウザに合わせて CSS ファイルを切り替えることで、WWW ブラウザ環境による表示のずれなどへの対応も可能である。

3. ユニバーサルデザイン
　ユニバーサルデザインとは、年齢や文化、障害の有無や能力の違いなどにかかわらず、できる限り多くの人が快適に利用できることを目指すデザインの考え方のことを指す。
　コンピュータのディスプレイに映し出される画面だけのことではなく、さまざまな工業製品や施設などでもユニバーサルデザインの考え方は重要視されている。
　特に Web サイトのユニバーサルデザインにあたることを Web アクセシビリティと呼ぶ。

ユニバーサルデザインの 7 原則：
・どんな人でも公平に使えること
・使う上で自由度が高いこと
・使い方が簡単で、すぐにわかること
・必要な情報がすぐにわかること

・うっかりミスが危険につながらないこと
・身体への負担がかかりづらいこと（弱い力でも使えること）
・接近や利用するための十分な大きさと空間を確保すること

コンピュータ分野のユニバーサルデザイン
　コンピュータ分野におけるユニバーサルデザインの具体例を見ておく。
・音声読み上げソフトに対応できる Web サイトの作成
・右クリック左クリックの入れ替えができるマウス
・声による文字入力が可能なシステム
・色覚に異常がある人でも読み取れる背景と文字色を利用した画面のデザイン

　これらがユニバーサルデザインにあたる。コンピュータ分野以外の主なユニバーサルデザインも、私たちが普段よく目にするところにたくさん存在する。
　駅前に設置されている案内板に書かれた点字や、国籍や使用言語にかかわらず理解できるよう絵で表現された案内掲示、公共施設やトイレなどに設置される手すり、高齢者や子供向けの操作部が簡単な携帯電話などはこれにあたる。

【語彙】
1. ガイダンス【guidance】
①指導。特にある事柄について初心者に入門的説明を与えること。
②生活、学習のあらゆる面にわたり、生徒が自己の能力や個性を最大限に発揮しうるように助力、指導すること。
③進路や行動の方針の選択、決定にあたり、助言、授助すること。
2. ヘッダ【header】
書類の上部に印刷される、章タイトルやページ番号などの定型の文字列。
3. フッタ【footer】
書類の下部に印刷されるページ番号などの定型の文字列。
4. レイアウト【layout】
①空間や平面に目的物の構成要素を配列すること。
②印刷物の紙面の割り付け。また、その技術。
5. ユーザビリティ【usability】
有用性。使いやすさ。
6. ハイパーリンク【hyper link】
従来の枠組みを離れた新たな概念の展開を求めて、一見関連性のない複数の情報の間に自由な相互関係を与えること。また、特にインターネット上においては、異なる構造を持つ多様な情報を相互に結び付けること。および、それによってできた相互関係。

7. ブラウザ【browser】
インターネット上のホームページの情報を画面に表示するための閲覧ソフト。

【問題】
1. 利用のしやすさに配慮して Web ページを作成するときの留意点として、適切な物はどれか。
　A. 各ページの基本的な画面構造やボタンの配置は、Web サイト全体としては統一しないで、ページごとにわかりやすく表示・配置する。
　B. 選択肢の数が多いときは、選択肢をグループに分けたり階層化したりして構造化し、選択しやすくする。
　C. ページのタイトルは、ページ内容の更新のときに開発者にわかりやすい名称とする。
　D. 利用者を別のページに移動させたい場合は、移動先のリンクを明示して選択を促すよりも、自動的に新しいページに切り替わるようにする。
2. GUI 画面での入力方式として、候補一覧から選択する方式を採用するのが適切な場合はどれか。
　A. 入力データがあらかじめ決められた数種の値だけの場合
　B. 入力データの取り得る値が多数ある場合
　C. 入力データの編集が必要な場合
　D. 文章のような、一定の値とならないデータを入力する場合
3. GUI の部品の一つであるラジオボタンの用途として、適切な物はどれか。
　A. いくつかの項目について、それぞれの項目を選択するかどうかを指定する。
　B. いくつかの選択項目から一つを選ぶときに、選択項目にないものは文字ボックスに入力する。
　C. 互いに排他的ないくつかの選択項目から一つを選ぶ。
　D. 特定の項目を選択することによって表示される一覧形式の項目の中から選ぶ。
4. 出力帳票の設計方針のうち、最も適切な物はどれか。
　A. 数値項目と文字項目は、それぞれ上下または左右に分けてひとまとめにする。
　B. 帳票に統一性を持たせるために、タイトルの位置、データ項目の配置などに関する設計上のルールを決めておく。
　C. データ項目は、数値項目も文字項目も右詰めで印字する。
　D. プログラムのわかりやすさや保守性を考慮して、データ項目を配置する。
5. 入力画面で選択肢のデフォルト値（既定値）を決定する際の考え方のうち、適切な物はどれか。
　A. 業務要件に基づいて決定したものなので、値を変更しない方がよい。
　B. 直前の利用者が指定した値をデフォルト値によると、常に効率がよい。
　C. デフォルト値の表示位置は入力画面の左上にした方が入力効率がよい。
　D. 頻繁に使用される値がある場合は、それをデフォルト値とする。

6.GUI画面の設計において、キーボードの操作に慣れているユーザーと、慣れていないユーザーのどちらにも、操作効率の良いユーザインタフェースを実現するための留意点のうち、最も適切なものはどれか。

　A.キーボードから入力させる項目を最小にして、できる限り一覧からマウスで選択させるようにする。

　B.使用頻度の高い操作に対しては、マウスとキーボードの両方のインタフェースを用意する。

　C.使用頻度の高い操作は、マウスをダブルクリックして実行できるようにする。

　D.入力原票の形式にとらわれずに、必須項目など重要なものは一か所に集めて配置し、入力漏れがないようにする。

【解答】

1.A.基本的な画面構造やボタン配置はWebサイト全体で統一した方がわかりやすくなる。

　B.正解である。構造化することでユーザーが目的の情報にアクセスしやすくなる。

　C.開発者ではなくユーザーがわかりやすくする必要がある。

　D.自動的な移動はユーザーの意思に反する可能性があるので適切ではない。

2.　A.正解である。あらかじめ決められた数種の値だけを選択するのは候補一覧に適している。

　　B.選択項目が増え過ぎると選択する項目を見つけにくくなる。

　　C.入力データの編集の場合は、あらかじめ選択項目の設定が不可能である。

　　D.文章のようなデータもあらかじめ選択項目の設定はできない。

3.A.チェックボックスに関する説明である。

　B.コンボボックスに関する説明である。

　C.正解である。択一式の回答を求めるGUI部品である。

　D.リストボックスに関する説明である。

4.A.まとめる基準は数字と文字ではなく、項目の内容やデータの関連性による。

　B.正解である。帳票に統一性をもたせるために、設計上のルールを決めておく。

　C.文字は左詰めで印字するのが一般的である。

　D.プログラムのわかりやすさではなく、帳票を見る人の見やすさを考慮する。

5.A.ユーザーの操作性を考慮した場合、必要に応じてデフォルト値の変更を行う。

　B.必ずしも効率がよくなるとは言えない。

　C.デフォルト値は配置のことを指す用語ではない。

　D.正解である。最もよく選択される値をデフォルト値にすると、操作がスムーズに進む。

6.A.キーボードから入力させる項目を最小にすると、キーボード操作に慣れたユーザーには操作性が損なわれる。

　B.正解である。それぞれ使いやすい入力装置で利用できるように考慮する。

　C.キーボードでも実行できるようにすべきである。

　D.入力原票の形式を考慮したほうが入力作業の効率は向上する。

第五節　マルチメディア

第一課　マルチメディア技術

　コンピュータの性能向上やインターネット回線の高速化に伴い、コンピュータによるマルチメディアの利用が進んでいる。ここでは、マルチメディアについて学習する。

1. マルチメディア

　マルチメディアとは、文字情報、静止画像、動画、音声といった複数の種類の情報を統合的に扱うメディアを指す。元データがアナログ情報の場合には、コンピュータ上で扱うためにディジタル化する必要がある。

　特にインターネット分野でのマルチメディア利用の発展は顕著で、以前は文字と静止画だけのものが一般的だったインターネット上で扱う情報（Web コンテンツ）は、動画やアニメーションを取り入れたものに変わってきている。

　動画配信技術では、ストリーミング技術によって、長時間の動画の配信も可能になっている。ストリーミング技術自体は以前から存在したが、インターネット回線が低速であったため、データを軽量化する必要があり、結果として画質の悪い小さな画面サイズでの配信に限られていた。しかし、光ファイバー（FTTH）の普及や既存回線の高速化が進むことで、一般の家庭でも気軽に利用できるようになった。

　また、マルチメディア情報を他のユーザーに配信するサービスも充実してきており、個人で撮影した写真や動画、音楽などの配信もさかんになってきている。

　同様に、音楽配信や動画配信によって収益を上げる新しい形のインターネット販売（e コマース）も増えている。

2. マルチメディアのファイル形式

　静止画、動画、音声といったマルチメディア技術の中で扱われるファイル形式は、圧縮方式や表現の幅などの特徴が異なる。代表的なものは次の通りである。

	形式	説明	圧縮
静止画	GIF	8 ビットカラー（256 色）の表現が可能な静止画像のファイル形式である。非常に容量が軽く、透過表現や簡易アニメーションも可能なため、Web サイトでよく利用される。	可逆圧縮
	PNG	GIF の拡張版で、24 ビットカラー（約 1677 万色）の表現が可能な静止画像のファイル方式である。	可逆圧縮
	JPEG	24 ビットカラー（約 1677 万色）の表現が可能な静	非可逆圧

			縮
		止画像のファイル方式である。Web サイトや写真などによく利用される。	縮
動画	MPEG-2	DVD-Video などで利用されている動画のファイル方式である。標準的なテレビから HDTV と呼ばれる高精細度テレビまで幅広く利用されている。	非可逆圧縮
	MPEG-4	圧縮率が高く、携帯情報端末での再生やインターネット配信などで利用される動画ファイル方式である。	非可逆圧縮
	FLV	米 Adobe 社が規定する動画ファイル方式である。再生には専用のプレイヤーが必要だが、非常に普及率が高く、インターネット上での動画配信やアニメーション表現で広く利用されている。	非可逆圧縮
音声	MP3	圧縮率の高い音声ファイル方式である。多くの携帯音楽プレイヤーで利用できる。	非可逆圧縮
	MIDI	電子楽器で利用する音程、音色、強弱や拍、小節などの情報を含む楽譜にあたるファイルで、正確には電子楽器同士を接続するための通信規格に相当するものである。	―
文書	PDF	無料の専用リーダーを利用することでレイアウトやフォントなどの再現性を高めた電子文書フォーマットである。	―

動画のファイルの仕組み：

　動画ファイルは、静止画を連続して表示する、いわゆるパラパラ漫画の方式によって映像を表示する。

　この動画を構成する一枚一枚の静止画をフレームと呼び、フレームレート（単位時間あたりのフレーム数）によって、動画の滑らかさが決定する。一般的に、1 秒あたりのフレーム数は 10～30 フレーム程度で利用されている。

　例えば、1 秒あたり 24 フレームの動画のフレームレートは、24fps（Frames Per Second）と表現する。24fps の動画は 12fps の動画の 2 倍滑らかになるが、データ量も多くなる。

動画ファイルサイズの計算：

　動画ファイルのファイルサイズの計算は、1 フレームあたりのデータ量、フレームレート、動画の長さによって決定する。

例題：

　1 画面が 10 万画素で、256 色を同時に表示できる PC の画面全体で、24 フレーム/秒のカラー動画を再生する場合の 1 秒間あたりデータ量は何 M バイトか。

解説：

1 フレームあたりのデータ量は、フレームの画素数の色数から計算する。

色数によるデータ量は、仮に 1 画素に対し 256 色の色表現が可能な場合、1 画素あたりのデータ量は 256=2^8=8 ビット=1 バイトとなる。

画素数が 10 万画素、256 色表現の場合、1 フレーム（画面）あたりのデータ量は、10 万画素×1 バイト＝100 キロバイト（100,000 バイト）となる。よって、1 秒あたりのデータ量は、24 フレームなので、100,000×24=2,400,000=2.4M バイトとなる。

3. 情報の圧縮と伸張

マルチメディアファイルで扱う元のデータは非常に情報量が多く、データサイズは大きくなる。そこで、マルチメディアファイルは、形式ごとに圧縮をして取り扱う。圧縮したデータは、伸張（解凍）してコンピュータ上で再現し、利用する。

一度圧縮したデータは、どの圧縮形式でも元通りに伸張できるわけではなく、完全に元のデータに戻せる可逆圧縮、完全には元データに戻せない非可逆圧縮に分かれる。非可逆圧縮は可逆圧縮に比べて圧縮率が高く、データサイズを小さくできるが、圧縮前の完全なデータが必要な場合は、圧縮の際に可逆圧縮のファイル形式を選ぶ必要がある。主なファイル形式ごの可逆圧縮、非可逆圧縮の分類は前ページの表の通りである。

ファイル圧縮（アーカイブ）：

前述のマルチメディアファイルが画像や音声単体のデータを圧縮伸張するのに対して、文書やマルチメディアファイルを一つまたは複数をまとめて圧縮伸張することをファイル圧縮（アーカイブ）と呼ぶ。代表的なファイル圧縮の方式は ZIP と LZH である。

ZIP は、世界標準のファイル圧縮形式であり、ファイル拡張子は.zip となる。

LZH は、日本発のファイル圧縮形式であり、日本国内で広く使われている。ファイル拡張子は.lzh である。

【語彙】

1. アナログ【analog】
物質・システムなどの状態を連続的に変化する物理量によって表現すること。
2. ディジタル【digital】
物質・システムなどの状態を離散的な数字・文字などの信号によって表現すること。
3. ストリーミング【streaming】
通信回線で送受信される音声や動画のデータをリアルタイムで再生する技術。
4. 光ファイバー【ひかりファイバー】
光通信で、光の通路とする直径 0.1mm ほどの細いグラスファイバー。
5. ビット【bit】
①2 進法で基礎とする数字の 0 または 1。
②情報量を示す単位。

6. フォント【font】

①大文字・小文字・数字など、同一書体で、同一の大きさの欧文活字のひとそろい。

②コンピューターが表示、または印刷に使う文字の形を収めたデータ。

③②により表示される文字。

7. フォーマット【format】

①形式。書式。

②コンピューターで、データやその記録媒体に設定される一定の形式。

③ラジオ・テレビ番組などの構成・形式。

【問題】

JPEG 方式に関する記述のうち、適切なものはどれか。

A. 256 色までの画像に適用される符号化方式である。

B. オーディオに適用される符号化方式である。

C. 静止画像に適用される符号化方式である。

D. 動画像に適用される符号化方式である。

【解答】

A. GIF の説明である。

B. JPEG は静止画のファイル形式である。

C. 正解である。JPEG は静止画のファイル形式である。

D. JPEG は静止画のファイル形式である。

第二課　マルチメディア応用

マルチメディア技術を応用したグラフィックス（画像）制作がさかんに行われている。ここではグラフィックス処理の知識とマルチメディア技術の具体例について取り上げる。

1. グラフィックス処理

グラフィックス処理とは、マルチメディア技術を応用した画像の加工、編集処理のことを指す。グラフィックス処理を行うために、必要な知識をまとめる。

色の表現：

コンピュータの出力装置で再現される色は、色空間と呼ばれる再現可能な色の範囲で決定する。ディスプレイでの色表現は RGB、プリンタによる印刷物の色表現は、CMY での色空間で表現するのが一般的である。

RGB は、光の 3 原色と呼ばれる赤（Red）緑（Green）青（Blue）の 3 色を組み合わせる色表現で、3 色すべてを掛け合わせると白になる。

CMY は、シアン（Cyan）、マゼンタ（Magenta）、イエロー（Yellow）の組み合わせによる色

表現で、色の 3 原色と呼ばれる。3 色すべてを掛け合わせると黒になるが、印刷時には黒(Key tone)のインクを用いることも多く、そのため CMYK と呼ぶこともある。

また、各色は色相（色合い）、明度（明るさ）、彩度（鮮やかさ）の三つの要素によって変化をつけることでさまざまな色表現を可能にする。例えば、同じ赤と緑を掛け合わせた RGB での表現であっても、要素が異なれば違った色を表現できる。

画像の品質：

ディジタル画像の品質は、画素数、解像度、諧調といった要素によって決定する。

画素（ピクセル）数

画素（ピクセル）は、コンピュータで画像を扱うときの最小単位の点のことである。

画素ごとに、色、奥行き、透明度などを表現する。ディジタル画像はこの集合体として表現される。

画素数は表示面積に対する画素の数を表す。画素が多いほど、より情報量の多い高精細な画像を表示することができる。

解像度

解像度は、単位面積あたりの画素の密度を指す。密度が高いほど精密な表現が可能になるため、言い換えれば、画像の粗さを表す値であると言える。

同じ面積のディスプレイの場合、画素数が多いほど解像度が高くなるが、画素数を基準とした表現の場合、見え方は小さくなる。

諧調

諧調とは、色の濃淡のことを指す。諧調が多いほど、中間色に当たる色の数が多いことになるので、滑らかな色表現が可能になる。諧調が少ないと表現は精細さに欠けるが、境界線がはっきりとするという特徴もある。輪郭をぼやかしたくない細かな文字を含んだ画像などでは、あえて GIF などの諧調の少ないファイル方式を利用することで、文字を読みやすくする効果を得る場合もある。

グラフィックスソフトウェア：

グラフィックソフトウェアは、コンピュータ上で画像の編集を行うためのソフトウェアの総称である。目的と用途、利用方法などによっていくつかに分類される。

ペイント系ソフトウェア	マウスポインタを筆として扱い、画像を描く。画像は、ビットマップイメージとして保存される。
ドロー系ソフトウェア	直線や曲線などを開始点と終了点の指定、角度の指定などを元に演算処理で画像を描く。画像はベクターグラフィックスとして保存される。
フォトレタッチソフトウェア	元となる写真を読み込み、明るさ、シャープさ、赤目補正などの補正を行う。

2. マルチメディア技術の応用

　主なマルチメディア技術を応用した分野について確認する。

コンピュータグラフィックス(CG)

　コンピュータグラフィックス(CG)という言葉自体は、コンピュータによって作成された画像や動画の総称であるが、一般的に CG と呼ばれる場合、3次元表現を含んだコンピュータグラフィックス（3DCG）を指すことが多くなっている。

　3DCG は、縦横の平面表現に高さを加えて立体的なものを表現する。表面の色、質感、照明の角度なども演算処理によって表現でき、映画やゲームでよく利用されている。

バーチャルリアリティー(VR)

　バーチャルリアリティーは、仮想現実とも訳され、現実感を人工的に作る技術の総称である。実際には存在しない空間を作成し、あたかもそこにいるかのように感じさせるものや、目の前には存在しないものを見せて、あたかも直接触っているかのように感じさせる技術などがこれにあたる。

拡張現実(AR:Augmented Reality)

　ディスプレイに映し出した画像に、バーチャル情報を重ねて表示することで、より便利な情報を提供する技術である。

　VR(バーチャルリアリティー)に近い技術であるが、VR がコンピュータ上に現実のような世界を表現するのに対し、AR は現実世界にコンピュータ情報を重ねる技術になる。

CAD (Computer Aided Design)

　CAD は、建築や工業製品の設計にコンピュータを用いることを指す。また、そのために利用するソフトウェアも CAD もしくは CAD ソフトウェアと呼ぶ。3D 表現も可能なものが多く、図面を元に建築後の建造物を事前に表現したり、非常に小さな工業製品の設計なども正確に行うことができる。

　CAD ソフトウェアは非常に高価なものが多く、なかなか家庭用には普及していないが、最近では徐々に家庭用の安価なソフトウェアも増えてきている。

シミュレーション(simulation)

　コンピュータを利用して特定の状況や操作などの疑似体験ができる技術を総称してシミュレーションと呼ぶ。

　実現困難な実験や予測、危険を伴う操作の練習などを、コンピュータを用いてモデル化し、あらかじめ体験できる仕組みで、多くの操作実験や自動車や飛行機のトレーニングなどで活用されている。

【語彙】

1. マウスポインタ【mouse pointer】

コンピューターでマウスや各種のポインティングディバイスに合わせて画面上を動く、矢印や十字のアイコン。

2. ビットマップ【bitmap】

情報をメモリー上のビットのパターンとして表現する手法。画像表示などに利用される。

3. ベクターグラフィックス【vector graphics】

幾何学的な関数で線画像を表現するシステム。

【問題】

1. バーチャルリアリティーの説明として、適切なものはどれか。

　A. 画像を上から順次表示するのではなく、モザイク状の粗い画像をまず表示して、徐々に鮮明に表示することによって、全体像をすぐに確認できるようにする。

　B. コンピュータで作成した物体や空間を、コンピュータグラフィックスなどを使用して実際の世界のように視聴覚できるようにする。

　C. 自動車や飛行機の設計に使われている風洞実験などの代わりに、コンピュータを使用して模擬実験する。

　D. 別々に撮影した風景と人物の映像をコンピュータを利用して合成し、実際とは異なる映像を作る。

2. 静止画像データの圧縮方式の特徴のうち、適切なものはどれか。

　A. 可逆符号化方式で圧縮したファイルのサイズは、非可逆符号化方式よりも小さくなる。

　B. 可逆符号化方式では、圧縮率は伸張後の画像品質に影響しない。

　C. 非可逆符号化方式では、伸張後の画像サイズが元の画像よりも小さくなる。

　D. 非可逆符号化方式による圧縮では、圧縮率を変化させることはできない。

3. PDF (Portable Document Format) の特徴として、適切なものはどれか。

　A. 印刷イメージを正しく表現できるページ記述言語であり、データ圧縮はフォーマットとして規定されていない。

　B. 使用ソフトウェアに関係なく文字コードのデータを流通させることができるが、書式を受け渡すことができない。

　C. タグを含んだテキストファイルで、タグを用いた検索が効果的に行える。

　D. ワープロソフトなどで作成した文書の体裁を保持でき、異なるプラットフォームでもほぼ同様の表示を可能とする。

4. 静止画、動画、音声の圧縮技術規格の適切な組み合わせはどれか。

	静止画	動画	音声
A	MP3	JPEG	GIF
B	GIF	MPEG	MP3
C	MPEG	GIF	MP3
D	JPEG	MP3	GIF

【解答】

1. A. プログレッシブ表示やインターレース表示と呼ばれる画像表示の技術の説明である。
   B. 正解である。実際の世界のような仮想空間を実現する。
   C. シミュレーションの説明である。
   D. 画像合成の説明である。

2. A. 非可逆符号化方式のほうがファイルサイズは小さくなる。
   B. 正解である。可逆符号化方式では、伸張すると完全に再現できる。
   C. 非可逆圧縮時にデータの損失がない場合は、必ずしも小さくならない。
   D. 圧縮率を変化させることはできない。

3. 正解は D。PDF は、文書の体裁やフォント、書式を含めて再現性の高い文書フォーマットである。

4. 正解は B。選択肢の中にある各ファイルフォーマットの分類は、GIF、JPEG は静止画、MPEG は動画、MP3 は音声となる。よって、正しい組み合わせは B になる。

第六節　データベース

第一課　データベース方式

　多くの情報を取り扱うシステムにとって、データベースはなくてはならない存在になっている。ここでは、データベースの基礎知識と管理システムについて確認する。

1. データベース

　データベースとは、複数のユーザーやソフトウェアで共有される整理されたデータの集合体を指す言葉であるが、その集合体を管理するシステムをデータベースと呼ぶことが一般的である。

　データベースは、データを蓄積するだけではなく、データベース管理システムや他のソフトウェアを利用して、蓄積されたデータの活用を行える点も重要である。

　データの蓄積には一定の規則が設けられ、その規則に合わせてデータを保存することでデータに統一性を持たせる。そうすることでデータの重複や散逸を防ぐことも可能になる。また、データベースの活用についても、データの検索や絞り込みという点から規則性を保つことは重要である。

　データベースは、特定のソフトウェア上で作成されるものとは限らず、OS のファイルシステム上に構築されるものや後述のデータベース管理システムを用いて構築されたものも含む。

　目的や用途によって形も様々で、簡単なものでは企業の組織図や住所録、高度なものでは商品管理や電子カルテ、検索エンジンなどもデータベースの一つである。

　また、データベースにはデータの蓄積方法によりいくつかのデータベースモデルがある。主なデータベースモデルは次の通りである。

階層型データベース	ツリー構造でデータを表す。組織図などがこれに当たる。一つの親データに対して複数の子データが関連する形を取る。
ネットワーク型データベース	階層型と異なり、複数の親データに複数の子データを持つことができるモデルである。項目同士が互いにリンクする形のデータベースになる。
リレーショナル型データベース	最も利用されているデータベースモデルである。データ項目を表形式のテーブルで保存し、データ項目を元にテーブル同士の関連付け（リレーション）を行う。

2. データベース管理システム（DBMS）

　データベース管理システム（DBMS：DataBase Management System）は、その名の通り、

データベースの管理を行うためのシステムである。データベースの蓄積や、他のコンピュータやソフトウェアからのアクセス要求に答える役割を果たす。

　DBMSを利用することで、複数の利用者が蓄積されたデータを共同利用できる。

　なお、DBMSはリレーショナル型データベースを扱うものが多いため、最初からRDBMS（Relational DataBase Management System）と表現されることもある。

データマートとデータウェアハウス

　データベースには、その役割や規模に応じて、特別な名称で呼ばれるものがある。代表的なものがデータウェアハウスとデータマートである。

　データウェアハウスとは、企業活動における情報分析と意思決定に利用するために、取引データなどを蓄積した大規模なデータベースまたは、そのシステムを指す。

　データマートとは、データウェアハウスに保存されたデータの中から、使用目的によって特定のデータを切り出して整理し直し、別のデータベースに格納したものを指す。データウェアハウスは企業全体で活用されるものであるのに対し、データマートは特定の部門で利用されるのが一般的である。

【問題】

　データベース管理システムが果たす役割として、適切なものはどれか。

　A. データを圧縮してディスクの利用可能な容量を増やす。

　B. ネットワークに送信するデータを暗号化する。

　C. 複数のコンピュータで磁気ディスクを共有して利用できるようにする。

　D. 複数の利用者で大量データを共同利用できるようにする。

【解答】

正解はD。データベース管理システム（DataBase Management System）を利用することで、複数の利用者からのアクセスも受け付け、共同利用できるように制御することができる。ディスク領域や物理的なハードディスクなどの共有を行うシステムではなく、あくまでデータの共同利用のための管理システムである。

第二課　データベース設計

　データを正確に蓄積し利用するには、正しい設計に基づいたデータベースが必要である。ここでは、データベースを構築するためのデータベース設計について確認する。

1. データ分析

　データベース設計におけるデータ分析とは、データベースが扱うデータ項目の洗い出しや整理のことを指す。このプロセスを正確に行わないと、必要なデータが正確な形式で蓄積することができなくなり、結果としてせっかく蓄積したデータを活用でき

ない事態が起こる。

　具体的には、構築するデータベースの目的の明確化、必要なデータ項目の洗い出し、ユーザーが入出力する項目の明確化、データの蓄積や利用の流れなどがこれにあたる。

2. データの設計

　データ分析によって明確になった内容を基に、実際にデータベースの設計を行う。

　最も一般的なリレーショナル型データベースの場合、項目とデータはテーブルと呼ばれる表で管理される。

　テーブルは、データ項目ごとの例であるフィールドと、フィールド項目に入るデータを行単位で表すレコードによって構成される。フィールドの項目名はフィールド名と呼ばれ、レコードとは区別する。

　また、データ利用時に、特定のレコードを指定できる、重複のないデータ項目（キー）を主キーと呼ぶ。複数のキーによってレコードの特定ができる場合は、そのすべてが主キーとなる。

フィールド

No.	コード	数値	日付
101	AAA	1	0115
102	BBB	2	0115
103	AAA	1	0120
104	CCC	2	0201

レコード

主キー

　なお、リレーショナル型データベースにおいて、あるテーブルから他のテーブルの項目を参照する場合、参照する側の例に外部キーを設定すると、入力できるデータは参照先にあるデータに限定させることができる。

　データベース設計では、E-R 図（実体関連図）などで、項目の関係性を整理すると便利である。E-R 図は、実体（エンティティ）が持つ属性や関連を図式化するもので、最も一般的なモデリング技法の一つである。これを用いることで、特定のデータに結び付く属性や関連する項目をまとめることができ、データベースの項目の整理やテーブル間のリレーション設定などデータの最適化に役立てることができる。

3. データの正規化

　関係データベースのテーブルを項目の重複がない状態にし、さらに適切に分割し参照を設定することを正規化と呼ぶ。正規化することで、データの入力や更新などの運用の最適化を図ることができる。正規化には、内容によって段階が存在する。

第 1 正規化

　テーブル内で繰り返し出てくる項目を、複数のレコードに分けることで繰り返さないようにする。第 1 正規化したファイルを第 1 正規形と呼ぶ。

第2正規化

　レコードを特定できるキーである主キーに連なる情報を別テーブルに分ける。複数のキーで特定ができる場合、そのすべてが主キーとなる。第2正規化をしたファイルは第2正規形と呼ぶ。

第3正規化

　コードなどの主キー以外の項目が、同じテーブル内の他の項目を決めていないように、情報を別のテーブルに分離する。第3正規化をしたファイルを第3正規形と呼ぶ。

インデックス：データベースにおいて、テーブルに格納されているデータを高速に取り出すための仕組みである。書籍の索引のようなもので、すべてのデータを最初から検索することなくデータを探し出せるため、データ検索を高速化できる。

正規化の例
元データ

利用日	会員番号	氏名	種目コード	種目	会員番号	氏名	種目コード	種目
2011/7/1	1001	滝口直樹	1	プール	1002	阿部祥子	2	テニス
2011/7/2	1002	阿部祥子	2	テニス	1004	早坂祐介	1	プール
2011/7/3	1003	滝口直樹	3	マラソン	1003	丸山美紀	2	テニス

第1正規化

利用日	会員番号	氏名	種目コード	種目
2011/7/1	1001	滝口直樹	1	プール
2011/7/1	1002	阿部祥子	2	テニス
2011/7/2	1002	阿部祥子	2	テニス
2011/7/2	1004	早坂祐介	1	プール
2011/7/3	1001	滝口直樹	3	マラソン
2011/7/3	1003	丸山美紀	2	テニス

第2正規化（主キーとそれに連なるデータを別テーブルに分割）

利用日	会員番号	種目コード	種目
2011/7/1	1001	1	プール
2011/7/1	1002	2	テニス
2011/7/2	1002	2	テニス
2011/7/2	1004	1	プール
2011/7/3	1001	3	マラソン
2011/7/3	1003	2	テニス

会員番号	氏名
1001	滝口直樹
1002	阿部祥子
1003	丸山美紀
1004	早坂祐介

第3正規化（主キー以外の項目を別テーブルに分割）

利用日	会員番号	種目コード
2011/7/1	1001	1
2011/7/1	1002	2
2011/7/2	1002	2
2011/7/2	1004	1
2011/7/3	1001	3
2011/7/3	1003	2

会員番号	氏名
1001	滝口直樹
1002	阿部祥子
1003	丸山美紀
1004	早坂祐介

種目コード	種目
1	プール
2	テニス
3	マラソン

【語彙】

モデリング【modeling】

①模型を制作すること。

②彫刻の肉付け、絵画の陰影など、立体感を表す方法。

第三課　トランザクション処理

　ここでは、データベースを安全に不合理なく運用するためのデータベース管理機能について学習する。

データベース管理システムの機能

トランザクション処理

　トランザクション処理とは、複数の関連する処理を一つの処理単位としてまとめて処理することを指す。

　トランザクション処理では、「すべて成功」か「すべて失敗」のどちらかにしかならない。途中までの処理が成功していて、最後の処理で失敗した場合でも、該当する処理のすべてが失敗として扱われる。

　例えば、銀行振込の場合、元の口座からの出金処理は成功しても、受け付ける先の口座への入金処理が失敗した場合、元口座からの出金処理も失敗として扱わなければ、元の口座のお金が減るだけで辻褄が合わなくなる。一連の入出金処理をまとめてトランザクションとすることで、辻褄が合わない事態を避けることができる。

排他処理

　排他処理とは、データベースへのアクセスや更新を制御する機能のことを指す。

　データベースに対して複数のユーザーが同時に更新などを行ってしまうと、ユーザーのアクセスやデータ書き込みをしたタイミングによっては、先にデータ書き込みをしたユーザーのデータが失われてしまう可能性がある。このような事態を避けるために、DBMS によってデータへのアクセスにロック（制限）をかけるなどの排他処理を行う。

　排他制御は、2 人目以降のユーザーは、データベースにアクセスできない、または読み込みはできても書き込みはできないといった制御をかける。先にアクセスしたユーザーの処理が完了すると排他は解除される。

リカバリ機能

　リカバリ機能とは、データベースに障害が発生した場合に、保存データを元に、データを復旧させる機能のことである。リカバリには大きく分けて 2 種類の方法が存在する。

　データの復旧には、データベースの更新時に自動保存されたログファイルやデータベース全体を定期的に保存するバックアップファイルを利用する。

ロールフォワード

　ロールフォワードは、障害が発生した際に、バックアップファイルで保存されているポイントまでさかのぼり、さらに更新後ログを元に障害直前の状態まで復元して、処理を再開するリカバリ方法である。主に、ハードディスク故障など物理的な障害で用いられる。

ロールバック

　ロールバックは、トランザクション処理中に障害が発生した場合、更新前ログを元に処理開始前の状態にデータベースを戻すリカバリ方法である。主に、ネットワークエラーなどデータベースプログラム以外の原因による障害への対応策としてよく利用されている。

【語彙】

1. アクセス【access】

①情報システムや情報媒体に対して接触・接続を行うこと。②コンピューターで記憶装置や周辺機器にデータの書き込みまたは読み出しをすること。③産業・住宅の立地で、交通の利便性。

2. トランザクション【transaction】

オンラインーシステムなどで、端末装置などから入力される意味をもったデータ、あるいは処理要求。

【問題】

1. 一つのファイルを複数の人が並行して変更し、上書き保存しようとするときに発生する可能性がある問題はどれか。

　A. 同じ名前のファイルが多数できて、利用者はそれらを判別できなくなる。

　B. 最後に上書きした人の内容だけが残り、それ以前に行われた変更内容がなくなる。

　C. 先に変更作業をしている人の PC 上にファイルが移動され、他の人はそのファイルを見つけられなくなる。

　D. ファイルの後ろに自動的に変更内容が継ぎ足され、ファイルの容量が増えていく。

2. 情報分析と意思決定を支援する目的で、基幹業務システムからデータを抽出し、再構成して構築されるデータベースを示す概念はどれか。

　A. グループウェア　　　　　　B. データウェアハウス

　C. ピープルウェア　　　　　　D. ファームウェア

3. ファイル、フィールド（項目）、レコードの関係のうち、適切なものはどれか。ここで、＞の左側が上位の構成要素とする。

　A. ファイル＞フィールド＞レコード

　B. ファイル＞レコード＞フィールド

　C. フィールド＞ファイル＞レコード

　D. フィールド＞レコード＞ファイル

4. トランザクション T はチェックポイント取得後に完了し、その後にシステム障害が発生した。データベースをトランザクション T の終了直後の状態に戻すために用いられる復旧技法はどれか。ここで、チェックポイントのほかに、トランザクションログが利用できるものとする。

　A. 2 相ロック　　　　　　　　B. トランザクションスケジューリング

C. ロールバック　　　　　D. ロールフォワード

【解答】

1. A. まったく同じ名前のファイルを同じディレクトリに保存することができない。

　B. 正解である。排他処理を行わないとこのような不整合が起こり得る。

　C. 共有されたファイルを開いても、ファイルそのものはユーザーの PC に移動しない。

　D. 並行して更新し上書き保存した場合、変更内容の継ぎ足しは不可能である。

2. A. グループウェアは、企業などのグループで情報共有のために利用するメールや掲示板などを統合したシステムである。

　B. 正解である。データの倉庫の意味で、大量の統合業務データ、もしくはその管理システムを指す。

　C. ソフトウェア・ハードウェアと並びコンピュータ技術の 3 つめの側面を表す言葉である。

　D. 電子機器に組み込まれたハードウェアを制御するためのソフトウェアである。

3. 正解は B。リレーショナル型データベースではファイルの中に表形式のテーブルがあり、データのまとまりであるレコードが格納される。レコードの各項目がフィールドにあたるので、正解は B となる。

4. 正解は D。トランザクションのログを利用して、終了直後の状態に戻すとあるので、ロールフォワードである。ロールバックは、トランザクション処理前の状態に戻るリカバリ処理である。

第七節　ネットワーク

第一課　ネットワーク方式

　最近では、ほとんどのコンピュータやシステムがネットワークに接続しており、コンピュータとネットワークは切っても切れない関係になっている。

1. ネットワークの構成

　ネットワークとは、情報伝達の連携を示す言葉であり、異なるコンピュータやシステム間での情報のやり取りを実現する技術になる。

　ネットワークには、LAN や WAN、インターネットなどさまざまな構成が存在する。

LAN(Local Area Network)

　LAN は、限定された領域内（同じ建物やフロアなど）で利用するネットワーク設備を指す。管理者の責任で設置され、利用を許可されたユーザーのみ利用できる形式が一般的で、PC の他に LAN に参加するファイルサーバー、ネットワークプリンタなどの共用機器も利用することができるようにする。

WAN(Wide Arer Network)

　WAN は、公衆回線や専用通信回線を利用して、遠隔地同士の LAN を接続したネットワークである。複数のビルにまたがる社内ネットワークの構築などで利用される。

インターネット

　LAN や WAN と異なり、開かれた世界中のネットワークにアクセス可能な巨大ネットワークがインターネットである。インターネット上では、公開されている Web サイトの閲覧や、電子メールの送受信などさまざまなサービスが利用できる。インターネット技術を利用した LAN をイントラネットと呼ぶ。

2. ネットワークの構成要素

LAN の構成

　LAN には、大きくイーサネット（有線 LAN）と無線 LAN という 2 つの構成がある。なお、同一 LAN 上に有線 LAN と無線 LAN が混在する構成も可能である。

イーサネット（有線 LAN）

　イーサネットは、イーサネットケーブルと呼ばれる LAN 用のケーブルを利用してノード（コンピュータとネットワーク機器やコンピュータ同士）を接続する LAN の構成である。

　イーサネットケーブルには、コンピュータと通信機器を接続するストレートケーブルと、コンピュータ同士を接続するのに利用されるクロスケーブルが存在する。また、通信速度などで分類されたカテゴリ 5 やカテゴリ 6 といった規格がある。

無線 LAN

　ケーブルを用いずに無線通信技術を用いて構築する LAN を無線 LAN と呼ぶ。コンピュータは、無線 LAN ターミナルと呼ばれる通信機器に、主に電波を利用して接続する。無線 LAN にはいくつかの規格があり、それぞれの特徴がある。

規格	周波数帯	最大転送速度	説明
IEEE802.11b	2.4GHz 帯	11Mbps	無線 LAN 普及のきっかけになった規格で現在も広く利用されている。
IEEE802.11a	5.2GHz 帯	54Mbps	高速ですが、周波数帯が異なるとの互換性はない。
IEEE802.11g	2.4GHz 帯	54Mbps	と周波数帯が同じで互換性のある高速な規格である。
IEEE802.11n	2.4GHz 帯	300Mbps	非常に高速な新しい無線 LAN 規格で、互換性も高く、普及が見込まれる。
	5.2GHz 帯		

ネットワークを構成する機器

　ネットワークを利用するには、ネットワークの種類や規模、ネットワークの構成によって様々な機器が必要になる。

ケーブル

　通信を実現する伝送路であり、有線 LAN の接続に利用するイーサネットケーブルや光通信を可能にする光ケーブル、電話線の接続などに使うモジュラージャックなどがある。無線 LAN の場合はケーブルの代わりに電波を利用する。

ネットワークインタフェースカード(NIC)

　ケーブルを接続するポート（穴）を設置する拡張カードである。最近では、ほとんどのコンピュータに内蔵されているが、一部のコンピュータには別途、ネットワークインタフェースカードを追加しなければならないものもある。

ハブ・スイッチ

　LAN 内で利用される複数の LAN ケーブルの集約装置で、複数台のコンピュータをLAN に接続するときに利用する。

　接続する機器から受け取ったデータを単純に同じハブに接続された全機器に再送信するリピータハブ、受け取ったデータの宛先（送信先の機器）を制御し、再送信先を指定できるスイッチングハブなどがある。本来は宛先を判断して通信を行う機器をスイッチと呼び、そのスイッチ機能を有したハブをスイッチングハブと呼んでいる。

ルータ

　異なるネットワーク間でのデータ通信を中継する装置である。LAN 上のコンピュータがインターネットなどの外部ネットワークを利用する際に利用する。外部のコンピュータにネットワーク接続するための機器であるデフォルトゲートウェイの代表的な装置である。

最近では、無線 LAN を利用するための集積装置にあたるアクセスポイントの機能を有した製品が増えてきている。

モデム・ターミナルアダプタ(TA)

モデムは、LAN からインターネットや WAN に接続するために利用する装置で、電話回線などのアナログ信号をディジタル信号に変換する。

ターミナルアダプタは ISDNF 回線でモデムと同様の働きをする装置である。

プロキシ

もともとは「代理(Proxy)」の意味で、IT 分野では、LAN とインターネットの境にあって、直接インターネットに接続できない LAN 上のコンピュータに代わってインターネットに接続するコンピュータのことを指す。

1 台のプロキシで複数台の LAN 上のコンピュータの代理を務めるため、プロキシサーバーとも呼ばれる。

MAC アドレス

LAN カードなどのネットワーク機器（ノード）を識別するために設定されている固有の物理アドレスのことである。

ネットワーク機器ごとに固有の ID がつくので、機器を確実に特定することができる。

LAN の接続形態 （トポロジ）

LAN には、代表的な 3 種類のトポロジ（LAN の接続形態）が存在する。それぞれの特徴を確認しておく。

バス型ネットワーク

バス型は、1 本の伝送路に、複数のコンピュータを並列接続する方式である。伝送路の両端には、終端装置（終端抵抗）が接続されている。

配線が簡単であるメリットがあるが、広い範囲にコンピュータが設置されている場合は伝送路が長くなり、不経済になる、通信が集中した場合に通信が不能になりやすいといったデメリットもある。主にユーザーが密集する場所での接続形態として利用されている。

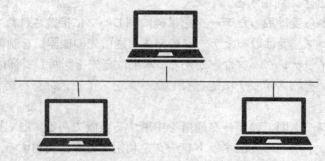

リング型ネットワーク

リング型は、バス型の両端に終端装置を付けず、両端を結ぶことでリング状にした

ネットワークである。比較的大規模のネットワークで利用される。

　伝送路に対して直列接続しているため、ネットワークの流れは一方向に定められる。

　多くのリング型ネットワークの場合、データの送信権を持ったトークンと呼ばれる信号をネットワーク内に巡回させ、トークンを獲得したコンピュータがデータ転送をすることができる。このようなネットワーク規格をトークンリングと呼ぶ。

　データが一方向に流れるため、データの衝突が起こらないというメリットがあるが、直列接続のため、接続されたコンピュータの故障がネットワーク全体へ障害になる危険性がある。

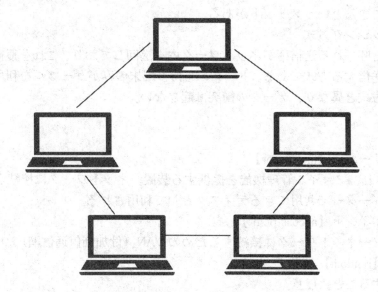

スター型ネットワーク

　集積装置（ハブ）を中心に放射状にコンピュータを接続するイーサネット LAN の代表的な接続形態である。

　コンピュータの増設時に、他のコンピュータに影響を与えることなく接続できる拡張性の高さが最大の特徴である。集積装置の増設も可能であり、大規模なネットワークやコンピュータが広範囲にわたる場合の対応も比較的容易に行える。

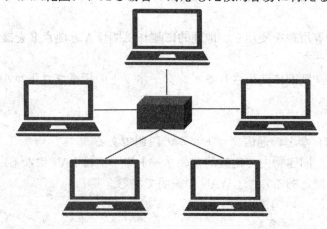

ネットワーク制御方式

LAN 上でデータの送受信を行う通信方式には、CDMA/CD 方式と、トークンパッシング方式がある。

CDMA/CD 方式

データを送信したいノード（コンピュータやハブなどの通信機器）が通信状況を監視し、ケーブルが空くと送信を開始する方式である。もし複数のノードが同時に送信を開始するとケーブル内でデータが衝突する。その場合、両者は送信を中止し、ランダムな時間を待って送信を再開する。ケーブルを複数のノードで共有し、互いに通信することができるというメリットがある。

トークンパッシング方式

トークンと呼ばれる送信権がネットワーク内を巡回しており、これを獲得した端末がデータを送信する方式である。トークンを持つ端末のみがケーブルを利用するため、CDMA/CD 方式と異なり、データの衝突は起きない。

【語彙】

1. ファイルサーバー【file server】
LAN に接続され、ファイル管理機能を提供する装置。ネットワークに接続されたすべてのコンピューターで共用できるディスクとして利用される。

2. アクセスポイント【access point】
コンピューターネットワークに接続するための VAN（付加価値通信網）の中継局。

3. ランダム【random】
①無作為にすること。任意。
②ランダムサンプリング。

【問題】

LAN の説明として、適切なものはどれか。

A. インターネット上で電子メールを送受信するためのプロトコル

B. 同じ建物の中など、比較的狭い範囲のコンピュータ間で高速通信を実現するネットワーク

C. 電話回線や専用線を使用し、地理的に離れた拠点 A と拠点 B を接続し、通信を実現するネットワーク

D. ネットワーク制御に使用されるインターネットの標準プロトコル

【解答】

A. POP や SMTP などの通信プロトコルの説明である。

B. 正解である。同建物内で比較的狭いネットワークは LAN になる。

C. 拠点間の接続とあるので、WAN の説明である。

D. HTTP プロトコルの説明である。

第二課　通信プロトコル

人間同士のコミュニケーションに共通した言語が重要であるように、ネットワークでデータのやり取りを行うには、発信者と受信者が利用するための共通のルールが必要である。ここではそのルールについて確認する。

通信プロトコル

通信プロトコルとは、情報の発信側と受信側で情報を伝達するための共通する規則のことである。通信プロトコルにはそれぞれ役割があり、それを組み合わせて利用している。

TCP/IP

TCP/IP は、インターネットやイントラネットで利用される通信プロトコルである。TCP（Transmission Control Protocol）と IP（Internet Protocol）は別のプロトコルだが、ほとんどの場合、組み合わせて利用されるため、TCP/IP と表現されることが多くなっている。

IP は、発信者の情報や宛先情報である IP アドレスなどを含むパケットと呼ばれるデータを細かく分割するルールを規定するプロトコルである。なお、IP アドレスの後ろにはポート番号が割り当てられ、宛先のどのプログラムへの通信か特定することができる。

ポート番号は、コンピュータがデータ通信を行う際に通信先のサービス（プログラム）を特定するための番号のことで、IP アドレスに付属する形で利用する。複数のコンピュータと同時に通信したり、同じ IP アドレスのコンピュータでも異なったサービスを同時利用できるようにしたりすることができる。

TCP は、データ送信の制御を行うプロトコルで、宛先情報やデータ到着の確認・データの重複や抜け落ちのチェックなどを行う。

また、IP アドレスを固定で設定せずに、コンピュータがネットワーク接続時に自動的に IP アドレスを割り当てる DHCP（Dynamic Host Configuration Protocol）というプロトコルも広く利用されている。

HTTP、HTTPS

HTTP（Hyper Text Transfer Protocol）は、WWW（World Wide Web）上でデータの送受信を行うためのプロトコルである。主に、クライアント側の Web ブラウザを通じて出すリクエストに、Web サーバーがレスポンスを返す形式の通信に活用される。主に HTML などで記述されたファイルや画像データなどを取り扱う。

HTTP（Hyper Text Transfer Protocol Security）は、その名の通りセキュリティ面を強化した HTML で、SSL（Secure Socket Layer）という暗号化技術を利用した通信を利用するための通信プロトコルである。ショッピングサイトやコミュニティサイトなどの個人情報や銀行口座やクレジットカードの情報を取り扱うサイトで利用されている。

FTP

FTP（File Transfer Protocol）は、クライアントとサーバー間でファイルの転送を行うときに利用される通信プロトコルである。ファイル転送用に用意された FTP サーバーにクライアントからデータを転送することをアップロード、逆に FTP サーバーからクライアントにファイルを転送することをダウンロードと呼ぶ。クライアントから FTP サーバーへのデータ転送は FTP クライアントと呼ばれるアプリケーションソフトウェアを利用する。

FTP サーバーのほかに、Web サイトのファイルにあたる HTML ファイルなどを Web サーバーにアップロードする場合などにも利用される。

SMTP、POP、IMAP

SMTP（Simple Mail Transfer Protocol）は電子メールの送信、POP（Post Office Protocol）と IMAP（Internet Message Access Protocol）は電子メールの受信に利用される通信プロトコルである。

POP3 は受信したすべてのメールをクライアントにダウンロードしてから閲覧するのに対し、IMAP4 は、メールを管理するメールサーバー上でメールの操作や保存をすることができる。そのため、Web メールと呼ばれる Web サービスで広く利用されている。

NTP（Network Time Protocol）

ネットワークに接続されるコンピュータの内部時計を正しい時刻に調整するための通信プロトコルである。

【語彙】

1. イントラネット【intranet】
インターネットの技術を利用した、組織内の情報通信網。電子メールやブラウザなどで情報交換を行い、情報の一元化・共有化を図る。
2. クライアント【client】
①専門家に仕事を依頼した人。
②問題を抱えてカウンセリングに訪れた人。
③社会福祉機関による援助やサービスを受ける人。
④コンピュータネットワーク上でサービスを受ける側にあるシステム。サービスを提供する側のサーバーに対して言う。
3. レスポンス【response】
反応。応答。対応。

【問題】

ネットワークを介してコンピュータ間で通信を行うとき、通信路を流れるデータのエラー検出、再送制御、通信経路の選択などについて、双方が守るべき約束事を何というか。

　A. アドレス　　　　　　　B. インターフェース
　C. ドメイン　　　　　　　D. プロトコル

【解答】

正解は D。通信をするにあたり、データの送信側と受信側の双方で定期要するルールをプロトコルと呼ぶ。

第三課 ネットワーク応用

私たちの生活にインターネットはなくてはならないものへと成長してきている。ここでは、インターネットについて、さらに解説する。

1. インターネットの仕組み

インターネットは、TCP/IP を利用して、世界中のコンピュータやコンピュータネットワークを相互に接続した巨大ネットワークである。インターネットは基本的な仕組みである WWW によって、Web ページの公開と閲覧を可能にし、他の Web ページへジャンプするハイパーリンクなどの技術によって世界中の情報を広く結び付けている。

インターネットはアメリカの国防総省によって 1969 年に作られた ARPANET が発展したものである。軍事目的で形成された ARPANET は、その後、学術研究分野で利用されるようになり、世界中に広がった。1980 年代後半から商用での利用が開始された。

インターネットに接続するコンピュータには、インターネット上の住所情報にあたる IP アドレスと呼ばれる数字が割り当てられる。

IP アドレスを文字列に置き換えたものがドメインで、私たちは通常ドメインで表現された Web サイトのアドレスである URL を利用してインターネット上の情報にアクセスしている。このドメインの割り当てを管理するシステムが DNS (Domain Name System) である。

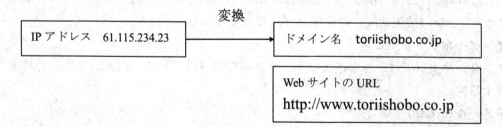

DNS は、DNS サーバーによって成り立っている。個々の DNS サーバーには、管轄のドメイン名と IP アドレスの割り当て情報が管理され、ユーザーが指定したドメイン名やホスト名 (ネットワークに接続された個々の機器に付けられた名前) から IP アドレスを検索し、通信を実現する。

なお、DNS サーバーは、世界に 13 台存在するルートサーバーを頂点とした階層方式の分散型のデータベースサーバーとなっており、下位の DNS サーバーに該当する情報がない

場合は、上位階層の DNS サーバーに情報を確認することで対応する。

IP アドレス

IP アドレスには、LAN 内の PC に管理者が自由に割り当てることができるプライベート IP アドレスと、世界に１つしかないグローバル IP アドレスの２種類がある。

プライベート IP アドレスでは同一 LAN 上の通信は可能であるが、そのままではインターネットに接続することができない。そこで、ルータを中継して割り当てられたグローバル IP アドレスを割り当てることで、インターネット接続を可能にする。

固定のグローバル IP アドレスを持たない場合は、多数のグローバル IP アドレスを持つインターネットサービスプロバイダが空いているアドレス(リモートホスト)を割り当て、インターネットへの接続を実現する。

ドメイン名

IP アドレスを文字列に変換したものをドメイン名と呼ぶ。ドメイン名は世界に１つしかないものである。ドメイン名は原則、先着順で取得することができる。

ドメインには、「.com」「.org」などのトップレベルドメイン、「.jp」「.uk」などの国別コードトップレベルドメイン、国別コードトップレベルドメインの前に付け、ドメインを利用している組織の属性を示す「.co」(企業)「.ac」(大学など)といったセカンドレベルドメインがある。

また、同一ドメインを複数の Web サイトで利用できるようにするために、ドメイン名の前に WWW など任意の文字列を加えるサブドメインが利用される。

Cookie

Web サイトを閲覧したユーザーのコンピュータに一時的にデータを書き込んで保存する仕組み、または、保存されたファイルを指す。

Web サーバーの管理者がこの機能を利用することで、ユーザーが同 Web サイトを再訪したときに、ログインなどをし直さなくても済むようになる。また、管理者側からは、ユーザー識別やセッション(接続状況)の管理などに役立てられる。

2. インターネットサービス

インターネットでは、さまざまなサービスが提供されている。代表的なサービスを確認する。

電子メール(e-mail)

電子メールは、インターネットを通じてメッセージの送受信を行うサービスである。これまでの手紙と同様、メッセージ本文に宛先情報や送信元情報を加えてやり取りする。

送信された電子メールは、メールサーバーと呼ばれるメールのやり取りを行うための機能を持ったサーバーを介して受信ユーザーの電子メールクライアントのメールボックス(受信箱)に届く。

最近では、受信者のコンピュータ上にメッセージを保存するのではなく、Web ブラ

ウザ上でメールサーバー内のメッセージを閲覧、管理できるサービスも増えてきている。これらのサービスを総称して Web メールと呼ぶ。

　これまでの手紙との大きな違いは、複数の受信者に対して、同じ電子メールを一度に送信することができる点である。電子メールの宛先の指定方法には 3 通りある。

指定方法	意味
to（宛先）	メッセージ内容の直接の相手となる受信先である。
cc（Carbon Copy）	メッセージを参照してほしい受信先を指定する。
bcc（Blind Carbon Copy）	他の受信先には知られずに cc を送る指定方法である。

　それぞれの指定方法には、複数の受信先を設定することができる。仮に to に指定されたメールを受け取ったユーザーは、同じメールを to や cc で受け取った別のユーザーを確認することはできるが、bcc で指定されたユーザーを見ることはできない。一方、bcc で受信したユーザーは、to や cc で指定されたユーザーは確認できるが、自分以外の bcc で指定されたユーザーは確認できない。

　ネットショップなどから多数のユーザーに一括して案内メールなどを送る同報メール（メールマガジンや Web ダイレクトメール）では、bcc を利用することで他の顧客のメール情報をばらまいてしまうことを防いでいる。

　なお、複数のユーザーが 1 つのグループとしてメッセージのやり取りをする場合は、都度、宛先を個別に指定せず、あらかじめグループメンバーのメールアドレスを登録したメーリングリストを作成し、そのメーリングリスト宛てにメッセージを送信することで、効率的なやり取りを行うこともできる。

検索エンジン

　検索エンジンは、検索したいキーワードによって対象となる Web サイトやページを絞り込むためのサービスである。

　検索エンジンはインターネット上にある Web サイトの情報を元にするため、あらかじめクローラと呼ばれるプログラムをインターネット上に巡回させて情報を収集しておく必要がある。検索結果は、キーワードの出現率や Web サイトの更新頻度など様々な要素によって決定される。

オンラインストレージ

　ファイルサーバーのディスクスペースの一部分を貸し出すサービスのことである。

　ホスティングサービスの一部と言えるが、多くのオンラインストレージが無料で利用できるものが多いため、個人利用者が急速に拡大している。

その他の Web コミュニケーションサービス

　電子メールの他にも、インターネットを利用してユーザー間のコミュニケーションを実現するインターネットサービスが増えている。

代表的なコミュニケーションサービス

サービス	説明
電子掲示板 (BBS)	開設者が設定したテーマに対して、参加者が掲示板にアクセスし自由にコメントを連ねていくサービスである。コメントは時系列で並べて保存されており、時間を隔てたユーザー間のコミュニケーションを可能にしている。
チャット	チャットにアクセスした参加者同士がリアルタイムで会話できるサービスである。文字でやり取りするテキストチャットの他に、音声によるボイスチャット、Web カメラを利用して顔を見せて会話するビデオチャットなどがある。
ブログ	Web と Log を合わせた造語の Weblog の略称で、日記形式の Web サイトである。日記の投稿や整理が容易であり、読者のコメントなどを受けつける機能がある。最近では、通常の Web サイトの代わりにブログを利用する企業や個人も増えている。 RSS：ニュースやブログなどの Web サイトの見出しや要約などの更新情報を記述し配信するための文書フォーマットの総称である。ユーザーは RSS リーダーを利用することで、Web サイトに訪問することなく、更新の有無や更新内容の一部またはすべてを確認することができる。
ソーシャルネットワークサービス (SNS)	ブログや掲示板などのサービスを組み合わせた総合的なコミュニケーションサービスである。プロフィール機能やユーザー間のメッセージのやり取り、友達登録機能、趣味嗜好などを元にしたコミュニティ機能などが含まれている。最近の Web コミュニケーションの中心的な存在になってきている。

3. 通信サービス

　インターネット上でのサービスを利用するには、インターネットへの接続サービスを利用する必要がある。

　インターネットに接続するためには、グローバル IP アドレスの割り当てなどを行う ISP(Internet Service Provider：インターネットサービスプロバイダ) と、インターネット接続に利用する回線を提供する回線事業者の2つのサービスを利用する必要がある。

通信回線

　インターネットに接続するための回線には通信方式や通信速度の異なる種類の回線がある。一般的には、通信回線の速度は、1 秒あたりに通信するデータ量（ビット）を示す bps（ビットパーセコンド）という単位で表される。1kps だと、1000bps=1 秒間で 1000 ビットのデータを流すことができる回線であることを示している。

通信回線の特徴

回線種別	回線速度	説明
電話回線	56kbps	インターネット普及の初期は、アナログ電話回線によってインターネットに接続する方法が一般的であった。モデムによって、電話回線のアナログ信号をコンピュータで扱えるディジタル信号に変換して利用する。
ISDN	128kbps	アナログ電話回線にディジタル信号を流す通信回線である。
ADSL	1.5Mbps~50Mbps	アナログ電話回線で、音声通話に利用しない周波数帯を使用することで高速のディジタル通信を実現した通信回線である。なお、一般的に ADSL の速度はデータを受信する下り回線速度を指し、データを送信する昇り回線速度は 1~3Mbps 程度のものが多くなっている。
FTTH	100Mbps~200Mbps	光ファイバを利用した通信回線で、100Mbps 程度のディジタル通信を行える通信回線である。
モバイル通信	数 kbps~20Mbps	携帯電話や PHS 回線を利用してデータ通信を行う。屋外に設置されたアンテナを介してインターネットに接続する。近年、高速化、低料金化が進んでいます。パケット通信と呼ばれる有線の通信回線とは異なるデータ通信方式を取ります。LTE や WiMAX といった第 3 世代移動通信規格が広く採用されている。

パケット通信

　パケット通信は、データを小さなまとまりに分割して一つ一つ送受信する通信方式である。パケット（分割されたデータ）は、データに加えて、受信先でデータの復元をするために送信先のアドレスや、自分がデータ全体のどの部分なのかを示す位置情報、誤り訂正符号などの制御情報が付加されている。

IP 電話

　VoIP(Voice over Internet Protocol)技術を利用する電話サービスである。
　インターネット技術を活用することで、通常の電話回線とは異なる通信網を利用して音声通信を可能にする。電話料金の削減や電話回線混雑時の通話手段として注目されている。ISP の通信回線の使用料には、従量制と定額制の 2 通りの課金制度が存在する。従量制は、回線を利用したデータ量や利用時間に応じて利用料を支払う。一方、定額制は、データ量や利用時間に関係なく、一定の料金を支払う。一般的には定額制は、月額制での契約となっている。

【語彙】

1. プロバイダ【provider】

インターネット上で、何らかの情報やサービスを提供する業者。多くの場合、インターネットへの接続サービスを提供するインターネットプロバイダを指す。

2. ログイン【log in】

ホストコンピューターに接続し、システムの使用を開始すること。

3. ばら撒く【ばらまく】

①乱雑にまき散らす。ばらばらにまき散らす。

②金銭などを広い範囲の人に分け与える。

4. 絞り込む【しぼりこむ】

①水分などを絞って中へ入れる。

②多くの中から条件を定めて数や範囲を小さくしていく。

5. ホスティング【hosting】

インターネットなどで、通信事業者のサーバーの一部領域をユーザーに貸し出し、ユーザー独自のウェブサーバーとして運用するサービス。

6. プロフィール【profile】

①横側から見た時の顔の輪郭。

②普通とは違った角度から見た人物評。

③人物の紹介。

【問題】

1. A さんは B さんにメールを送る際に cc に C さんを指定、bcc に D さんと E さんを指定した。このときの説明として、適切なものはどれか。

　A. B さんは、A さんからのメールが D さんと E さんに送られているのはわかる。

　B. C さんは、A さんからのメールが D さんと E さんに送られているのはわかる。

　C. D さんは、A さんからのメールが E さんに送られているのはわかる。

　D. E さんは、A さんからのメールが C さんに送られているのはわかる。

2. あらかじめ定められた多数の人に同報メールを送る際、送信先の指定を簡易に行うために使われるものはどれか。

　A. bcc　　　　　　　　　　B. メーリングリスト

　C. メール転送　　　　　　　D. メールボックス

【解答】

1. 正解は D。bcc で送られる D さんと E さんに送られていることがわかるのは本人のみである。

2. 正解は B。あらかじめ送信先を登録して宛先にはそのグループ名にあたるものを指定して送信できるのはメーリングリストである。

参考文献

[1]　新村出. 広辞苑 [M]. 6 版. 東京：岩波書店, 2008.

[2]　石川和幸. アウトソーシングの正しい導入マニュアル [M]. 東京：中経出版,
　　　2009.

[3]　ダグラス·ブラウン, スコット·ウィルソン. 戦略的ＢＰＯ活用入門 [M].
　　　東京：東洋経済新報社, 2009.

[4]　グループ·ジャマシイ. 日本語文型辞典 [M]. 　北京：外语教学与研究出版社,
　　　2002.

[5]　盛祖信, 虞崖暖. 日语商务文书基础教程 [M]. 上海：华东理工大学出版社, 2006.

[6]　张思瑶. 商务日语函电实训 [M]. 上海：华东师范大学出版社, 2013.

[7]　奥村真希. 职场日本语 邮件写作篇 [M]. 上海：上海译文出版社, 2018.

[8]　赵立红, 神野繁宪. 日本企业文化与礼仪 [M]. 大连：大连理工大学出版社, 2014.

[9]　安田贺计. 商务日语文书 [M]. 上海：学林出版社, 2006.

[10]　PROJECT MANAGEMENT INSTITUTE.プロジェクトマネジメント知識体系ガイド
　　　（PMBOK ガイド） [M]. 6 版. Newtown：Project Management Institute,2017.

[11]　侯进. 计算机日语 [M]. 北京：电子工业出版社, 2010.

[12]　滝口直樹. ゼロから始める IT パスポートの教科書 [M]. 東京：とりい書房,
　　　2014.